dtv

Dies ist der unkonventionelle Bericht eines jungen deutschen Mathematikers, der sich zu einem Forschungsaufenthalt in das ihm eher unbekannte Italien begibt, um sich dort mit einigen Kollegen dem Thema der Unendlichkeit zu widmen. Herausgekommen sind dabei unübliche Einblicke in den Wissenschaftsbetrieb, eine heimliche Liebeserklärung an ein fremdes Land und eine in mancherlei Hinsicht überraschende Auseinandersetzung mit einem der geheimnisvollsten Probleme der Mathematik und Philosophie: der Unendlichkeit.

Albrecht Beutelspacher ist Professor für Mathematik an der Universität Gießen. Er war maßgeblich an der Nummernkodierung der ab 1989 in Deutschland eingeführten neuen Geldscheine beteiligt und ist Initiator der Wanderausstellung «Mathematik zum Anfassen», die inzwischen von über 100 000 Besuchern gesehen wurde. Für seine Verdienste um die Vermittlung seines Faches wurde er mit dem Communicator-Preis des Stifterverbandes für die Deutsche Wissenschaft ausgezeichnet. Zahlreiche Veröffentlichungen, u. a.: «Geheimsprachen. Geschichte und Techniken» (1997).

Albrecht Beutelspacher

Pasta all'infinito

Meine italienische Reise in die Mathematik

Mit einer Karte
und zahlreichen Schwarzweißabbildungen

Deutscher Taschenbuch Verlag

Ungekürzte Ausgabe
September 2001
2. Auflage März 2002
Deutscher Taschenbuch Verlag GmbH & Co. KG,
München
www.dtv.de

ISBN 3-406-45404-6
Umschlagkonzept: Balk & Brumshagen
Umschlagfoto: © Premium
Gesamtherstellung: fgb · freiburger graphische betriebe 2001
Gedruckt auf säurefreiem, chlorfrei gebleichtem Papier
Printed in Germany · ISBN 3-423-33069-4

Das Unendliche hat wie keine andere Frage von jeher
so tief das Gemüt der Menschen bewegt;
das Unendliche hat wie kaum eine andere Idee auf den Verstand
so anregend und fruchtbar gewirkt;
das Unendliche ist aber auch wie kaum ein anderer Begriff
so der Aufklärung bedürftig.

David Hilbert (1862–1943)

Zwei Mißverständnisse möchte ich gleich vorab ausräumen:

1. Dies ist kein Mathematikbuch.

Wer eine stromlinienförmige, systematische Darstellung erwartet, in der alles Unnötige und Störende getilgt ist, wird überrascht sein, daß zunächst gar keine Mathematik in Sicht kommt, daß es vorderhand um Stadt und Land, Franco und Luigia, Sprache und Leben, *pasta* und *caffè* geht.

2. Dies ist auch nicht ausschließlich die Schilderung einer Reise eines jungen, normalen, vielleicht etwas optimistisch-naiven jungen Mannes, der nach Italien kommt und zusammen mit seinen italienischen Kollegen einen an sich nur mäßig interessanten mathematischen Satz beweist.

Wer dies erwartet, wird überrascht sein, wie viel sie oder er am Ende über Mathematik und Mathematiker, über Codes und die Geheimnisse der Unendlichkeit erfahren hat.

L'infinito – die Unendlichkeit.

Die Erfahrung der Unendlichkeit ist für uns endliche Menschen ein Erlebnis ganz besonderer Art. So ist es nicht verwunderlich, daß die Unendlichkeit die Menschen in ganz verschiedenen Gebieten beschäftigt: Die Theologen sprechen von der Unendlichkeit Gottes, wir fühlen die Weite des Weltalls, viele sehnen sich nach grenzenloser Freiheit.

Dieses Buch handelt nur am Rande von diesen Vorstellungen; vielmehr geht es hier um die mathematische Unendlichkeit. Warum? Die Antwort ist einfach: In der Mathematik gewinnt der sonst kaum zu fassende Begriff der Unendlichkeit klare Konturen. Die Mathematik ist die einzige Wissenschaft, in der wir objektiv über die Unendlichkeit reden können.

Dies ist um so faszinierender, als wir in unserem Leben nirgends etwas Unendliches direkt erleben können; selbst die Anzahl der Elementarteilchen im Universum ist endlich. Zwar groß, riesengroß, aber dennoch endlich.

Und trotzdem können die Mathematiker objektiv, und das heißt für jeden nachvollziehbar, nachweisen, daß es unendlich viele Primzahlen ‹gibt›! Sie reden davon, daß manche Unendlichkeiten gleich groß sind und daß man verschiedene Unendlichkeiten unterscheiden kann. Unglaublich!

Dazu erzähle ich eine Geschichte. Meine Geschichte. Als junger Assistent machte ich mich auf nach Italien, um zusammen mit zwei italienischen Kollegen, die ich kaum kannte, sechs Wochen lang zu forschen. So einfach stellte ich mir das jedenfalls vor meiner Abreise vor.

Daraus wurde eine Reise voller Abenteuer. Alltagsabenteuer, Abenteuer im täglichen Umgang mit zunächst fremden Menschen und überraschende Abenteuer in der Mathematik.

Es stellte sich heraus, daß der Alltag und der Umgang miteinander die mathematische Arbeit entscheidend beeinflussen: Mathematik passiert auch am Mittagstisch, Mathematiker sind genauso banal, genauso begriffsstutzig, genauso verrückt wie andere Menschen auch.

Dieses Buch beruht also gewissermaßen auf der Erfahrung, daß die Wirklichkeit viel interessanter, reicher und witziger ist als alles, was jedenfalls ich mir ausdenken kann.

Natürlich hat sich nicht alles genau so abgespielt, wie ich es hier schildere. Manches habe ich zusammengefaßt, einiges zugespitzt, vieles weggelassen, und einige wenige Dinge habe ich auch ergänzt. Aber: was am unglaublichsten erscheint, hat sich genau so abgespielt.

Zunächst kam uns die Frage nach der Unendlichkeit ungelegen, denn sie lenkte uns ab von den Forschungsvorhaben, die wir uns eigentlich vorgenommen hatten. Dennoch erlebten wir die Unendlichkeit nicht als etwas Bedrohliches.

Es zeigte sich, daß in der Unendlichkeit – in einem sehr präzisen mathematischen Sinne – unendliche Freiheit herrscht. Sie ist ein Gebiet, in dem sich die mathematischen

Ideen am schönsten realisieren, in dem Gedanken Wirklichkeit werden. Mein Kollege Franco hat den Nagel auf den Kopf getroffen, als er sein Anti-Murphy-Gesetz formulierte: «Im Unendlichen gehen alle Wünsche in Erfüllung, die nicht von vornherein zum Scheitern verurteilt sind.»

1

Il riscaldamento è rotto.

Das sagte er allerdings erst, als wir im Auto saßen. Und wenn ich gewußt hätte, was es bedeutet, wäre ich vielleicht doch zu Hause geblieben.

Heute morgen begann das Abenteuer wirklich. Kaltes Februarsudelwetter, Fahrt von Mainz zum Frankfurter Flughafen, einchecken bei Alitalia, Wartesaal, Einstieg ins Flugzeug. Pünktlicher Start. Jetzt gab es kein Zurück mehr.

Um mich herum sitzen Touristen, die zum Bildungsurlaub nach Rom wollen. Sie haben Bücher über Italien als solches, das antike Rom, den Vatikan studiert und belehren sich nun begeistert gegenseitig. Ich habe nichts dergleichen gelesen, fühle mich aber diesen kindischen Erwachsenen unendlich überlegen, denn ich fliege nicht zum Vergnügen nach Italien, sondern beruflich. Meine erste Dienstreise mit dem Flugzeug. Und die erste, die nicht zu einer Tagung geht.

Alles begann im letzten Sommer. Auf einer entspannten Tagung in Passo della Mendola in der Provinz Trento, die von der *Università cattolica di Brescia* veranstaltet wurde, nahm mich in einer Kaffeepause ein deutscher Kollege, der gut Italienisch spricht, zur Seite. Zwei italienische Kollegen, eine Frau und ein Mann, hätten ihn angesprochen und gebeten, den Kontakt mit mir herzustellen. Ich sagte, kein Problem, und einen Augenblick später saßen wir zu viert an einem kleinen Tischchen. Als erstes bestellte der italienische Kollege nochmals vier Tassen Kaffee. Dann stellten sie sich vor (Namen und Ort hatte ich sofort wieder vergessen) und erklärten mir gestenreich (bzw. ließen dolmetschen), daß sie meine Arbeiten gelesen hätten, diese bewunderten und gerne mit mir zusammenarbeiten wollten. Dazu schlugen sie vor, daß ich als *professore visitatore* einige Zeit zu ihnen kommen solle; die Kosten würden übernommen.

Da sich mein Italienisch auf *pizza*, *sole*, *mare* und *ciao* beschränkte, mußte ich mir diese Informationen aus dem Schwall von Worten und Gesten und der kurz angebundenen Übersetzung meines Kollegen zusammenreimen.

Ich war durch das Lob korrumpiert und sagte begeistert und leichtsinnig zu, im nächsten Frühjahr für sechs Wochen zu ihnen zu kommen. Diese Zeit eignet sich ideal für solche Besuche, da dann in Deutschland Semesterferien sind, während die Italiener durcharbeiten und erst im Sommer frei haben, dafür dann aber ganz lange.

Ich setzte meine Unterschrift auf ein paar Formulare, denen ich wenigstens entnahm, daß es sich um die Universität in L'Aquila handelte – und hatte spätestens, als ich zu Hause war, die Details wieder vergessen. Meiner Frau erzählte ich beiläufig davon; sie schien den Plan sofort unter der Rubrik ‹deine üblichen Spinnereien› abzulegen, und ich widersprach nicht.

Aber dann erhielt ich im Winter einen dicken Brief meines Kollegen Franco (so hieß er), in dem er die Einladung bestätigte und einige Vorschläge über gemeinsame Forschungsprojekte machte. Daraufhin bestellte ich ein Flugticket nach Rom, und wenige Tage vor dem Abflug erhielt ich einen Brief, in dem genau beschrieben war, wie man nach L'Aquila kommt: Vom Flughafen mit dem Bus bis zum Hauptbahnhof in Rom, von dort zu Fuß bis zur *Piazza Esedra* und von dort mit dem Bus (ca. 2 Stunden) nach L'Aquila.

Die erste Etappe hatte ich hinter mir. Ich war auf dem römischen Flughafen Fiumicino angekommen, hatte mich in eine lange Schlange eingereiht, meinen Personalausweis gezeigt und stand jetzt in der Gepäckhalle. Es war warm, zu warm für Pullover und Mantel.

Mein Koffer war nicht der letzte, aber fast. Ich stopfte den Mantel noch in den Koffer und machte mich auf die Suche nach dem Bus, der mich nach Rom bringen sollte. Ich schaute mich um, sah aber keine Hinweisschilder oder Piktogramme.

Wenigstens sah ich einen Schalter, an dem Leute Tickets kauften. Ich stellte mich an, und als ich dran war, sagte ich «Roma» und hielt dem Kartenverkäufer einen 10000-Lire-Schein hin. Ich hatte keine Chance, seine Frage zu ver-

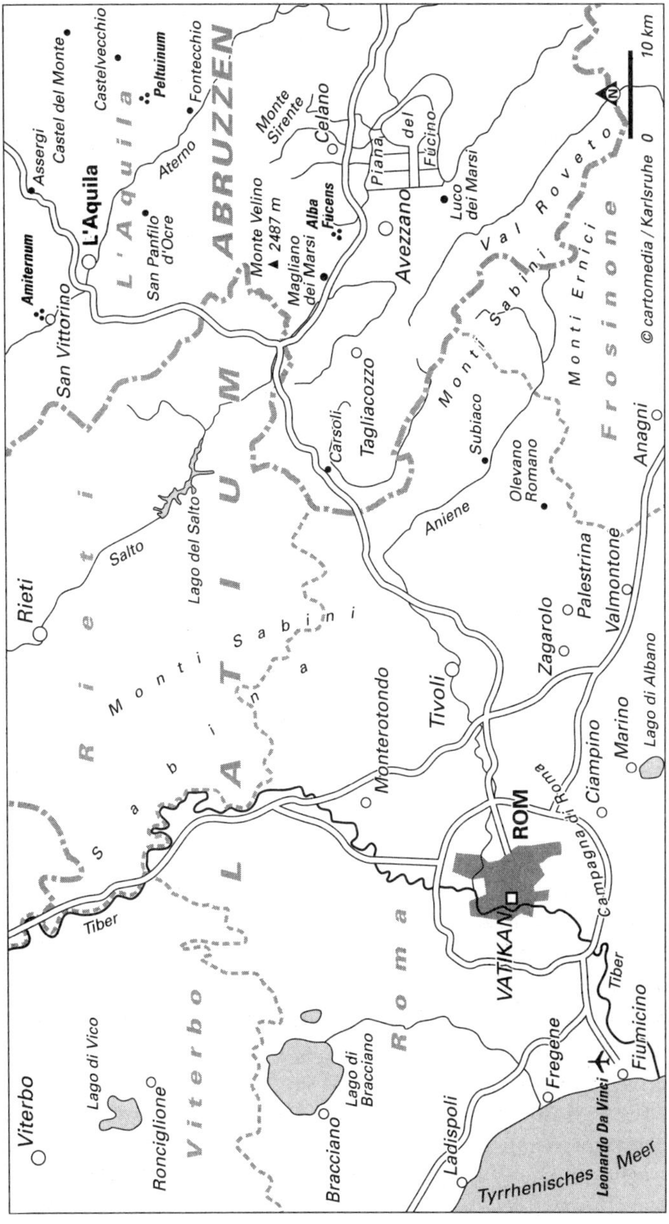

Viterbo
Lago di Vico
Ronciglione
Viterbo
Bracciano
Lago di Bracciano
Roma
Ladispoli
Fregene
Tyrrhenisches Meer
Leonardo Da Vinci
Fiumicino
Tiber
VATIKAN
ROM
Campagna di Roma
Ciampino
Marino
Lago di Albano
Sabina
Monti Sabini
Monterotondo
Tivoli
Zagarolo
Palestrina
Valmontone
LATIUM
Rieti
Salto
Lago del Salto
Aniene
Olevano Romano
Subiaco
Anagni
Frosinone
Monti Ernici
Monti Sabini
Carsoli
Tagliacozzo
San Vittorino
Amiternum
L'Aquila
San Panfilo d'Ocre
Magliano dei Marsi
Monte Velino
2487 m
Alba Fucens
Avezzano
Luco dei Marsi
Val Roveto
Piana del Fucino
Celano
Monte Sirente
ABRUZZEN
Aterno
Assergi
Castel del Monte
Castelvecchio
Peltuinum
Fontecchio
0
10 km
© cartomedia / Karlsruhe

stehen, antwortete aber dennoch mit «Roma», worauf er resignierte und mir einen Fahrschein und Wechselgeld aushändigte.

Ich folgte den anderen Fluggästen und ging mit Koffer und Tasche vor die Flughafenhalle und wußte plötzlich: Jetzt bist du in Italien: Sonne, Palmen, Autos, Menschen, Licht, Bewegung, Lärm.

Viele Busse, Leute, die nur Italienisch redeten, und kein Hinweisschild. Ich sah Touristen, die aber offenkundig ebensowenig Bescheid wußten wie ich. Also fragte ich in primitivstem Gastarbeiteritalienisch «Bus Roma?» Nach dem dritten Mal war ich mir einigermaßen sicher, daß hier irgendwann ein Bus ankommen würde, der mich nach Rom bringt.

Tatsächlich erschien nach einiger Zeit ein klappriger Bus. Ich verstaute meinen Koffer im Gepäckraum und suchte mir einen Platz im heißen Bus. Der Busfahrer wartete, bis auch der letzte Platz besetzt war. Dann schlug sein ebenfalls uniformierter Kollege mit Schwung die Türen der Gepäckfächer zu, und der Bus setzte sich geräuschvoll in Bewegung.

Mein erster bewußter Eindruck von Italien war Nähe. Wir saßen eng gequetscht. Der Italiener vor mir unterhielt sich mit seinem neben mir sitzenden Freund laut und ungeniert. Natürlich verstand ich nichts, aber ich war dennoch irgendwie Teil der Unterhaltung. Auch die Intimdistanz zwischen den Fahrzeugen ist viel kleiner als bei uns. Der Bus überholte auf der Autobahn auch große Autos und stieß geschickt in Lücken vor.

Alle unterhalten sich, und mir wird bewußt, daß ich kein Wort verstehe. Wie wird das in L'Aquila werden? Ich werde mich wohl meinem Kollegen anvertrauen müssen; da die internationale Wissenschaftssprache Englisch ist, mache ich mir keine allzu großen Sorgen. Vielleicht wird es im Alltag etwas schwieriger, aber irgendwie werde ich's hinkriegen. Meine Hoffnung auf problemlose Kommunikation auf englisch sollte sich allerdings als trügerisch herausstellen.

Bisher war die Fahrt zügig verlaufen. Nun nähern wir uns Rom. Der Verkehr wird dichter. Bürogebäude mit kühner Architektur, große, trostlose Wohnblöcke, riesige Reklametafeln. In der Stadt dann eine spannende Mischung aus chaotischem Verkehr (oder sieht das nur so aus, weil ich die Regeln nicht kenne?), winzigen Geschäften, großen Gebäuden, bunten, riesigen Reklamepostern, grünen Bäumen; dazu viele Menschen in Autos, zu zweit auf Vespas und zu Fuß. Ich verliere völlig die Orientierung und habe kein Gefühl mehr, wie weit wir noch von der *Stazione Termini*, dem römischen Hauptbahnhof, entfernt sind. Plötzlich steht er in seiner groß angelegten, aber schlicht faschistischen Architektur vor uns. Eines der Gebäude, bei dem man, auch wenn man es zum ersten Mal sieht, weiß: Das ist es! Kaum hält der Bus, drängen alle nach außen und ziehen ihr Gepäck heraus.

Ich weiß, wo ich hin muß. Der Bus nach L'Aquila fährt an der *Piazza Esedra* ab. Nur ein kleiner Fußmarsch. Aber mein Koffer ist schwer, und ich schwitze schon, als ich den Kopf der *Stazione Termini* erreicht habe. Hier wartet das erste kleine Abenteuer: Ich muß auf die andere Seite der Straße. Ich warte am Zebrastreifen (der schon fast ganz abgefahren ist), aber kein Auto hält oder bremst auch nur ab. Ich mache einen Schritt auf die Straße: kein erkennbarer Effekt. Da kommt eine Lücke, ich fasse mir ein Herz und haste hinüber. Wildes Gehupe ist die Antwort. War ich zu langsam?

Gleich noch eine Straße. Auch das geschafft. Ich mache kurz halt, um meine Hände zu entspannen, den Schweißfluß zu stoppen und um auf der Karte nachzusehen, ob ich noch auf dem rechten Weg bin. Ich bin. Und schon ist die Hälfte des Weges geschafft. Schließlich komme ich an die *Piazza Esedra*, die offiziell *Piazza della Repubblica* heißt.

Wo ist mein Bus? Keine einfache Frage, da hier mindestens zehn Busse warten. Ich wende mich an eine Gruppe von Leuten, die ich aufgrund ihrer Phantasieuniformen für Busfahrer halte: «L'Aquila?» Offenbar interpretieren sie meine Frage als «Fahren Sie nach L'Aquila?», und konsequenterweise ist ihre Antwort ein Kopfschütteln. Als ich aber meine Frage wiederhole und dabei mein Gesicht wie ein freundliches, aber verzweifelndes Fragezeichen aussehen lasse, zeigen sie nach hinten und bedeuten mir, auf das Schild vorne am Bus zu schauen.

Gut. Nächstes Problem: «Ticket?» Die Fahrer zeigen auf eine Stelle, die mindestens 100 m entfernt liegt. Ich will mich mit meinem Koffer auf den Weg machen, aber sie machen mir klar, daß der Koffer gut hierbleiben könnte. Später erfahre ich, daß man das unter keinen Umständen machen sollte, aber ich bin so k.o., daß ich froh bin, den Koffer nicht schleppen zu müssen. Ich bekomme mein *biglietto*, eile zurück, und mein Koffer ist noch da!

Auf meinem Ticket steht, daß der Bus um 17 Uhr fährt. Also noch 40 Minuten Zeit. Ich stelle mich mit Koffer und Tasche zu den anderen wartenden Fahrgästen und komme zum ersten Mal dazu, meine Umgebung mit ruhigem Blick wahrzunehmen. Die meisten Menschen scheinen aufgeregt herumzuhetzen, aber wenn man die einzelnen Gesichter anschaut, sieht man keine Hektik. Zwar wirken die dunkle Haut und die schwarzen Haare zunächst grimmig und verschlossen, aber die meisten scheinen entspannt, manche sogar fröhlich – und zeigen dies auch. Undenkbar in Deutschland.

Das große Rund der Piazza ist von Cafés gesäumt, ein McDonald's leuchtet unangepaßt unter den Arkaden hervor. In einer Seitenstraße sehe ich eine lange Reihe von Büchertischen, auf denen von wissenschaftlicher Literatur über Kunstdrucke von erstaunlich guter Qualität bis zu Hermann Hesse, Esoterik und schlichter Pornographie alles zu finden ist. Auf den kahlen Bäumen der *piazza* sitzen Scharen schwarzer, rabenartiger Vögel, die ab und zu krächzend auffliegen: Auf mich macht dies in der beginnenden Dämmerung einen bedrohlichen Eindruck, aber alle anderen scheint das nicht zu kümmern.

Die Zeit der Abfahrt rückt näher; ich frage noch dreimal, dann kommt tatsächlich ein schöner blauer Bus mit dem Schild «L'Aquila». Ich verstaue mein Gepäck und steige ein. Neben mich setzt sich ein junger Italiener, der sofort zu schlafen beginnt.

Pünktlich setzt sich der Bus in Bewegung. Zunächst mit viel Stop-and-go durch die römische Rush-hour. Wir lassen die *Stazione Termini* rechts liegen. Vor uns erscheinen Hochhäuser, die oben durch Leuchtreklame gekrönt werden, unter anderem wirbt die *Banco di Santo Spirito* mit der exakten Angabe der unglaublichen Zahl ihrer Klienten.

Völlig unerwartet tauchen berühmte Plätze und Gebäude auf und huschen schnell vorbei. Das Kolosseum: gigantisch und inmitten des Verkehrs, und für niemanden scheint das etwas Besonderes zu sein. Dann freue ich mich richtig, die *Piramide* zu sehen. Eine nicht allzu hohe Pyramide, die schneeweiß erscheint, obwohl sie bestenfalls dunkelweiß ist. Auf dem Friedhof in der Nähe sollen Goethes Sohn und Wilhelm Waiblinger, der geniale Dichter aus meiner schwäbischen Heimat, begraben sein. Bald sind wir auf der Autobahn, und der Bus fährt so gleichmäßig ruhig, daß auch ich ins Dösen gerate, zumal es inzwischen auch dunkel geworden ist.

Ich hatte mich gewundert, daß meine Mitreisenden dikke Wintermäntel anhaben. Vielleicht hat meine Frau ja doch recht: Bis vor zwei Tagen hatte ich mit Italien nur Sonne und Meer assoziiert. Dann hatte Monika im Atlas nachgeschaut, wo denn dieses L'Aquila liegt. Und siehe da, in unmittelbarer Nähe des *Gran Sasso d'Italia* mit fast 3000 m Höhe. Daraufhin hatte ich, obwohl ich schwere Koffer hasse, noch meinen dicken Winterpullover, warme Unterwäsche und Wollsocken eingepackt.

Daß dies die richtige Entscheidung war, merke ich daran, daß es trotz der Dämmerung draußen nicht recht dunkel wird: Hier liegt Schnee! Und je weiter wir fahren, desto mehr.

Ich schrecke aus meinen schläfrigen Gedanken auf: Was wird eigentlich in L'Aquila passieren? Ich bin zwar der Überzeugung, daß ich abgeholt werde, aber sie wissen doch gar nicht genau, wann ich komme. Ich habe die planmäßige Ankunftszeit des Flugzeugs mitgeteilt, die ist jedoch jetzt schon längst Vergangenheit. Im Augenblick kann ich aber ohnedies nichts machen und ergebe mich in mein Schicksal. Ich schlafe fast ein und werde erst wieder richtig wach, als vor uns die Lichter einer großen Stadt auftauchen und der Bus an der Ausfahrt *L'Aquila ovest* die Autobahn verläßt.

Obwohl es jetzt schon richtig dunkel ist, herrscht Leben in der Stadt. Und es liegt Schnee. Eine große Menge dick eingemummter Menschen geht langsam und scheinbar ziellos hin und her. Kurz vor der Endhaltestelle kommen wir auf eine breite Straße, auf der die jungen Leute dichtgedrängt gehen, stehen und reden. Eine Demonstration? Nein, die Leute sind freundlich und entspannt; die Bewegung der Menge ist nicht auf ein gemeinsames Ziel gerichtet, sondern erinnert eher an die Brownsche Molekularbewegung.

Bevor ich dieses Rätsel lösen kann, hält der Bus. Endhaltestelle. Alles aussteigen. Und niemand da. Genauer gesagt: Es wimmelt von Leuten, die in Gruppen zusammen stehen oder gehen und angeregt miteinander reden. Aber niemand kümmert sich um mich. Wo ist Kollege Franco? Würde ich ihn überhaupt erkennen? Ich erinnere mich: Bart und schwarze Haare. Aber so sehen hier mindestens hundert Männer in seinem Alter aus.

Jedenfalls würde er mich erkennen. Denn so einsam, mit einem schweren Koffer und einer Tasche beladen, steht sonst keiner da. Um so beunruhigender, daß niemand da ist. Nachdem ich einige Minuten ohne Erfolg gewartet habe, schaue ich mich nach einer Telefonzelle um. Da, in der Bar! Ich schleppe Koffer und Tasche hinein, krame ein 100-Lire-Stück aus meinem Geldbeutel und wähle die Nummer meines Kollegen.

Es läutet. Jemand nimmt ab. Eine Frau, wahrscheinlich Luigia, Francos Frau. Ich versuche (auf englisch) zu schildern, daß ich in L'Aquila bin.

Sie unterbricht mich aufgeregt und erklärt mir irgend etwas. Ist das Italienisch, oder soll das Englisch sein? Jedenfalls verstehe ich kein Wort. Panik! Wie soll ich mich da zurechtfinden? Wenn es früher am Tag wäre, würde ich einfach wieder zurückfahren.

Ich versuche nochmals zu schildern, wo ich bin. Da, plötzlich sehe ich ein Gesicht durch die beschlagene Scheibe der Bar stieren. Franco!

Ich werde seinen Körperausdruck nie vergessen: gehetzt, im offenen, kamelhaarfarbenen Mantel, das bärtige Gesicht vorgestreckt, offenbar genauso verzweifelt auf der Suche nach mir wie ich nach ihm. Und er ist genauso erleichtert wie ich, als er mit ausgebreiteten Armen auf mich zugestürmt kommt und mich mit einem herausgeschrieenen «Albreckt!» begrüßt.

Er nimmt mir den Hörer aus der Hand, spricht noch kurz mit seiner Frau, dann gehen wir los.

Ich stelle Fragen, er fragt etwas, aber keiner hört dem andern richtig zu, und vermutlich würde auch keiner den andern verstehen. Aber ich bin restlos glücklich und geborgen: Jetzt kann nichts mehr passieren!

Wir gehen zu meinem Hotel, das nur ein paar Schritte entfernt liegt. Das Zimmer ist groß, aber kärglich. Das nehme ich kaum wahr. Eigentlich würde ich am liebsten da bleiben, aber ich kann diesen Wunsch nicht verständlich machen – und auch wenn er mich verstehen würde, würde er meinen Wunsch nicht akzeptieren. Ich ziehe einen Pullover über und gehe wieder runter.

Wir stapfen durch den Schnee zum Auto, halten nach kurzer Zeit noch einmal bei einer Bäckerei, um eine kleine Torte zu kaufen, und fahren dann zu Franco und Luigia nach Hause. Sie wohnen in einem kleinen, zehn Kilometer entfernten Flecken namens San Vittorino.

Wir sind schon ein paar Minuten unterwegs, da fällt der ominöse Satz «*Il riscaldamento è rotto*».

Mir ist im Augenblick eigentlich egal, was er sagt, aber irgendwie will er mir mit diesem Satz anscheinend etwas mitteilen. Ich mache also ein erstauntes Gesicht, und er wiederholt «*Il riscaldamento*», dann macht er eine energische, abschließende Geste, «*rotto*!», und fügt dann auf englisch hinzu: «Sorry». Ich habe nach wie vor keine Ahnung, was das bedeuten soll, und versuche, ihn zu beruhigen: So schlimm wird's schon nicht sein.

Die Straße wird einsamer, die Beleuchtung hört auf, wir verlassen L'Aquila. Nach wenigen Kilometern biegt Franco rechts ab, die Straße wird zum Weg, es geht nach oben, noch eine Rechtskurve, der Weg wird noch schlechter. Da halten wir vor einem Tor, Franco hupt, steigt aus, schließt das Tor auf, wir fahren durch den Eingang, Franco schließt das Tor wieder, dann fahren wir zwischen mannshohen Schneehaufen durch einen ziemlich großen Garten und halten schließlich vor dem Haus.

Wir steigen aus. Ein einsamer Garten. Stille, die nur durch das Gebell zweier Hunde unterbrochen wird. Das kann ja gut werden, vor Hunden habe ich noch mehr – nennen wir es: Respekt – als vorm Zahnarzt. Aber ich komme nicht zum Nachdenken, denn die Tür wird von innen geöffnet, und eine Frau kommt auf mich zu und begrüßt mich herzlich. Das muß Luigia sein. Sie gibt mir die Hand und sagt überschwenglich, auf englisch, aber mit sehr rauher Aussprache: «Welcome in L'Aquila!»

Ja, das muß die Kollegin Luigia sein. Ich erinnere mich schwach an die Begegnung im Sommer. Eine kleine, schmale Frau mit lebhaftem, intelligentem Blick. Später würde ich erfahren, daß sie auch ein konzentriertes Energiebündel ist.

Ich lege ab, und wir gehen in das nächstliegende Zimmer, offenbar Küche und Eßzimmer. In der Mitte des Raums ist ein offener Kamin, in dem ein großes Feuer brennt. Dort stehen auch die beiden Kinder und werden mir vorgestellt: Diana, die Tochter, ist etwa 16, der Sohn Luca ist 10 und hat noch kindliche Gesichtszüge. Beide wie ihre Eltern mit pechschwarzem Haar. Ich bin in einer echt italienischen Familie gelandet.

Eltern? Ja, es sieht so aus. Obwohl Luigia einen anderen Familiennamen hat als ihr Mann. Das ist in Italien offenbar möglich. Ein erstes Zeichen dafür, daß Frauen – entgegen meiner bisherigen Meinung – in Italien wesentlich mehr Freiheiten haben als in Deutschland.

Ich werde höflich, aber doch bestimmt in das nächste Zimmer geführt, offenbar das Wohnzimmer. Es ist groß, klar strukturiert und aufgeräumt (was nicht so bleiben wird). Keine Tischdecke, keine Läufer und keine anderen Staubfänger. Mir gefällt es.

Auch hier brennt im Kamin in der Ecke ein großes Feuer, und davor steht ein kleiner Tisch, der aber dicht an dicht für fünf Personen gedeckt ist. O je. Es muß schon weit nach neun sein, dazu brauche ich gar nicht auf die Uhr zu schauen. Sie haben mit dem Abendessen auf mich gewartet! Kein Wunder, daß die Kinder bereitstehen, sie müssen vor Hunger fast umkommen.

Es hilft nichts, ich muß gute Miene zum guten Spiel machen. Ich weiß zwar noch nicht, was ein italienisches Abendessen ist, aber ich ahne, daß es schon im Normalfall opulent ist – und jetzt haben sie etwas speziell für mich zubereitet. Franco bietet mir den Platz direkt am Kamin an, und Luigia rückt den Tisch noch weiter zu mir her, so daß ich ziemlich eingeklemmt bin.

Sobald ich sitze, merke ich: Die Anstrengung war zu groß. Jetzt, wo mir nichts mehr passieren kann, spüre ich die Entspannung, die Müdigkeit, das Abschaltenwollen. Luigia schöpft die Pasta aus, eine riesige Portion, ich kann es nicht verhindern.

Vom Essen bekomme ich nicht viel mit. Ich fühle mich wohlig, warm, satt; der Wein tut ein übriges. Wir versuchen, eine Konversation in Gang zu bringen; mein Beitrag besteht im wesentlichen darin, so zu tun, als würde ich alles verstehen.

Trotz meines vergeblichen Kampfes gegen die Müdigkeit merke ich eines deutlich: Auch Luigia und Franco sind erleichtert, daß ich endlich da bin und daß die Unsicherheit, kommt er oder kommt er nicht, ein Ende hat und daß sie jetzt konkrete Pläne machen können. Und noch eines: Auch ich fühle mich wohl. Mit diesen Menschen kann man's aushalten; wir werden uns verstehen, allerdings weiß ich noch nicht, in welcher Sprache.

Da schrecke ich aus meinen Träumereien am Kamin auf. Da war der Satz wieder: *Il riscaldamento è rotto*. Und plötzlich verstehe ich, eine warme Welle der Erkenntnis und der Scham überläuft mich. Deswegen brennen in den Kaminen so große Feuer, deswegen sitzen wir am Kamin, deswegen drücken sich auch die andern ganz nahe ans Feuer.

Caldo heißt warm, auch wenn es das Gegenteil zu bedeuten scheint, *riscaldamento* ist also die Heizung. *Il riscaldamento è rotto*: Die Heizung ist kaputt! Und das bei einer Außentemperatur von schätzungsweise −10 °C.

Schreck! Für Franco und Luigia ist dies nicht nur eine echte Sorge, sondern natürlich auch außerordentlich peinlich.

Und jetzt merke ich auch, wie kalt es eigentlich ist. Zwar ist mein Rücken warm, geradezu heiß, aber meine Füße sind trotz Wollsocken eiskalt. Ich tue so, als ob ich den Satz immer noch nicht verstanden hätte, aber mir selbst kann ich nichts vormachen. Es ist wirklich kalt. Ich weiß es. Und ich fühle es.

Ich kann nicht einfach aufstehen und zu Bett gehen. Jemand muß mich ins Hotel fahren. Und ich traue mich nicht, direkt zu fragen. Und auf englisch das so anzudeuten, daß sie es verstehen, klappt bestimmt auch nicht.

Aber ich habe den Eindruck, Luigia und Franco verstehen mich auch ohne Worte: *Sei stanco*? *Hai sonno*? Ich glaube, sie fragen das Richtige, obwohl ich kein Wort verstehe.

«*Caffè?*» Ob ich einen Kaffee möchte. Keine Ahnung. Gehört das dazu, oder ist es eine echte Frage? Ich sage zur Vorsicht ja, Luigia verschwindet auf wenige Minuten in der Küche und kommt dann mit drei kleinen Tassen und einer Zuckerdose auf einem Silbertablett wieder zu uns. Die heiße und süße konzentrierte Lösung tut gut und rüttelt mich nochmals auf.

Sie versuchen es noch einmal: «Want sleep?»

Ich ziere mich noch, direkt ja zu sagen. Aber offenbar hat mein Gesicht die Antwort schon vorweggenommen.

Franco erhebt sich, Luigia sagt «*buona notte*» und «*a domani*». Ich danke fürs Abendessen, dann stapfen wir wieder durch den Schnee zurück ins Auto.

Wir fahren bis zum Tor. Dort halten wir, Franco steigt aus, öffnet das Tor, steigt wieder ein, fährt fünf Meter vor, steigt wieder aus, schließt das Tor, steigt wieder ein, und jetzt geht's über den Schotterweg, den schmalen Weg über eine Linkskurve auf die Hauptstraße, die uns wieder nach L'Aquila führt.

Franco kündigt an, mich morgen um halb neun abzuholen, sagt *ciao* und verspricht *domani cominciamo con la matematica*, morgen machen wir uns an die Mathematik.

2

Domani cominciamo con la matematica!

Dies waren die letzten Worte Francos gewesen, und es waren die ersten, die mir am Morgen in den Sinn kamen. Ich weiß nicht mehr, weshalb ich aufwachte. Ob wegen der Kälte, die unbarmherzig durch die dünne Bettdecke zog, wegen des Lichts, das durch den nachlässig geschlossenen Laden einfiel, oder wegen der lauten Stimmen, die von der Straße, die unmittelbar vor dem Fenster verlaufen mußte, fast ungefiltert hereindrangen.

Gestern abend hatte ich nur so schnell wie möglich ins Bett kommen wollen und hatte deshalb mein Zimmer kaum bewußt wahrgenommen. Jetzt sah ich einen hohen, schmucklosen Raum, der außer meinem Gepäck nur einen Schrank, ein Waschbecken und mein Bett beherbergte. Die sonstige Ausstattung bestand allein darin, daß die Wände ringsum bis in etwa ein Meter Höhe mit bräunlicher Ölfarbe angestrichen waren, die stellenweise schon abblätterte.

Der Schrank machte keinen stabilen Eindruck und war offenbar für besonders kleinwüchsige Menschen angefertigt. Neben dem Fenster war ein schlichtes Waschbecken in die Außenwand eingelassen. Es hing vorne schräg nach unten und ließ mich nicht an die Stabilität der Konstruktion glauben. Was ich noch nicht wußte, war, daß der Wasserhahn unaufhörlich tropfte und daß dies durch kein Mittel der Welt zu stoppen war. Ich konnte nur versuchen, den Effekt des Tropfens, das periodische, unaufhörliche, mich am Einschlafen hindernde Tropfen nicht wirksam werden zu lassen. Ich brachte einen Waschlappen am Hahn an, um die Tropfen in das Becken fließen zu lassen. Das war die richtige Idee, mit der Ausführung haperte es aber, bis ich mir von Luigia einen großen Spüllappen geben ließ, der dann die perfekte Lösung war.

Der dritte – und letzte – Einrichtungsgegenstand war mein Bett: ein Gestell aus runden Metallröhren, mit weißlicher Ölfarbe angestrichen, ein ausgeleierter Federrost, der sich zusammen mit einer durchgelegenen Matratze so konkav nach unten bog, daß keinerlei Gefahr bestand, aus dem Bett zu fallen. Die Bettdecke war, wie gesagt, dünn, zu dünn für die Kälte, doch ich hatte gestern klugerweise noch meinen dicken Pullover auf die Decke gelegt.

Kalt war es trotzdem. Jede Bewegung veränderte die Lage der Decke und machte der Kälte Platz. Daher blieb ich noch eine Zeitlang unbeweglich auf dem Rücken liegen. Was würde der erste Tag in Italien bringen? Bestimmt viele neue Eindrücke, viele Kontakte und auch viel Mathematik. Das sollte allerdings noch ein bißchen dauern.

Ich schwang mich aus dem Bett, das dabei schmerzlich ächzte, wusch mich schnell und zog mich schnellstmöglich an.

Jetzt riskierte ich einen Blick durchs Fenster. Das Zimmer befand sich zwar im ersten Stock, hatte aber unmittelbaren Kontakt zu der engen Straße, weil es keine Bürgersteige gab und die Autos also direkt unter meinem Fenster ihr Hupen und ihren Motorenlärm produzierten. Falls ich inzwischen vergessen haben sollte, daß es kalt war, wurde ich jetzt wieder daran erinnert: Die untere Hälfte des Fensters war vereist. So schöne Eisblumen hatte ich seit meiner Kindheit nicht mehr gesehen.

Gestern hatte ich schon erfahren, daß es im Hotel kein Frühstück gab, sondern ich es in einer Bar einzunehmen hatte. Es war acht Uhr, Franco wollte mich um halb neun abholen. Also zog ich meinen Mantel an und ging hinaus.

Zum ersten Mal sah ich L'Aquila bei Tageslicht. Helles, klares Licht, viel Verkehr und Lärm. Aber – im Gegensatz zu gestern abend – nur wenige Fußgänger. Die Straßen waren zwar geräumt, aber die Bürgersteige – sofern es solche überhaupt gab – waren durch hohe Schneehaufen fast unpassierbar.

Gegenüber dem Hoteleingang las ich auf einem Schild, daß in diesem Haus das *Comitato Regionale* der *Democrazia Cristiana*, der italienischen CDU, residierte. Das fing ja gut an.

Nur wenige Meter entfernt lag die *Bar al Corso*, aus der

ich gestern angerufen hatte. Der Raum war gefüllt mit gestikulierenden und redenden Italienern, von denen jeder eine Tasse in der Hand hielt oder versuchte, ein süßes Stückchen aus einer Papierserviette so zu essen, daß möglichst wenig von dem klebrigen Zucker an der Hand oder im Bart zurückblieb. Offenbar sollte man erst an der Kasse bezahlen, ich sagte «*Cappuccino*» und deutete auf ein Hörnchen. «*Cappuccino ed un cornetto*», war die Bestätigung, «*Mille due*». Ich wußte: Das war der Preis, ich hatte aber keine Ahnung, was das für Zahlen waren; daher streckte ich der Kassiererin einen 10000-Lire-Schein hin. Die Kassiererin gab mir einen Haufen Scheine und ein paar Münzen raus. Ich steckte sie ein und wollte mich der Theke zuwenden, aber die Kassiererin rief: «*Suo scontrino*» und hielt mir den Quittungszettel hin. Ich nahm ihn und versuchte, mir einen Platz an der Theke zu sichern. Obwohl das zunächst schwierig schien, war es ganz einfach, denn die Leute machten bereitwillig Platz, ohne dabei allerdings ihr Gespräch zu unterbrechen.

Viel schwieriger war es, einen Blick des Kellners zu erhaschen. Endlich klappte es, ich sagte «*Cappuccino e ...*» und deutete wieder auf die Hörnchen. Darauf sagte er mir sehr deutlich, daß ich mir das Hörnchen selbst nehmen könne (ich verstand die Worte nicht, aber es war klar, was ich zu tun hatte) und rief seinem Kollegen kurz «*Cappuccio*» zu. Unmittelbar darauf stellte er mir eine Untertasse mit Löffel hin, nahm den *scontrino*, spießte ihn auf einen langen Stab auf, und kurze Zeit später stellte er mir die Tasse auf den Unterteller, schob schwungvoll den silbernen Zuckerbehälter zu mir hin und plazierte den schlanken Zuckerlöffel so, daß ich nur zuzugreifen brauchte.

Ich versuchte, langsam zu essen und zu trinken, denn hier war es warm und der *cappuccino* wärmte von innen. Nach fünf Minuten war ich dann aber doch fertig und ging zurück ins Hotel. Ich packte die Dinge, die ich für die Arbeit brauchte: Papier und genügend Stifte sowie zwei Bücher, die ich Luigia und Franco schenken wollte. In dem langen Hotelflur war es auch nicht kälter als in meinem Zimmer, daher setzte ich mich dort in einen der erstaunlich bequemen Ledersessel. Ich hatte das Gefühl, heute bereits etwas geleistet zu haben: Ich war trotz der beißenden Kälte aufgestanden, hatte meine ersten selbständigen Schritte in L'Aquila gemacht und *cappuccino* und ein *cornetto* bestellt. Ich fand mich gut. Verhungern würde ich nicht.

Nach einiger Zeit erschien Franco. Er war offensichtlich glücklich, mich lebend und unversehrt zu sehen, und gab seiner Freude Ausdruck, indem er mit ausgebreiteten Armen auf mich zustürmte, mich umarmte und dann fragte: «*Dormito bene?*», dann aber schnell auf englisch umschaltete und «good sleep?» fragte. Ich versicherte ihm mehrfach: «Yes, I slept very well» und merkte, daß er verstand, was ich sagen wollte, auch wenn ich das deutliche Gefühl hatte, daß er die einzelnen Worte nicht verstand.

Wir verließen das Hotel. Franco freute sich offenbar genauso auf diesen Tag wie ich, er sagte zuversichtlich: «*Adesso andiamo all'università!*» Heute wird es um Mathematik gehen.

Franco hatte das Auto zwei Straßen weiter abgestellt, Luigia saß drin, begrüßte mich herzlich und fragte sofort: «*Caffè?*» Es gelang mir, ihr zu erklären, daß ich bereits gefrühstückt hätte.

Also konnten wir starten, und ich bekam einen ersten Eindruck von L'Aquila. Zunächst ruckelten wir über das Kopfsteinpflaster kleiner und kleinster Gäßchen, die selbst hier als Einbahnstraßen ausgeschildert waren, dann kamen wir auf eine größere Straße, aber dadurch vergrößerte sich der Lebensraum des Autos nicht. Alle fuhren unglaublich dicht nebeneinander, überholten sich, obwohl es gar keine Überholspur gab. Überhaupt schien sich der Verkehr nicht in ordentlichen ‹Fahrspuren› abzuspielen, es war ein viel komplexeres Spiel: Es geht nicht wie bei uns um eine Einordnung zwischen Vorder- und Hintermann, die nur ausnahmsweise zu Überholmanövern kurzzeitig außer Kraft gesetzt wird. Hier fühlt sich jedes Auto bzw. sein Fahrer als unabhängige Größe und betrachtet alle anderen, vorne, hinten, rechts und links, als abhängige Variablen. Erstaunlicherweise geht das gut, niemand scheint das als etwas Besonderes anzusehen.

Ich will wissen, wie viele Einwohner L'Aquila hat. Eine offenbar schwierige Frage. «*Non molti*», meint Franco wenig aussagekräftig, während Luigia mit «circa 80 000» jedenfalls die richtige Größenordnung weiß. Franco fügt hinzu, L'Aquila sei *il capoluogo della regione Abruzzo,* die Hauptstadt der Region Abruzzen.

Das Wetter ist wunderschön: Sonne, blauer Himmel und inzwischen im Auto auch schon ein bißchen warm. Die umliegenden Berge sind vollkommen mit Schnee bedeckt: ein wundervolles Panorama. Luigia zeigt auf einen nahegelegenen Hügel und sagt irgend etwas, was wohl bedeutet, daß dies unser Ziel sei. Ich frage: «*Università*?» und bekomme die Antwort: «*Ingegneria*». Offenbar befindet sich dort die ingenieurwissenschaftliche Fakultät, in der die beiden am mathematischen Institut arbeiten.

Bevor wir die Auffahrt beginnen, hält Franco unvermittelt, und wir steigen aus, obwohl es hier eisig kalt ist. Er führt uns auf einen großen, mit Steinplatten gepflasterten Platz, der auf einer Seite durch eine senkrechte Mauer abgeschlossen ist. An dieser ist eine unübersehbare Zahl von steinernen Gesichtern in einem regelmäßigen Muster angeordnet. Beim Näherkommen sehe ich, daß dies Münder von Brunnen sind, die jetzt, im Winter, natürlich kein Wasser führen. «*Novantanove cannelle*, 99 Brunnen», sagt Luigia stolz. L'Aquila, so führt Luigia weiter aus, sei die Stadt der Zahl 99: «*Novantanove castelli*, neunundneunzig Schlösser für die Adeligen der Umgebung, *novantanove chiese, novantanove piazze et cetera.*» Aber das sei natürlich Legende. «Ein Symbol für die Unendlichkeit», sagt Franco dazu.

Dann geht es auf einer schmalen, kurvigen Straße steil bergauf. Der Ausblick ist phantastisch – insbesondere, wenn ich an das Matschwetter denke, das wahrscheinlich gerade in Deutschland herrscht: rechts und links Schnee, der das Licht gleißend reflektiert.

Franco nimmt die Kurven so schwungvoll, daß mir fast schlecht wird und ich froh bin, als die Bäume weniger werden und wir oben angekommen sind. Rechts sieht man über dem Tal die großartigen Berge der Abruzzen, links steht ein rötliches symmetrisch-imposantes Gebäude, eine großzügige Stein-Glas-Konstruktion. Irgendwie ein gigantischer Bahnhof auf dem Gipfel eines Berges. Offenbar die *Facoltà di Ingegneria.* Später werde ich erfahren, daß dieses Gebäude (wie die meisten Bahnhöfe) während des Faschismus in dem damals herrschenden Einheitsstil gebaut wurde.

Als wir aus dem Auto aussteigen, blendet mich die Sonne so schmerzlich, daß ich die Augen zukneifen muß. Bevor wir die Universität betreten, zieht es Franco und Luigia zu einem kleinen Häuschen neben der Einfahrt. Dies ist nicht etwa die Pforte, sondern – viel wichtiger – die Bar! Der winzige Raum ist durch die etwa zwanzig Leute so voll, daß ich zunächst glaube, wir würden nicht mehr hineinpassen. Doch dies scheint überhaupt kein Problem zu sein, niemand ist so grausam, einem anderen die Möglichkeit, Kaffee zu trinken, zu verweigern.

Es herrscht eine herzliche Atmosphäre: Leute begrüßen sich, bieten sich eine Zigarette an, laden sich zum Kaffee ein und tauschen den neuesten Institutsklatsch aus; alles in einer Lautstärke, mit der man in Deutschland auch auf dem Bahnhof auffallen würde. Hier scheint dies die Intimität nicht zu beeinträchtigen.

Franco schafft es ohne Mühe, mich dem Besitzer der Bar vorzustellen. Giorgio ist ein älterer, gebeugter Mann mit zerknittertem Gesicht, dessen Augen schon viel gesehen haben, aber immer noch verständnisvoll leuchten. Dann fragt Franco uns kurz: «*Caffè?*», worauf wir nur nicken. Dies scheint selbstverständlich zu sein. Ebenso selbstverständlich ist, daß Franco für alle bezahlt.

Giorgio bereitet routiniert den Kaffee und stellt uns die Tassen auf die polierte Metalltheke, und dann sehe ich zum ersten Mal ein Ritual, das ich noch hundertfach erleben sollte: Nachdem Franco Zucker in unsere Tassen gegeben hat, nimmt jeder seine Tasse in die Hand und rührt um. Dabei unterhält man sich und rührt immer weiter. Man kann sich ziemlich lange unterhalten und rührt dabei immer weiter. Irgendwann kommt der Augenblick, in dem es beim besten Willen nichts mehr zu rühren gibt; dann legt man den Löffel auf die Untertasse, schüttet den Kaffee in einem, höchstens zwei Schlucken hinunter, stellt die Tasse auf die Theke zurück, sagt: «*Arrivederci*» und verläßt die Bar.

Nun schreiten wir den langen, geraden Weg auf den Haupteingang zu, steigen ein paar Stufen hinauf, treten ein und gehen, Franco voran, auf den Aufzug zu. Ein Aufzug nur für Dozenten. Jedenfalls beginnt Franco innen mit einem Schlüssel zu hantieren, der in einer präzise festgelegten, aber schwierig zu fixierenden Position gehalten werden muß, wobei gleichzeitig zwei andere Tasten gedrückt werden müssen: eine akrobatische Leistung, die damit belohnt wird, daß sich die Aufzugtüren nach einigen Sekunden erwartungsvollen Wartens schließen und sich der Aufzug knarrend in Bewegung setzt.

Die Tür öffnet sich wieder im 4. Stock, wir verlassen den Aufzug, gehen den Gang entlang, dann schließt Luigia eine Tür auf, sagt: «*Nostro studio*», und wir treten ein. Zwei Schreibtische, fünf Stühle, alle verschieden, Fenster, die seit Kriegsende nicht mehr geputzt wurden, aber immer noch einen hinreißenden Ausblick bieten, und eine Bullenhitze, die zum Teil sicher auch daher kommt, daß die Fenster schon ewig nicht mehr geöffnet worden waren.

Egal. Wir hängen unsere Mäntel an die Garderobe und setzen uns an einen der Schreibtische, wobei sie mich in die Mitte nehmen.

Jetzt endlich ist die Zeit gekommen, über Mathematik zu sprechen. Ich ziehe meine Mitbringsel aus der Tasche, mein zweibändiges Buch über «Endliche Geometrie», unser gemeinsames Spezialgebiet. Ich bin mächtig stolz darauf, da es die erste Darstellung dieses Gebietes in Buchform ist. In dem Buch stecken, meiner Meinung nach, nicht nur viele Ideen, neue Sichtweisen, eine attraktive Organisation des Stoffs, neue Tricks, originelle Formulierungen, kurz: mein Herz, sondern auch viele Wochen handwerklicher Tätigkeit.

Denn dieses Buch war Anfang der 80er Jahre entstanden, in einem kurzen Moment der Geschichte wissenschaftlichen Publizierens, in dem es bereits zu teuer war, wissenschaftliche Bücher traditionell zu setzen, andererseits aber auch noch keine Computer mit vernünftiger Textverarbeitung in Sicht waren. Daher stellten die Autoren die Druckvorlagen ihrer Bücher selbst her – mit der Schreibmaschine! Ich war stolzer Besitzer einer elektrischen Schreibmaschine, mit der man immerhin ein gleichmäßiges Schriftbild erreichte. Korrekturmöglichkeiten gab es nicht. Wie häufig passierte noch in den letzten Zeilen einer Seite ein Fehler, so daß man wieder von vorne anfangen mußte – natürlich ohne Garantie, daß es diesmal fehlerfrei abging.

Bei Mathematikbüchern kam das Problem der Symbole hinzu. Man stand vor der Alternative, die Symbole einfach von Hand einzutragen oder für viel Geld Folien zu kaufen, von denen man die einzelnen Symbole auf die Seiten durchrubbeln konnte. Ich hatte mich natürlich auch hier für die professionelle Methode entschieden.

Es war ungeheuer aufwendig gewesen, diese knapp 500 Seiten zu produzieren: Nächte, Wochenenden, selbst der Heilige Abend gingen drauf – worauf meine Frau, verständlicherweise, unfroh reagierte.

Aber das Ergebnis war gut. Ich war zufrieden und präsentierte die beiden Bände entsprechend stolz.

Luigia und Franco bedanken sich, freuen sich auch. Sie nehmen die Bücher in die Hand und blättern sie durch. Doch die Freude ist nicht so groß, wie ich erwartet habe, denn – klar! – die Bücher sind auf deutsch, und sie haben keine Chance, auch nur ein Wort zu verstehen.

Das Sprachproblem!

Wie hatten wir uns gestern eigentlich unterhalten? Wie können wir uns verständigen?

Italienisch? Nein, denn ich kann kein Italienisch. Natürlich hatte ich vor ein paar Monaten Umberto Ecos Bestseller ‹Der Name der Rose› verschlungen und wußte immerhin, daß dieses Buch auf italienisch *Il nome della rosa* heißt. Aber viel mehr wußte ich nicht.

Englisch? Nein, denn Luigia und Franco haben ungeheure Schwierigkeiten, sich englisch auszudrücken. Schon die Aussprache ist gräßlich und oft grob falsch. Grammatik nicht existent. Die Hälfte der Wörter fällt ihnen nicht ein, und sie nehmen dafür ein anderes. Und alles ungeheuer langsam. Ein Bit pro Minute. Und das mit fünfzigprozentiger Wahrscheinlichkeit falsch.

Ich erinnere mich an ein Wochen zurückliegendes Erlebnis. Franco hatte bei uns zu Hause angerufen, ich war für einige Tage weg, wollte aber mit ihm in Kontakt kommen. Dies erklärte ihm Monika, meine Frau, in ihrem perfekten Englisch. Das war genau die falsche Methode. Franco verstand gar nichts. An einem gewissen Punkt legte er los: «You no say. I question. You say only yes o no!» Monika war so eingeschüchtert, daß sie verstand, was Franco sagen wollte, und ihm gehorchte. So kam wenigstens eine mühsame Kommunikation zustande, bei der Bit für Bit ausgetauscht wurde.

Also, Englisch war eine Tortur. Sechs Wochen? Unmöglich. Italienisch? Warum nicht? Ich probier's einfach. Mehr als schiefgehen kann es nicht.

Ich versuche, einen zentralen Begriff unseres gemeinsamen Interessengebiets, den Begriff «blockierende Menge», zu erklären. Was heißt «Menge? What means ‹set›? A set of people, a set of numbers, a set of points ...» «Ah, *un insieme di punti*!»

Super, dabei habe ich automatisch auch das Wort für Punkt gelernt: *un punto, due punti.*

Das war noch einfach. Was aber heißt «Gerade»? Ich probiere mal: «Una linea? A line?»

Nach kurzem Nachdenken kommt die Antwort; «*No, no ‹linea›, si dice ‹retta›. Una retta, due rette.*» Merkwürdig, aber na ja.

Das nächste Wort ist «Ebene»; ich versuche, die beiden herauszufordern: «*Punto, retta, ...?*»

«*Piano*», kommt prompt die Antwort.

Nun müßte ich auch einen Satz hinkriegen. «*Due punti – una retta*», ist mein erster Versuch.

«*Bravo*!» Luigia ist glücklich, «*due punti appartengono ad una retta.*»

Franco setzt noch eins drauf: «*Due punti diversi sono in una ed una sola retta.*» Das heißt bestimmt, daß zwei verschiedene Punkte auf einer und nur einer Geraden sind.

Glück. Ich habe einen italienischen Satz verstanden und

kann ihn nachsprechen. Ein nützlicher Satz, denn er kommt nicht nur häufig vor, sondern nach diesem Modell kann man viele Sätze bilden. Ich schreibe den Satz auf: *Due punti diversi sono in una ed una sola retta.* Bei meiner Arbeit brauche ich ständig Sätze dieser Art: Zwei Geraden liegen in einer Ebene, drei Punkte liegen auf einem Kreis ...

Auch Franco und Luigia sehen erleichtert aus. Dieser eine Satz macht uns Hoffnung. Verständigung ist möglich! Zumindest über Mathematik können wir uns unterhalten.

Wir probieren noch ein paar Bausteine aus. Ich versuche einen Satz in einer Mischung aus Italienisch und Englisch: «*Due rette* – intersect *in un punto.*» Das Echo kommt prompt: «*Due rette si intersecano in un punto, oppure: hanno un punto in comune.*» Was heißt jetzt schon wieder ‹*oppure*›? – ganz einfach: ‹oder›.

Ich lerne auch das für die Mathematik so wichtige «sei»: Sei g eine Gerade: *Sia* g *una retta; siano* P *e* Q *punti.*

Jetzt werden Luigia und Franco direkt übermütig und zeigen mir ihre neueste Arbeit, die, natürlich, auf italienisch geschrieben ist: *Sia* S *uno spazio tridimensionale. Chiamiamo blocking set un insieme di punti di* S *tale che ...*

Ich lese den Anfang der Arbeit laut, Wort für Wort. Viele Wörter kann ich raten, bei anderen stocke ich, und die beiden erklären mir den Begriff mit Umschreibungen, durch Beispiele usw.

Schon jetzt habe ich den Eindruck, daß wir uns auf italienisch effizienter verständigen können als auf englisch. Zwar ist das, was ich an Italienisch produziere, nur Sperrmüll aus einigen wenigen Substantiven und Adjektiven. Für Menschen, die in der Sprachtradition Ciceros und Dantes aufgewachsen sind, eine Beleidigung: aber es funktioniert!

Warum können wir uns bereits nach wenigen Stunden so gut unterhalten, daß alle glücklich sind? Zunächst fällt mir mein Lateinunterricht ein. Neun Jahre habe ich mit wechselnder Begeisterung und sehr wechselndem Erfolg Latein gelernt. Das ist zwar schon über zehn Jahre her, aber irgend etwas scheint doch hängengeblieben zu sein.

Dazu kommt aber auch die Einfachheit, ja Primitivität

der mathematischen Sprache. Damit meine ich nicht die formale Sprache; diese ist ausgeklügelt und alles andere als einfach zu beherrschen, tatsächlich ist sie das Hauptproblem für Laien, Mathematik überhaupt wahrzunehmen. Außerdem ist diese Formelsprache international, hier werden wir keine Verständnisschwierigkeiten haben.

Nein, ich meine den Teil der natürlichen Sprache, in der Mathematiker miteinander über Mathematik reden. Die Zeitenfolge ist trivial; es gibt nur Präsens, und man verwendet nur kurze Hauptsätze, fast Bildzeitungsstil: *Wir definieren. Daraus folgt. Also ist.* In Momenten besonderer sprachlicher Sensibilität verwenden wir noch den Konjunktiv: *Angenommen, Wurzel 2 wäre rational, dann gäbe es ...* Kurz: Die Sprachformen der Mathematik sind so einfach wie in keiner anderen Wissenschaft.

Ich konzentriere mich auf einen nichtmathematischen Satz: «*Posso telefonare a Germania*?»

Auch dies scheinen sie gut zu verstehen, jedenfalls sagt Luigia sofort: «*Come no*?», geht zum Telefon, um durch die richtige Vorwahl eine Amtsleitung zu bekommen, und gibt mir den Hörer mit den Worten: «*Salutami tua moglie*! Schöne Grüße an deine Frau.»

Telefonieren war damals nicht so einfach wie heute. Schon innerhalb einer Stadt konnte man nicht immer störungsfrei sprechen. Oft wurde man ungewollt Zeuge eines zweiten Gesprächs, das auf derselben Leitung lief. Bei Ferngesprächen oder Gesprächen ins Ausland wurde nicht nur die Übertragungsqualität entsprechend schlechter, sondern schon die Herstellung einer Verbindung war ein nicht triviales Problem. Daß man oft wählen mußte, war selbstverständlich. Die Telefone hatten damals noch Wählscheiben, und manchmal tat einem vor lauter Wählen die Hand weh.

Ich habe Glück. Schon nach zehn Versuchen meldet sich Monika. Die Tatsache, daß wir weit voneinander entfernt sind, wird durch intensives Pfeifen und Rauschen demonstriert, das unser Gespräch letztlich aber nicht behindern kann. Ihr geht es gut, mir geht es gut – und es gibt die Möglichkeit, wenn auch unter Schwierigkeiten, miteinander Kontakt aufzunehmen. Mehr können wir nicht verlangen.

«*Vogliamo mangiare?*» fragt Franco. Tatsächlich ist es schon halb zwei, und ich stelle fest, daß ich einen Riesenhunger habe. Kein Wunder, denn außer Kaffee habe ich nur ein *cornetto* zu mir genommen. «*Andiamo alla mensa*», fordert uns Luigia auf.

Wir warten nicht auf den Aufzug, sondern gehen über die Treppe nach unten. Da fällt Franco ein, daß wir beim *Preside* vorbeischauen könnten, um bei ihm einen Antrittsbesuch zu machen. Der *Preside*, so stellt sich heraus, ist der Dekan der *Facoltà di Ingegneria*, der ingenieurwissenschaftlichen Fakultät. Die Tür zum Vorzimmer steht offen, wir treten ein, die Sekretärinnen deuten nach rechts zum Büro des *Preside*. Auch hier steht die Tür offen, und wir erblicken den *Preside*, vor allem aber hören wir ihn. Er telefoniert mit Inbrunst. Ich habe keine Chance zu erkennen, in welcher Phase sich das Gespräch befindet: Anfang, Mittelteil oder Schluß.

In jedem Fall dauert das Gespräch noch an, daher habe ich Zeit, mich umzusehen. Beeindruckend ist der riesige Schreibtisch, der über zwanzig Zentimeter hoch mit Papieren bedeckt ist. Nicht etwa säuberliche Stapel, sondern ein wildes Papiergebirge. Oben drauf stehen zwei Telefone, ein weiteres ist halb verschüttet. Hinter dem Papierberg steht der *Preside*. Er ist sorgfältig gekleidet, nur sein Hemd ist ungebügelt, und zwar so offensichtlich, daß selbst ich das erkenne. Außer dem Schreibtisch befindet sich in dem riesigen Büro fast nichts. Nur in der Ecke steht eine Fahne, die italienische Nationalflagge. Merkwürdig.

Endlich findet das Telefonat ein Ende, der *Preside* kommt freudestrahlend auf uns zu, begrüßt Luigia und Franco mit einer Umarmung, mich mit einem Händedruck. Franco erklärt ihm (soweit ich das verstehe), daß ich gestern angekommen sei und daß wir heute schon angefangen hätten zu arbeiten. Das scheint dem *Preside* zu gefallen, er wünscht uns viel Erfolg und bedauert nur, daß er uns nicht in die Mensa begleiten kann, er müsse noch ein paar Telefonate führen.

Die Mensa sieht auf den ersten Blick so aus wie bei uns. Noch ein bißchen ungemütlicher und kalt, wie fast alles hier. Aber das Essen unterscheidet sich von unserem Mensaessen. Als ersten Gang, *il primo*, gibt es eine große Portion Pasta, *per il secondo* hat man die Wahl zwischen einem soliden Stück Fleisch und einer Kugel Mozzarella; zum Nachtisch gibt es Obst (Orange oder Apfel), dazu ein Brötchen und Wasser. Und das Ganze zu einem unglaublichen Preis von 1500 Lire, damals ungefähr zwei Mark.

An unseren Tisch setzen sich zwei Kollegen hinzu; wie sich gleich herausstellt, ein Kollege und sein Gast – ein Professor aus Deutschland. Ich erzähle ihm stolz, daß wir uns bereits auf italienisch unterhalten haben. Da lächelt er hintergründig und sagt mir, daß die Wände so dünn seien, daß er zwei Zimmer weiter alles mitgehört habe. Er weiß, und ich weiß, daß er weiß, daß ich keinerlei Italienisch kann. Was mir normalerweise die Schamröte ins Gesicht getrieben hätte, läßt mich hier kalt.

Nach dem Essen gehen wir alle in die Bar, die jetzt noch viel voller ist als am Morgen. Wir erhalten unseren Kaffee aber fast genauso schnell, und jetzt bezahlt der italienische Kollege.

Ich wundere mich, wie das mit dem Bezahlen ist. Franco erklärt, daß immer einer der Kollegen für alle bezahlt, denn es sei eine Ehre, bezahlen zu dürfen, *è un onore avere il privilegio di pagare* – jedenfalls, so fügt er hinzu, im Süden Italiens, in Milano sei das ganz anders, und auch Rom mache eine Ausnahme. Offenbar wird das verschneite und bitterkalte L'Aquila, das auf der Höhe von Rom liegt, zum Süden Italiens gerechnet.

Bald danach (es ist allerdings schon vier) fahren wir wieder in die Stadt. Wir halten in einem engen Gäßchen; neben dem parkenden Auto kommt mit Mühe noch ein fahrendes vorbei, aber das scheint niemand zu stören. Franco verschwindet in einem dunklen Eingang. Luigia und ich stapfen im Schnee herum. Luigia tut das, was Italiener ohne nachzudenken tun: Sie lädt mich zu einem Kaffee in eine der Bars ein, die es überall zu geben scheint. Als wir die Bar wieder verlassen, hält die Wärme noch eine Zeitlang vor, aber dann durchzieht mich die Kälte von unten. Ich habe keine Ahnung, was Franco eigentlich macht und warum er uns so lange warten läßt. Endlich taucht er wieder auf, Luigia sieht ihn fragend an. Er nickt und zieht ein messingfarbenes Metallteil aus der Tasche. «*Speriamo che funzionerà*», seufzt Luigia.

«What is this?» frage ich unsicher.

«*Il pezzo per il riscaldamento.*» Plötzlich kapiere ich: offenbar das Teil, das an der Heizung kaputt ist. Franco hat es zwar nicht geschafft, den Heizungsmonteur zu einem Hausbesuch zu bewegen, aber er konnte ihm wenigstens das entscheidende Teil abluchsen. Wenn ich richtig weiter folgere, wird Franco versuchen, das Teil selbst einzubauen.

Wir steigen wieder ein und fahren los. Irgendwie hatte ich angenommen, daß ich im Hotel abgesetzt werde, aber das kommt anscheinend nicht in Frage. Saubere Trennung von Beruf und Privatleben ist kein italienisches Lebensprinzip.

Wir fahren nach San Vittorino, zu Francos und Luigias Haus. Zwar ist noch etwas Glut in den Kaminen, aber es ist wieder eiskalt. Luigia facht als erstes die Feuer wieder an, während Franco gleich in den Keller geht.

Wir hören Schläge und merkwürdige Geräusche. Luigia sieht nicht sehr zuversichtlich aus. Es scheint sich nicht um einen Routinefall zu handeln.

Aber nach einiger Zeit kommt Franco die schmale Kellertreppe herauf, mit völlig ölverschmierten Händen, aber grinsend.

Bange Frage: «Und?»

«*Credo che funziona.*»

Ein glücklicher Tag! Wir können uns unterhalten, und die Heizung funktioniert wieder. Beides notwendige Voraussetzungen für unser Wohlbefinden – und, ach ja, für unsere wissenschaftliche Arbeit.

3

È pronto!

Wir hatten den ganzen Vormittag bei Franco und Luigia zu Hause gearbeitet. Luigia war seit einiger Zeit verschwunden und hatte in der Küche rücksichtsvoll rumort. Ihr Ruf bedeutete offenbar, daß das Essen fertig sei. Jedenfalls hielt Franco mit seinen Überlegungen sofort inne, erhob sich und forderte auch mich auf mitzukommen. Diana und Luca hatten beim Tischdecken geholfen. Es gab *Spaghetti alla bolognese*, und ich bekam einen gehäuften Teller. Franco erhielt noch mehr, die anderen nur Normalportionen, Luca fast nichts.

«Magst du Spaghetti?» wurde ich gefragt.

«Natürlich», sagte ich. Dann versuchte ich zu erklären, daß ich allerdings als Kind Spaghetti als Tortur empfunden hatte. Im kleinbürgerlichen Deutschland aß man damals Spaghetti mit Messer und Gabel; wir Kinder durften gnädigerweise statt des Messers einen Löffel benutzen. Man wikkelte nur so wenige Spaghetti mit der Gabel auf, daß man sie gut aufdrehen konnte; das machte man so lange, bis nichts mehr herunterhing, dann mußte man – aufrecht sitzend – die Gabel zum Mund führen, ohne daß etwas danebenging, und erst dann hatte man etwas im Mund. Ich erinnere mich an das Herumgestochere, an meine verzweifelten Versuche, die richtige Menge Spaghetti ordentlich aufzugabeln, und daran, einen kalten Kloß im Mund zu haben und diesen irgendwie runterwürgen zu müssen.

Es gelingt mir immerhin, diese Geschichte zu erzählen – wenn auch mehr durch Gesten und praktische Demonstrationen als durch sprachlich genaue Darstellung.

«Bei uns ist das ganz anders», sagt Franco, *«da noi i bambini amano gli spaghetti*, weil sie sie so essen dürfen»: Er sticht mit seiner Gabel in den Spaghettiberg auf seinem Teller, erwischt dabei fast alle, beugt sich über den Teller, führt diesen Spaghettiknäuel zum Mund, beißt ein beeindruckendes

Stück ab und läßt den Rest wieder auf den Teller fallen. Dann geht die Prozedur wieder von vorne los. So lange, bis der Teller leer ist. Ich bin begeistert und beschließe spontan, meinen Kindern später diese Art der Spaghettivertilgung beizubringen.

Luca ist noch in dem Alter, von dem die Eltern glauben, ihre Kinder würden verhungern, wenn sie so wenig essen. Für ihn sind die Spaghetti als Spielobjekte viel interessanter als als Nahrungsmittel. Und so ist fast alles von seiner kleinen Portion noch im Teller.

«*Che cosa studiate*?» will er wissen. Er spürt, daß meine Anwesenheit ein intensives und kontinuierliches Arbeitsklima erzeugt hat – und die Kinder entsprechend weniger direkte Aufmerksamkeit erhalten. Luigia antwortet: «Wir studieren blocking sets.» Ich weiß schon, daß die Italiener keine Hemmungen haben, englische Ausdrücke zu übernehmen. «Wochenende» heißt «il weekend», der Vorsitzende einer Partei ist «il leader», und «blockierende Menge» heißt eben «blocking set».

Luca ist nicht blöd, und daher ist seine nächste Frage keine Überraschung: «*Che cosa è un blocking set*?» Ich überlege, wie man einem Zehnjährigen erklären könnte, was ein blocking set ist, und sehe, daß es auch hinter Luigias Stirn arbeitet. Aber bevor wir den ersten Satz auch nur ansatzweise formuliert haben, geht Franco in die Offensive: «Das ist eigentlich so was wie deine Spaghetti, *praticamente come gli spaghetti.*»

Luigia und ich sind sprachlos und haben keine Ahnung, was er meint. Franco genießt unsere Verblüffung und erklärt dann: «Schau mal, das Hackfleisch hier. An jedem *spaghetto* klebt ein bißchen Hackfleisch. Und kein *spaghetto* ist völlig von Hackfleisch überdeckt. Das ist ein blocking set.»

Das hat er nicht mal schlecht erklärt, ich applaudiere innerlich. Luigia hebt es auf eine etwas seriösere Ebene: «Statt Spaghetti betrachten wir die Geraden der Ebene. Wir suchen eine Menge von Punkten, so daß jede Gerade mindestens einen dieser Punkte enthält, aber nicht nur aus solchen

Punkten besteht.» Ich assistiere: «Man kann auch sagen, wir färben einige Punkte schwarz ...»

«... besser rot, wie das Hackfleisch», wirft Franco ein.

«Also gut. Wir färben einige Punkte rot, und zwar so, daß jede Gerade mindestens einen roten Punkt hat und keine Gerade nur aus roten Punkten besteht.»

Luigia schöpft mir und Franco den Rest der Pasta aus, wir essen ruhig weiter, wobei ich – wie wenn nichts wäre – versuche, Francos Eßtechnik anzuwenden. Wir haben die Erklärung der blocking sets mit Hilfe von Spaghetti und Hackfleisch schon fast vergessen.

Aber auf die Kinder hat es offenbar Eindruck gemacht. Diana meldet sich zu Wort: «Blocking set bedeutet: jede Gerade mindestens ein roter Punkt. Am besten so, daß jede Gerade genau einen roten Punkt hat!»

Hoppla, das ist eine echte didaktische Herausforderung. Denn ich weiß: Das geht nicht. So etwas gibt's nicht. Blocking sets schon, aber nicht solche, die auf jeder Geraden nur einen einzigen Punkt haben. Wie soll ich den Kindern die Nichtexistenz eines prinzipiell denkbaren mathematischen Objekts erklären?

Aber auch hier hat Franco keine Hemmungen, nochmals Lucas Spaghetti, die immer noch nicht merklich weniger geworden sind, zu Hilfe zu nehmen. «Schau mal», beginnt er, «*assumiamo che esista un tale blocking set*, nehmen wir an, es gäbe eine solche blockierende Menge. Aus wie vielen Punkten könnte diese bestehen?»

«Keine Ahnung», sagt Luca.

«Könnte es nur ein Punkt sein?» stellt Franco die treffende sokratische Frage. «Alle Geraden durch diesen einen Punkt hätten dann natürlich genau einen Punkt des blocking set, aber die anderen Geraden hätten gar keinen. Und das geht nicht, weil wir ein blocking set wollen.»

«Logisch, ein blocking set sind viele Punkte» stellt Luca kategorisch fest.

«Wir wissen bis jetzt nur, daß es mindestens zwei sind», argumentiert Franco wissenschaftlich sauber weiter. «Und die Gerade durch diese beiden Punkte hat dann mindestens zwei Punkte des blocking set, nämlich diese beiden.»

«Also?»

«Also kann es nicht sein, daß es eine Punktmenge gibt, von der jede Gerade genau einen Punkt enthält.»

«*Va bene*», meldet sich Luca wieder zu Wort und phantasiert dann weiter, «*e due*, und wie ist es mit zwei? *Sarebbe bello*, das wäre schön.»

Jetzt wird Luigia rigoros. «Schön wäre es gewesen, wenn du deine Spaghetti gegessen hättest», und nimmt seinen und unsere Teller weg, um *il secondo*, den zweiten Gang, aufzutragen. Dieser besteht aus Fleisch und Salat, zu dem Brot gegessen wird.

Ich finde die Frage, die Luca wahrscheinlich ganz unbewußt plappernd gestellt hat, gar nicht dumm, will aber das Thema während des Essens nicht weiter vertiefen.

Wir Erwachsenen trinken noch einen *caffè*, um uns nach dem schweren Essen wieder fit für die geistige Arbeit zu machen. «*Luca non è stupido*, blöd ist Luca nicht», sage ich.

«Auf keinen Fall.»

Aber ich will auf etwas ganz Bestimmtes hinaus: «Er hat nach blocking sets gefragt, die genau zwei Punkte von jeder Geraden enthalten.»

«Das heißt», nach dem Essen arbeitet unser Gehirn nur langsam, deshalb macht uns Franco das Problem noch einmal präsent, «wir wollen einige Punkte der Ebene rot färben, und zwar so, daß jede Gerade genau zwei rote Punkte enthält.»

«Geht das?» frage ich.

Franco beginnt nachzudenken: «Wir könnten mit zwei Geraden anfangen, die sich schneiden. Wenn wir deren Punkte rot färben, dann hat jede andere Gerade nur einen oder zwei Punkte der Menge.»

Aber Luigia wirft zu Recht ein: «Außer den beiden Ausgangsgeraden, die voll mit roten Punkten sind.»

«Ein Kreis!» Auch dieser Vorschlag stellt sich sofort als untauglich heraus. «Zwar schneidet jede Gerade den Kreis in nur zwei Punkten, aber es gibt viele Geraden, die ihn nur in einem Punkt schneiden und sehr viele, die gar keinen Punkt mit ihm gemeinsam haben. Also ist ein Kreis nicht mal ein blocking set.»

«Vielleicht gibt's gar kein blocking set mit genau zwei Punkten auf jeder Geraden.»

«Kannst du das beweisen?»

«Nein, *è solo una congettura*, es ist nur eine Vermutung.»

«Ja, aber das ist doch vielleicht ein Forschungsthema, über das wir nachdenken könnten. Vielleicht bekommen wir was Neues raus.»

«Gut.» Franco schreibt das Problem auf. Gibt es eine Menge von Punkten, so daß jede Gerade der Ebene genau 2 Punkte der Menge enthält?

«Wir könnten das Problem auch gleich allgemeiner formulieren.» Mathematiker lieben Verallgemeinerungen. Luigia streicht die ‹2› durch und schreibt ‹c› darüber: «Gibt es eine Menge von Punkten, so daß jede Gerade der Ebene genau c Punkte der Menge enthält, wobei c eine Konstante ist?»

Das macht aber das Problem nicht leichter. Ich glaube nicht, daß es so was gibt. Zu glatt. Zu homogen. Zu regelmäßig.

Nach dem Kaffeetrinken zieht sich zunächst jeder zu seinen Problemen zurück. Ich sitze mit Block und Kuli bewaffnet auf dem Sofa und kritzle vor mich hin. Plötzlich weiß ich: So geht's! «*Non c'è possibile!*» rufe ich siegessicher.

«*Non è possibile?*» korrigiert mich Luigia.

Ich gehe mit meinem Blatt zu ihr an den Tisch. «Betrachten wir mal eine endliche Ebene.» Das ist unser Gebiet. Damit beschäftigen wir uns seit Jahren. Hier kennen wir uns aus.

Speziell haben wir affine und projektive Ebenen untersucht. Die sogenannten affinen Ebenen sind Modelle der Anschauungsebene, allerdings recht grobe Modelle. Man betrachtet nur Punkte und Geraden und ihr gegenseitiges Verhalten, das mit dem Begriff ‹Inzidenz› beschrieben wird. Das bedeutet, daß wir nur Ausdrücke wie ‹ein Punkt liegt oder liegt nicht auf einer Geraden› oder ‹eine Gerade geht oder geht nicht durch einen Punkt› benutzen. Damit kann man bereits die Basiseigenschaften der ebenen Geometrie formulieren:

(1) Durch je zwei verschiedene Punkte geht genau eine Gerade.
(2) Durch jeden Punkt P außerhalb einer Geraden g gibt es genau eine Gerade, die keinen Punkt mit g gemeinsam hat (die ‹Parallele› zu g durch P).
(3) Es gibt drei Punkte, die nicht auf einer gemeinsamen Geraden liegen.

Dies sind die Axiome einer ‹affinen Ebene›. Genauer nennt man (1) das Verbindungsaxiom, (2) das Parallelenaxiom und (3) das Reichhaltigkeitsaxiom. Wenn Mathematiker also von einer affinen Ebene sprechen, dann meinen sie eine Struktur aus Punkten und Geraden, für die diese drei Axiome und alle logischen Folgerungen daraus gelten.

Es handelt sich, wie gesagt, nur um ein sehr grobes Modell der Anschauungsebene; wir sprechen innerhalb dieses Modells zum Beispiel nicht von Abstand, von Winkeln und von Flächeninhalten, sondern versuchen, ausgehend von den simplen Inzidenzeigenschaften, zu untersuchen, was alles daraus folgt.

Das ernsthafte Studium solcher Strukturen begann um die Jahrhundertwende, als Mathematiker wie Giuseppe Peano in Italien und Moritz Pasch und vor allem dann David Hilbert in Deutschland untersuchten, welche Eigenschaften der Geometrie innerlich zusammenhängen, welche Eigenschaft aus welcher folgt und welche Eigenschaften man am besten als Axiome wählen sollte.

Es gibt viele verschiedenartige affine Ebenen, darunter auch solche, die nur endlich viele Punkte haben. Auf den ersten Blick scheinen diese ‹endlichen› affinen Ebenen abartige Strukturen zu sein, aber eben nur auf den ersten Blick. Sie haben sich zu einem blühenden Forschungsgebiet der reinen Mathematik entwickelt und haben neuerdings sogar Anwendungen, zum Beispiel bei der Konstruktion von Codes.

Dies ist das Gebiet, auf dem sich Luigia, Franco und ich auskennen. Natürlich wissen wir nicht alles, aber doch einiges. Und die elementaren Fakten kennen wir im Schlaf. Zum Beispiel, daß in einer endlichen affinen Ebene alle Punkte gleichberechtigt sind, und zwar in dem Sinne, daß durch jeden Punkt gleich viele Geraden gehen. Traditionell bezeichnet man diese Zahl mit n + 1 und nennt n die ‹Ordnung› der affinen Ebene.

Dies alles kennt Luigia aus dem Effeff; sie ergreift die Initiative. «Betrachten wir eine endliche affine Ebene, und nehmen wir an, daß es darin ein blocking set (aus ‹roten Punkten›) gibt, so daß auf jeder Geraden genau zwei rote Punkte liegen.» Luigia hat offenbar intuitiv verstanden, worauf ich hinauswill, und tut den entscheidenden Schritt: «*Chiamiamo* r *il numero dei punti rossi*, wir nennen die Anzahl der roten Punkte r.»

Dies ist logisch eine Trivialität, aber psychologisch der Durchbruch. Denn dadurch, daß eine Größe benannt wird, rückt sie ins Licht, wird sie wahrgenommen, und wir sind aufgefordert, diese Größe, also die Zahl der roten Punkte, zu bestimmen.

Wir brauchen keine Worte, um das zu tun. Wir wissen, wie's geht. Es dauert nur wenige Sekunden, Luigia und ich kritzeln etwas auf unser Papier, dann sagt sie: «r = n + 2», und ich sage gleichzeitig und genauso sicher: «r = 2n + 2».

Wir sind nur einen Augenblick verwirrt. Es kann doch nicht sein, daß ein und dieselbe Zahl, nämlich die Zahl r der roten Punkte, zwei verschiedene Werte, nämlich n + 2 und 2n + 2, annimmt. Doch! Keiner von uns hat sich verrechnet. Dies ist ein Widerspruch, der daher kommt, daß wir angenommen haben, daß es ein blocking set mit genau zwei Punkten pro Gerade gibt. Also gibt es dieses Ding nicht!

Wie sind wir darauf gekommen? Luigia hat die Situation von einem roten Punkt aus betrachtet. Sie weiß, daß durch diesen genau n + 1 Geraden gehen und auf jeder Geraden noch genau ein weiterer roter Punkt liegt. Also gibt es insgesamt neben dem fixierten roten Punkt noch n + 1 weitere, insgesamt also n + 2. Das ist unbezweifelbar richtig.

Meine Überlegung startete damit, daß ich einen Punkt außerhalb des blocking sets zum Ausgangspunkt meiner Betrachtungen gemacht habe. Auch durch diesen gehen n + 1 Geraden, und auf jeder liegen genau zwei rote Punkte, also gibt es genau 2 mal n + 1 rote Punkte. Auch das ist richtig.

Luigia ist sprachlos. Fast. «*Vuoi un caffè*?» Ja, den haben wir uns jetzt verdient. Franco wird durch den Kaffeeduft angezogen und hört sich unseren Bericht an. Luigia erzählt begeistert: «Einerseits betrachten wir einen Punkt aus dem hypothetischen blocking set, *d'altro canto*, einen Punkt, der nicht im blocking set liegt – und beides zusammen ergibt einen Widerspruch.»

Franco ist überrascht von der eleganten Lösung und lobt: «*Siete bravi*!» Nachdem er das Ganze nochmals stumm durchgegangen ist, kommt ein kurzes «*Due domande.*»

Die erste Frage stellt er sofort. «Können wir das verallgemeinern?» Gute Frage. Man soll immer ausprobieren, was das Argument hergibt. Wie kann man den Beweis verallgemeinern? Und wie lautet dann der Satz? Franco meint: «Probieren wir's doch mit c.» Er meint, wir sollten versuchen, unser Argument auf blocking sets anzuwenden, bei denen jede Gerade eine konstante Anzahl von genau c Punkten des blocking sets besitzt.

«Laßt uns einfach anfangen, dann werden wir schon sehen, ob's klappt», meine ich.

«Beziehungsweise, ob wir einen Widerspruch erhalten», präzisiert Luigia.

«Wir müssen die Menge einmal von einem Punkt außerhalb der Menge und einmal von einem inneren Punkt aus betrachten», sagt Franco.

«Und jeweils die Anzahl der Punkte in der Menge bestimmen.» Luigia ist schon wieder genauer.

Meiner Einschätzung nach stehen wir immer noch in den Startlöchern, also sage ich: *«Let's do it.»*

Diese englische Phrase versteht auch Franco und wiederholt: «*Cominciamo*!» Er macht den Anfang. Er malt auf ein Blatt einen großzügigen Kringel; dieser soll die Gesamtgeometrie darstellen. Dann malt er innerhalb des ersten Kringels einen zweiten, der die Menge untersuchende Menge repräsentiert. «*Chiamiamo l'insieme* M, nennen wir die Menge M. Betrachten wir zuerst einen Punkt außerhalb der Menge M.» Er malt einen dicken Punkt innerhalb des großen, aber außerhalb des kleinen Kringels.

Luigia nimmt den Ball auf: «Durch diesen Punkt gehen

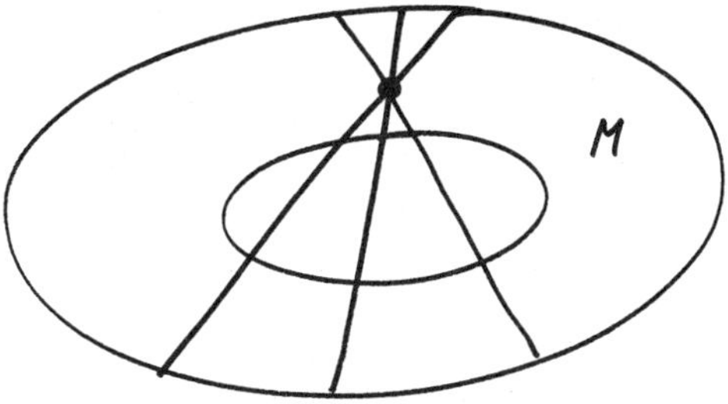

genau n + 1 Geraden, von denen jede genau c Punkte der Menge M enthält.» Dazu malt sie einige Geraden durch den Punkt und markiert jeweils das Stück, das durch M geht. «Also», schließt sie, «hat M insgesamt (n + 1) · c Punkte.» Sie schreibt diese Erkenntnis formal auf:

$$|M| = (n+1) \cdot c.$$

«Nun betrachten wir einen Punkt, der in der Menge M enthalten ist. Auch durch diesen gehen genau n + 1 Geraden, von denen jede genau c Punkte von M enthält», fährt Franco fort. Er malt einen dicken Punkt innerhalb des kleinen Kringels und schreibt den Buchstaben P daneben, was bedeutet, daß dieser Punkt den Namen P tragen soll.

«Aber es kommt etwas anderes heraus», sage ich.

«Weil wir den Punkt P nur einmal zählen dürfen», trifft Luigia ins Schwarze.

«Klar», sage ich, «jede Gerade durch P enthält außer diesem Punkt nur noch c–1 Punkte der Menge. Also liegen auf den n + 1 Geraden insgesamt (n + 1) · (c–1) Punkte von M und natürlich der Punkt P.»

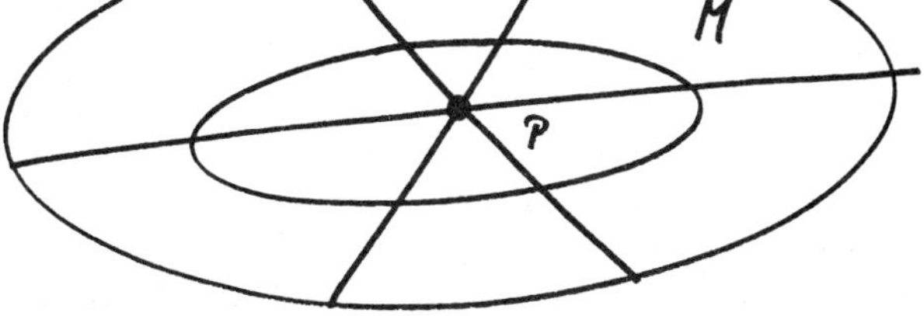

Franco schreibt wortlos:

$$|M| = 1 + (n+1) \cdot (c-1).$$

Er setzt die beiden Gleichungen gleich:

$$(n+1) \cdot c = |M| = 1 + (n+1)(c-1)$$

und sagt triumphierend: «*Quindi* $0 = n$», das hat er schnell im Kopf ausgerechnet, «*una contraddizione*, ein Widerspruch.»

Luigia ist noch skeptisch, und zwar mit Recht: «So können wir nur argumentieren, wenn es einen Punkt außerhalb und einen Punkt innerhalb der Menge gibt.»

Es ist Franco anzusehen, daß er nicht weiß, was Luigia sagen will.

«Ist doch klar», hilft sie, «wenn die Menge M aus allen Punkten der Geometrie besteht, gibt es keinen Punkt außerhalb der Menge, und wenn M die leere Menge ist, also überhaupt keinen Punkt besitzt, dann gibt es keinen Punkt in der Menge.»

«Aber das sind doch *esempi banali*, triviale Beispiele», empört er sich, und ich stimme ihm lebhaft zu.

«Trotzdem sind es Beispiele, für die der Satz nicht gilt», insistiert Luigia.

«*Allora*? Und jetzt?»

«Wir müssen den Satz eben etwas vorsichtiger formulieren.» Sie konzentriert sich, denn jetzt möchte sie nichts falsch machen: «In einer endlichen affinen Ebene gibt es keine Menge von Punkten, die von jeder Geraden in einer konstanten Anzahl von Punkten geschnitten wird – es sei denn, diese Menge ist die leere Menge oder die gesamte Punktmenge. Insbesondere gibt es kein blocking set mit dieser Eigenschaft.»

Dagegen kann man schlechterdings nichts einwenden, und bevor Franco auf die Idee kommt, doch noch irgendwelche Bemerkungen zu machen, sagt Luigia resolut: «*Basta. Volete un altro caffè?*»

«*Volentieri*, sehr gerne», sagt Franco und macht selbst den Kaffee. Er reinigt die eben benutzte *macchinetta* sorgfältig, füllt zuerst das Kaffeemehl in den oberen Einsatz, dann Wasser bis zur richtigen Höhe in den unteren Teil und dreht die Maschine kräftig zusammen.

«Du hattest doch zwei Fragen. Die erste haben wir beantwortet», bemerke ich.

Er versucht, das Gas anzuzünden, beim dritten Mal klappt es, und dann setzt er die *macchinetta* sorgfältig auf den speziell für solche Kaffeemaschinchen gebauten, nichtsdestoweniger äußerst labilen Aufsatz.

«*L'infinito*, die Unendlichkeit», sagt er. Offenbar hat er meine Frage doch mitbekommen. Ja, fragt er nebenbei, ob der Satz auch im Unendlichen richtig bliebe.

«Ich weiß nicht. Der Satz, könnte sein. Aber der Beweis läßt sich bestimmt nicht übertragen.»

«Warum?»

«Weil wir abzählen. Das geht zwar auch dann, wenn es unendlich viele Punkte und Geraden gibt, aber dann kommt immer nur unendlich raus. Bei der einen Abzählmethode ergibt sich Unendlich plus Eins, also Unendlich, und bei der anderen zwei mal Unendlich, und auch das ist Unendlich.»

Luigia wartet mit uns, bis der Kaffee fertig ist, und kann ein mißbilligendes Stirnrunzeln nicht unterdrücken: «Vom Unendlichen verstehe ich nichts. Ich find das langweilig.»

Intuition der Frauen!

Von wegen. Die Frage nach dem Unendlichen hat uns nicht nur die nächsten Wochen beschäftigt. Sondern wir kamen von dieser grenzüberschreitenden Erfahrung menschlichen Denkens kaum mehr los.

Das erste Indiz dafür lieferte Luigia selbst. Während wir den heißen Kaffee schlürfen, fragt sie: «Wer hat eigentlich zuerst über das Unendliche nachgedacht?»

«Na, zum Beispiel Giuseppe Peano, der vor 100 Jahren Professor in Turin war. Die meisten Leute, auch Kollegen, hielten ihn im wesentlichen für verrückt und glaubten, Peano würde sich in unfruchtbare Formalismen verrennen.

In Wirklichkeit hat er aber außerordentlich bedeutende Erkenntnisse erzielt. Zum Beispiel hat er die berühmten Peano-Axiome für die natürlichen Zahlen entdeckt.»

Luigia läßt Franco zwar geduldig ausreden, meint dann aber trocken, das Unendliche sei doch schon viel, viel früher behandelt worden. Archimedes habe vor über 2000 Jahren schon Näherungen für die Zahl pi berechnet und dabei zumindest implizit den Begriff des Grenzwerts verwendet.

«Noch vor Archimedes hat Zenon den Begriff des Unendlichen problematisiert», sage ich.

«Das ist doch der mit ‹Achilles und der Schildkröte›», vergewissert sich Franco. «Ich habe ein Buch über ihn. Ich schau mal nach», meint er und zieht sich in das Untergeschoß des Hauses zurück, wo er seine Bücher hat. Offenbar läßt er sich leicht von der Arbeit ablenken.

Luigia sagt: «Heute nachmittag sehen wir ihn wahrscheinlich nicht mehr. Denn zunächst muß er das Buch in seinem Chaos erst mal finden – wenn es überhaupt da ist –, und dann wird er sich darin festlesen.»

Sie hat natürlich recht. Aber beim Abendessen ist er dafür bestens präpariert und erzählt seinen staunenden Zuhörern Geschichten über Geschichten.

Luca hat seine Lieblingsspeise vor sich, einen riesigen Knochen, an dem noch Schinkenreste hängen, die er mit seinem Messer geduldig ablöst. Diana ist dagegen ganz auf Diät eingestellt und löffelt genüßlich einen Joghurt.

«*Cèra una volta ... un matto.* Es war einmal ... ein Verrückter», hebt Franco wie vorhergesehen an. «Das heißt, in Wirklichkeit war er gar nicht verrückt, aber das hat niemand gemerkt, nicht einmal er selbst.»

«Totò», rufen beide Kinder, weil sie wissen, daß dieser Komödiant Francos Lieblingsschauspieler ist.

«Nein, diesmal ist's nicht Totò, sondern jemand, der lange vor Totò gelebt hat.»

«Wie lange?»

«Vor über 2000 Jahren.»

«Vor *Giulio Cesare*?»

«Ja, und dieser Verrückte hat in Griechenland gelebt.»

«Wie heißt er denn?»

«*Si chiamava Zenone.*»

«Und warum war dieser Zenon ein Verrückter?»

«Weil er verrückte Sachen gesagt hat.»

«Zum Beispiel?»

«Daß ein Pfeil nicht fliegen kann oder daß Achilles, der starke Held, in einem Wettlauf gegen eine Schildkröte diese nicht einholen kann.»

«*Un matto*», sieht sich Luca bestätigt.

«*Ma*», zieht Franco die Aufmerksamkeit gekonnt wieder an sich, «*un matto particolare.*» Inwiefern soll dies ein besonderer Verrückter sein? Franco spielt seinen Trumpf aus: «Weil er nicht nur offensichtlichen Unsinn behauptet, sondern diesen auch bewiesen hat!»

«Wie bitte?» Diana weiß schon, was ein Beweis ist, «man kann doch nur Sachen beweisen, die richtig sind?»

«Das denken wir, aber Zenon war in der Lage, offenbar falsche Aussagen logisch zu beweisen.»

«*Pazzo furioso*, völlig abgedreht», ist das vernichtende Urteil Dianas. Luigia stimmt dem zu, und mir scheint, daß sie damit nicht nur Zenon meint.

Franco läßt sich aber nicht beirren und hebt an: «Behauptung: Ein Pfeil kann nicht fliegen. Beweis. Wir betrachten den – scheinbar – fliegenden Pfeil in einem bestimmten Augenblick. Ein Augenblick ist ein Zeitpunkt, er hat keine Dauer, keine Sekunde, keine Millisekunde, gar nichts. Keine noch so winzige Zeitspanne; während eines Zeitpunkts vergeht keine Zeit.»

«*Abbiamo capito*», sagt Luca trocken.

«In einem Zeitpunkt kann der Pfeil aber nicht fliegen, denn auch für die kleinste Strecke braucht der Pfeil ein bißchen Zeit – mehr, als ihm der Augenblick zur Verfügung stellt. Daher steht der Pfeil in diesem Augenblick still. Also steht er in jedem Augenblick still. Somit bewegt er sich nicht, *quod erat demonstrandum.*»

Der erwartete Beifall bleibt zwar aus, aber eine Mischung aus aufgesperrten Mäulern und ungläubigen Blicken ist der verdiente Lohn.

Ich versuche, die geisteswissenschaftliche Bedeutung hervorzuheben: «Genauso ratlos wie wir jetzt waren damals die alten Griechen. Das war nämlich die Zeit, in der die Griechen die Kraft des Denkens und Argumentierens entdeckten. Sie hatten erfahren, daß man durch reines Nachdenken Erkenntnisse erzielen kann. Das war gleichzeitig der Beginn der Mathematik. Und da kam Zenon, ein Störenfried und Verunsicherer, der deutlich machte, daß beim Zusammenprall von Denken und Wirklichkeit nicht alles so glatt geht, wie man sich das vorgestellt hatte. Vor allem, wenn man sich mit den unendlich vielen Augenblicken beschäftigt, die ein Pfeil während seines Flugs durchläuft.»

Franco möchte aber noch seine zweite Geschichte loswerden. «Derselbe Zenon erzählt die berühmte Geschichte von Achilles und der Schildkröte. Eines Tages veranstalteten die Griechen ein Wettrennen; immer zwei Läufer sollten gegeneinander antreten. Wer aber sollte gegen den edlen Achill, den unschlagbaren Läufer, antreten? Jeder stand auf verlorenem Posten. Da stellt sich ausgerechnet eine Schildkröte der Herausforderung. Ungläubiges Staunen in der Menge der Zuschauer.» Franco verstand es, seine Geschichte auszuschmücken und die Spannung zu steigern.

«Vor dem Start fragte die Schildkröte scheinbar einfältig: ‹Edler Achill, du gibst mir doch sicher einen kleinen Vorsprung?› Achill antwortete von oben herab mit der Großzügigkeit dessen, der es sich leisten kann: ‹Soviel du willst.› ‹10 Ellen reichen mir völlig›, sagte die Schildkröte – scheinbar – bescheiden.

‹Gut, du sollst 10 Ellen Vorsprung haben.›

Da hebt die Schildkröte ihren Kopf, legt ihn schief und sagt dann leise, fast ein bißchen traurig: ‹Dann brauchen wir gar nicht zu laufen, denn du, edler Achill, hast bereits verloren.›

Irgend etwas in der Stimme der Schildkröte irritierte Achill: ‹Wie bitte? 10 Ellen Vorsprung, die hab ich doch in Nullkommanichts aufgeholt!›

‹So einfach ist das nicht›, gibt die Schildkröte zu bedenken, ‹aber wir können vorhersehen, was geschehen wird.›

‹Das weiß ich: Ich werde dich in wenigen Augenblicken eingeholt und überholt haben!›

‹Das glaubst du, edler Achill, aber so ist es nicht›, sagt die Schildkröte leise, ‹nehmen wir mal an, du läufst zehnmal so schnell wie ich.›

‹Gut, das könnte stimmen.›

Die Schildkröte spricht siegessicher weiter: ‹Ich starte 10 Ellen vor dir. Wenn du an meinem Startpunkt ankommst, bin ich schon ein Stück weiter. Genau eine Elle weiter.› Achill ahnt nicht, worauf die Schildkröte hinauswill; diese fährt fort: ‹Natürlich läufst du weiter. Wenn du an der Stelle angekommen bist, an der ich war, als du an meinem Startpunkt warst, bin ich wieder ein Stück weiter.›

‹Ja, aber nur ein kleines Stück›, muß Achill zugeben.

‹Genau eine Zehntel Elle›, präzisiert die Schildkröte.

Achill bekommt jetzt doch Bedenken: ‹Wenn ich da bin, wo du gerade warst, bist du schon wieder weiter!›

‹Zwar nur eine Hundertstel Elle, aber das genügt mir›, sagt die Schildkröte bescheiden – und vorsichtig, denn sie spürt, daß Achill von ihrer Argumentation infiziert ist.

Er führt den Gedanken fort: ‹Jedesmal, wenn ich den Punkt erreicht habe, an dem du vorher warst, bist du schon ein Stückchen weiter. Daher – werde ich dich nie einholen.› Seine Stimme scheint zu versagen.

‹So ist es, edler Achill›, sagt die Schildkröte und trottet zur Seite.

Achill aber war den ganzen Tag verstört und sinnierte: ‹Irgendwie hat die Schildkröte recht. Aber eigentlich kann sie doch nicht recht haben!›»

Alle haben Franco fasziniert zugehört. Aber er läßt weder Beifall noch eine Diskussion aufkommen, sondern schafft einen Abgang wie ein Profischauspieler: Er sagt nur: «Ich mach heute den Abwasch», steht auf und räumt das Geschirr ab.

4

«Hai un codice fiscale?»

Die Frage traf mich unvorbereitet. Franco hatte mich nach meinem Morgencaffè abgeholt und dann, als wir durch den Schnee zum Auto stapften, wie selbstverständlich, diese Frage gestellt. Ob ich was habe?

«*Un codice fiscale*», wiederholt er. Ich kapiere gar nichts.

Wir haben das Auto erreicht, und Franco merkt an dem Blick, den ich ihm beim Einsteigen zuwerfe, daß das für mich alles andere als selbstverständlich ist. Er erklärt mir die Sache geduldig und gestenreich, womit er auch beim Autofahren keine Probleme hat. Mit der Zeit verstehe ich.

Jeder braucht einen *codice fiscale*. «Auch ein Tourist?»

«Nein, denn die Touristen kommen ja, um Geld auszugeben, nicht um Geld einzunehmen. Wenn du aber ein Gehalt oder ein Honorar bekommen möchtest, brauchst du einen *codice fiscale*. Sonst wird dir niemand Geld geben.»

Also eine Art Steuernummer. «*Un numero*?»

«*Si, ma è anche un tesserino.*» Also auch ein Dokument, eine Art Ausweis.

Ein Mensch, der in Italien arbeitet im Sinne von Geld verdienen, braucht einen *codice fiscale*. Franco ist kurz entschlossen. «Wir besorgen für dich einen *codice fiscale*.»

Gesagt, getan. Als wir am *ufficio delle imposte dirette* sind, stellen wir fest, daß dieses erst um neun Uhr öffnet. Es ist zwar nur kurz vor neun, aber Franco meint, wir hätten noch viel Zeit, einen *caffè* zu trinken.

Eine Viertelstunde später stehen wir nicht mehr vor verschlossenen Türen. Das *ufficio* sieht auch von innen aus wie ein deutsches Einwohnermeldeamt, nur schlimmer. Eine riesige Halle, hoch, grau, verraucht und kalt. Wir stellen uns in einer Art Schlange an, und ich mache mich auf langes Warten gefaßt. Franco erkennt sofort irgendwelche Freunde, begrüßt sie freudestrahlend mit einer Umarmung und stellt mich besonders stolz vor. So vergeht die Wartezeit schneller, als ich dachte.

Wir sind dran. Franco engagiert sich richtig. Nach dem offenbar üblichen Eingangsgeplauder erklärt er der Beamtin hinter der Glasscheibe meine besondere Situation: ein Wissenschaftler aus Deutschland, der mit ihnen zusammen forscht, nur sechs Wochen in L'Aquila ist und unbedingt einen *codice fiscale* braucht. Was für Franco eine emotionale Affäre ist, scheint für sie eine Routineaufgabe zu sein: Ich muß meinen Ausweis zeigen, aus dem sie meinen Namen sorgfältig abschreibt. Sie schüttelt mehrfach den Kopf und gibt so ihrem Erstaunen über diese für italienische Zungen unaussprechliche Buchstabenfolge Ausdruck. Ich erhalte den Ausweis zurück, Franco verabschiedet sich, und wir gehen.

Jedenfalls glaube ich das, und so strebe ich nach draußen, um wieder an die frische Luft zu kommen. Ich nehme an, daß wir vielleicht in einer Woche den *codice fiscale* abholen können. Aber Franco hält mich zurück: Ich kann den Ausweis sofort haben. Wir gehen zu einem anderen Schalter, und ich erhalte einen nagelneuen, hellgrünen, vierseitigen kleinen Ausweis, ein «*certificato di attribuzione del numero di codice fiscale*», formal ausgestellt vom *Ministero delle Finanze*.

Ich bin mächtig stolz. Gestern habe ich noch nicht gewußt, daß es so was gibt, und heute habe ich's schon.

Als wir draußen sind, frage ich Franco neugierig: «Warum geht das bei euch so schnell? In Deutschland müßte man zuerst einen Antrag stellen, an einer anderen Stelle die Gebühr bezahlen, dann wieder zurückkommen, dann würde der Antrag nochmals gestempelt werden, und dann würde einem gesagt, man könnte in vierzehn Tagen mal wieder vorbeischauen, vielleicht sei der Ausweis dann fertig.» Franco versteht meine Begeisterung nicht ganz: «Die haben jetzt einen Computer», sagt er, als wäre dies die selbstverständlichste Sache der Welt.

Unglaublich. Unsere Computer funktionieren nie. Jedenfalls nicht, wenn man sie braucht. Ich benutze unseren Uni-Computer manchmal für meine Forschung.

Damals gab es noch keine PCs, sondern nur große Zentralrechner, die in einem klimatisierten Raum arbeiteten und zu denen nur Eingeweihte Zugang hatten. Begriffe wie Tastatur, Bildschirm und Maus gehörten zur Schreibmaschine, an den Fernsehapparat und in den Streichelzoo, hatten aber nichts mit einem Computer zu tun. Normalsterbliche Benutzer kommunizierten mit dem Computer über Lochkarten.

Wenn ich ein Programm entworfen hatte, mußte ich es auf Lochkarten schreiben. Dazu mußte ich in einen Saal, der voller ‹Lochkartendruckern› stand – eine Art von Schreibmaschinen, in die man aber anstelle eines Papierbogens jeweils eine Lochkarte einlegte. Auf jede Karte kam eine Zeile des Programms. Für jedes Zeichen wurde mit Macht eine Lochkombination in die Karte gestanzt. Wenn man viel Glück hatte, hatte das Farbband noch ein bißchen Farbe, und man konnte auch als Mensch lesen, was man geschrieben hatte.

Dann konnte man den Kartenstapel abgeben und erhielt eine Stunde später das Ergebnis als Ausdruck. Vielleicht. Manchmal dauerte es auch zwei Stunden. Und manchmal wurde beim Einlesen der Karten, die durch Druckluft angesaugt wurden, eine Karte zerfetzt, und der Rechner stand dann eine Zeitlang still.

Aber das Warten hatte auch sein Gutes. Oft hatte ich das Problem bereits theoretisch ein Stück weiter durchschaut, bevor der Computer mir das Ergebnis zeigte, das mich dann eigentlich gar nicht mehr interessierte.

Um so erstaunlicher, daß die Italiener diese mimosenhaften Monstren dazu brachten, etwas Sinnvolles zu tun.

Wir fahren zu Luigia, die inzwischen schon versucht hat, über die mathematischen Probleme der unendlichen blocking sets nachzudenken. Aber für sie ist es viel zu früh, sie kommt morgens nur langsam in Fahrt. Daher ist ihr die Abwechslung sehr willkommen. «Zeig mir deinen *codice fiscale*!» sagt sie. «Diese Nummer ist der eigentliche *codice fiscale*.» Dabei zeigt sie auf die Zeile

BTL LRC 50H05 Z 112 O

Sie grinst übers ganz Gesicht. Sie scheint mehr zu wissen als ich.

«In dieser Nummer steht ziemlich viel von dir drin.»

«Was denn?»

«Zum Beispiel dein Geburtsdatum, dein Geschlecht.»

«Wie bitte? Wo steht das denn?»

Die erste Dreiergruppe sind die ersten drei Konsonanten meines Nachnamens. «Die nächste Dreiergruppe», erklärt sie, ohne eine Miene zu verziehen, «sind der erste, dritte und vierte Konsonant des Vornamens.»

«Wie bitte?» Das ist ja nicht zu fassen! Der erste, dritte und vierte. Da hat sich bestimmt jemand was dabei gedacht. Eine Regel, die optimal geeignet ist für ein Land wie Italien, wo es von Vornamen wie Luigia, Diana, Luca wimmelt, die nicht mal drei, geschweige denn vier Konsonanten haben! Apropos: «Wie lautet denn dein *codice fiscale*?» frage ich Luigia.

«*Un attimo*», sagt sie und schlägt ihr Telefonbüchlein auf, in dem sie auf der Innenseite des Umschlags ihren *codice fiscale* notiert hat, und liest:

BRR LGU 44E52 A 345 X.

Offenbar werden die anderen Buchstaben nach abstrusen Ad-hoc-Regeln hinzugefügt.

«Und wo stehen mein Geschlecht und mein Geburtstag?» frage ich.

«Die beiden ersten Ziffern geben das Geburtsjahr an; der darauffolgende Buchstabe den Monat der Geburt.»

«Wie soll das gehen?»

«Ich weiß auch nicht genau, aber», sie schaut in ihrem *codice fiscale* nach, «*la lettera* E *significa Maggio*.»

«Und mein *codice fiscale* sagt, daß der Buchstabe H für Juni steht.»

«Die nächsten beiden Ziffern sind die interessantesten», fährt Luigia fort, «in ihnen ist sowohl der Geburtstag als auch das Geschlecht versteckt.»

«Wie das?»

«Ganz einfach, bei den Männern steht der Geburtstag unverändert da, also irgendeine Zahl zwischen 01 und 31. Bei den Frauen dagegen wird zum Geburtstag noch die Zahl 40 addiert.»

«Das heißt», versuche ich zu verstehen, «bei dir steht 52, du bist also am 12. geboren.»

«Ja, am 12. Mai», bestätigt sie.

Mir geht es so ähnlich wie vorher der Sachbearbeiterin: Ich kann nur den Kopf schütteln über soviel unnötige Gedankenakrobatik, die da jemand investiert hat.

«Die letzten Stellen bezeichnen die Geburtsstadt oder, bei Ausländern, das Herkunftsland.» Das ist ein *codice fiscale.*

Nach einiger Zeit, als wir den unvermeidlichen *caffè* schlürfen, sagt Luigia ganz ernsthaft: *«A proposito, è un codice.»*

Will sie mich auf den Arm nehmen? «Ja, das ist mein *codice fiscale.»*

«Si, ma è anche un vero codice, es ist ein echter Code.» Offenbar zeigt meine Mimik, daß eine weitere Erklärung notwendig ist.

Sie sagt, sie habe gehört, daß man damit auch Fehler korrigieren könne, *«c'è un simbolo di controllo.»*

Ich verstehe: «Ein fehlererkennender Code wie der EAN-Code oder der ISBN-Code!»

Jetzt ist das Staunen an Franco und Luigia. Ich erkläre ihnen: «Beim Schreiben und Lesen von Daten passieren Fehler. Eine Zahl oder ein Buchstabe wird falsch gelesen oder geschrieben. Zum Beispiel lesen wir statt ‹8› die Ziffer ‹3›. Das ist jedenfalls eine Art von Fehler.»

«Und die anderen Arten?»

«Zum Beispiel könnte man Ziffern vertauschen. Dies ist im Deutschen besonders verführerisch. Betrachten wir zum Beispiel die Zahl 43.» Ich schreibe 43 auf das vor uns liegende Blatt Papier.

«*Quarantatre*» sagt Franco.

«Ja, aber wir Deutschen sagen nicht *quarantatre*, sondern sozusagen *trequaranta* – und dann liegt es nahe, 34 zu schreiben.»

«Und wie sagt ihr zu *ottantuno*, einundachtzig?»

«Wir benutzen immer das gleiche System: von hinten nach vorne: *unoottanta*, einundachtzig.»

«Da werden bei euch diese *errori di scambio*, die Vertauschungsfehler, häufig sein.»

«Genau. Aber Fehler machen alle, Deutsche und Italiener, Menschen und Computer. Das kann man nicht verhindern. Man kann höchstens versuchen, den Schaden zu begrenzen.»

«Dann ist es aber zu spät.»

«Nein, wir Mathematiker versuchen, den Schaden von vornherein zu begrenzen, schon längst bevor er eingetreten ist.»

«*Significa?* Und was bedeutet das?» Luigia ist das zu philosophisch.

«Der Empfänger, also derjenige, der die Daten liest, soll in der Lage sein zu bemerken, ob vorher ein Fehler passiert ist oder nicht.»

«Was hat er davon?» Ich gehe auf den Einwand scheinbar nicht ein: «Solche Systeme hat man an den Kassen der Kaufhäuser installiert. Von jeder Ware wird der Strichcode gelesen. Wenn kein Fehler aufgetreten ist, macht es ‹piep›, und die Ware ist abgerechnet. Wenn aber kein Ton ertönt, muß die Kassiererin nochmals den Code lesen, solange, bis kein Lesefehler aufgetreten ist.»

«Klar», Luigia hat den Zweck sofort verstanden, «wenn ein Fehler passiert, könnte dies eine Ziffer des Preises sein, und wahrscheinlich müßte ich dann mehr bezahlen.»

«*Ho capito*», äußert sich auch Franco befriedigt, aber «*come si fa?*» Wie stellt man es an, daß die Maschine Fehler erkennt?

«Es ist klar, daß man an den Daten selbst nicht erkennen kann, ob sie fehlerfrei sind oder nicht. Deshalb muß man noch Daten hinzufügen. Man sagt auch, daß man Redundanz hinzufügt. Das ist so wie im täglichen Leben.»

«*Come?*» fragen beide wie aus einem Munde.

«Wie hat Luigia vorher ihren *codice fiscale* buchstabiert?» frage ich zurück. «Sie sagte nicht BRR usw., sondern B *come Bari* und R *come Roma* usw.»

«Klar, damit man das nicht falsch schreibt», sagt Franco verständnislos.

«Genau. Das ist ein Code, der es unmöglich macht, statt B den Buchstaben P zu verstehen, denn für P würde sie sagen ...»

«*P come Parma.*»

«Ja, und Bari und Parma kann man nicht verwechseln.»

«Und», fragt Franco nach einer kurzen Pause vorsichtig, aber mutig, «und genauso machen es die Computer?»

Am Staunen merke ich, daß die beiden sich wohl noch nie mit Datenverarbeitung auseinandergesetzt haben. Da kann ich meine Trümpfe lässig ausspielen: «Ja, die Computer machen es genauso – nur viel, viel effizienter. Anstatt jedes Zeichen durch ein ganzes Wort abzusichern, fügt man insgesamt nur ein einziges Zeichen hinzu. Dieses steht am Ende und heißt das ‹Kontrollsymbol›.»

«*Il simbolo di controllo, come ho detto prima*, ich hab's doch gesagt.»

«*Ma*», insistiert Franco wieder, «*come si fa*?» Wie bestimmt man das Kontrollsymbol nun konkret?

«*Dipende*», sage ich, stolz auf mein Italienisch. «Das kommt drauf an. Betrachten wir zunächst den einfachsten Fall. Die Daten seien eine Zahl, etwa 35821703.»

«*Una sequenza di cifre*, eine Folge von Ziffern.»

«Genau. Zu dieser fügen wir eine Kontrollziffer hinzu, und zwar so, daß die Summe aller Ziffern, inklusive der Kontrollziffer, eine Zehnerzahl ist, also eine Zahl, die ohne Rest durch 10 teilbar ist.»

Luigia ist erst zufrieden, wenn sie's formal ausdrücken kann: «*Sia* a_1, a_2, ..., a_n *una sequenza di cifre*. Dann ist die Kontrollziffer diejenige Ziffer a_{n+1}, so daß

$$a_1 + a_2 + \ldots + a_n + a_{n+1}$$

eine Zehnerzahl ist.»

Das kann man nicht besser sagen. Franco braucht aber ein Beispiel, um sicher zu sein. «Bei der Zahl, die wir vorher betrachteten, müssen wir also zunächst die Summe 3+5+8+2+1+7+0+3 berechnen und dann diese Zahl zur nächsten Zehnerzahl ergänzen. Das heißt ...» Wenn's wirklich konkret wird, hat er die typischen Mathematikerschwierigkeiten, er schafft die Berechnung der Summe dann aber doch:

$$3+5+8+2+1+7+0+3 = 29.$$

«Um 29 zur nächsten Zehnerzahl zu ergänzen, brauchen wir nur 1. Das Kontrollsymbol ist also die Zahl 1.»

«Genau», bestätige ich, «und die gesamte Nachricht, die dann übertragen wird, lautet 358217031.»

«Und der Empfänger?» will Franco nun noch wissen.

«Der Empfänger summiert einfach alle erhaltenen Ziffern auf. Wenn sich dabei keine Zehnerzahl ergibt, weiß er, daß etwas falsch gelaufen ist, also wird er die Nachricht zurückweisen. Wenn aber eine Zehnerzahl herauskommt, akzeptiert er die Nachricht.»

Luigia hat die Prozedur offenbar sofort verstanden: «Man könnte auch sagen, daß der Empfänger ganz entsprechend wie der Sender vorgeht. Er berechnet die Kontrollziffer der empfangenen ersten n Ziffern und überprüft, ob das Ergebnis mit der erhaltenen Kontrollziffer übereinstimmt.»

Zur Sicherheit schreibe ich die gesamte Prozedur nochmals auf. Luigia reicht mir ihren Stift, und ich notiere als Überschrift «*Codici decimali*».

«Es gibt zwei Phasen», sagt Luigia, «*il calcolo della cifra di controllo* und *la verifica*.»

«*Bene*», sage ich und schreibe:

(a) Berechnung der Kontrollziffer.
Sei $a_1, a_2, \ldots, a_n$ eine Folge von Ziffern. Wir berechnen die Summe

$$a_1 + a_2 + \ldots + a_n .$$

Wir erhalten die Kontrollziffer a_{n+1}, indem wir diese Summe zur nächsten Zehnerzahl ergänzen, die größer oder gleich dieser Summe ist. Es wird dann die Folge $a_1, a_2, \ldots, a_n, a_{n+1}$ übermittelt.

«*Questa è la prima fase*, das ist die erste Phase», bestätigt Franco und fährt auffordernd fort: «*E la seconda*?»

Auch das ist einfach aufzuschreiben:

(b) Verifikation der Kontrollziffer.
Angenommen, es wird als Nachricht eine Folge $a_1, a_2, \ldots, a_n, a_{n+1}$ mit möglicherweise fehlerhaften Ziffern empfangen. Man berechnet

$$a_1 + a_2 + \ldots + a_n + a_{n+1}.$$

Wenn diese Summe eine Zehnerzahl ist, wird die Nachricht akzeptiert, sonst nicht.

«*Bene*», sagt Franco zufrieden, «*adesso faccio io un caffè*, jetzt koche ich mal den Kaffee.»

«Also in den Supermärkten verwenden sie solche Codes», meint er bestätigend, während wir auf das abschließende an- und wieder abschwellende Blubbern des Kaffees warten.

«Die meisten Codes der Praxis sind noch viel raffinierter», muß ich seinen Enthusiasmus bremsen.

«*Perchè*?»

«Weil die Codes, wie wir sie bisher betrachtet haben, keine Vertauschung von Ziffern erkennen.» Das ist einsichtig: Da 4+3 und 3+4 das gleiche Ergebnis haben, tragen sie jeweils dasselbe zur Summe bei, völlig unabhängig von ihrer Reihenfolge. Daher kann man an der Summe und also am Kontrollsymbol nicht erkennen, ob die Reihenfolge vertauscht wurde.

«Wie kann man denn erreichen, daß man Vertauschungen erkennen kann?»

«Wenn man das erreichen will, kann eine einzelne Ziffer nicht sozusagen ‹nackt› in die Summe eingehen, sondern muß zuvor verändert werden, und zwar abhängig von der Stelle, an der sie steht.» Das Schweigen macht deutlich, daß wir noch nicht zur vollkommenen Klarheit vorgedrungen sind.

Daher werde ich etwas konkreter: «Man multipliziert jede Ziffer mit einer festen Zahl, die man auch ‹Gewicht› nennt, und erst dann addiert man. Diese Gewichte hängen nur von der Stelle ab, an der die Ziffer steht.»

Damit ist die Sache schon so klar geworden, daß Franco sich zu fragen traut: «Kannst du das auch an einem Beispiel erklären?»

«Ein schönes Beispiel dafür ist der EAN-Code, der Strichcode, der auf den Lebensmittelpackungen aufgedruckt ist.»

«Was bedeuten die Striche?»

«Die dienen nur dazu, daß die Zahl mit dem Scanner gelesen werden kann. Uns interessieren nur die Ziffern, die unter den Strichen stehen.»

«Was bedeutet EAN?» fragt Luigia.

«Das ist eine Abkürzung für Europäische Artikel-Numerierung.»

Franco war aufgestanden und war offenbar auf der Suche nach irgend etwas. Er kam mit einer Cola-Dose wieder, die er in Lucas Zimmer gefunden hatte. «*Consideriamo questo codice EAN*», schlägt er vor. Unter den Strichen lesen wir folgende Ziffernfolge:

8 0 7 6 8 0 0 3 1 5 4 3 1.

«*Che significa questo codice*? Was bedeutet dieser Code?» Ich kann ein bißchen helfen, denn ich habe im vergangenen Semester eine Vorlesung über Codierungstheorie gehalten und zehre jetzt von meinen Wissensvorräten: «Die ersten zwei Ziffern bezeichnen das Herkunftsland des Produktes.»

«Und 80 bedeutet Amerika?» vermutet Luigia, weil Cola ‹natürlich› aus den U. S. A. kommt.

«Nein, Produkte aus den U. S. A. und Kanada beginnen mit einer der Ziffernkombinationen 00, . . ., 09; 80 bedeutet Italien, und das heißt, daß diese Cola-Dose in Italien abgefüllt wurde.»

«Welche Ziffern stehen für Deutschland?»

«Das sind die Ziffern 40, 41, 42 und 43.»

«Und Italien hat nur eine Zahl?»

«Nein, für Italien sind die Zahlen 80 und 81 vorgesehen.»

«Das ist aber nur der Anfang einer EAN-Nummer», bemerkt Luigia trocken.

«Die nächsten fünf Ziffern bezeichnen die Firma, und die

darauffolgenden fünf Ziffern sind die firmeninterne Produktbezeichnung.»

«Darin ist bestimmt auch der Preis enthalten?»

«Nein, nur die Produktbezeichnung, denn sonst müßte die Firma ja bei jeder Preiserhöhung den Code ändern. Preisänderungen werden über das Computerprogramm in den Kassen codiert.»

«Klar, sonst könnte ein *supermercato* den Preis praktisch auch nicht erhöhen», hat Franco verstanden.

«Jetzt ist noch eine Ziffer übrig», sagt Luigia.

«Ja, und das ist die für uns interessanteste, das ist nämlich die Kontrollziffer.»

«Und die wird mit Hilfe von Gewichten berechnet», erinnert sich Luigia.

«Ja, die Gewichte sind bei diesem Code nur die Zahlen 1 und 3, diese werden abwechselnd vergeben.»

Franco ist enttäuscht: «Ich hätte gedacht, daß man viele verschiedene Gewichte hat und nicht nur zwei.»

«Wir werden gleich sehen, warum nur zwei Gewichte eine Rolle spielen.» Ich erkläre das Verfahren: «Man schreibt zunächst die Ziffern ohne die Kontrollziffer auf und darunter die Gewichte, immer abwechselnd 1 und 3, und dann bildet man die Produkte Ziffer mal Gewicht.»

Während ich spreche, malt Luigia das entsprechende Schema auf ein Blatt Papier:

Numero EAN:	8	0	7	6	8	0	0	3	1	5	4	3
Peso:	1	3	1	3	1	3	1	3	1	3	1	3
Prodotti:	8	0	7	18	8	0	0	9	1	15	4	9

Luigia denkt voraus: «*Poi sommiamo tutti i prodotti*: 8+0+7+18+8+0+0+9+1+15+4+9 = 79. Und die Kontrollziffer ergibt sich, indem man diese Summe zur nächsten Zehnerzahl ergänzt ...»

«In unserem Beispiel erhalten wir also 1, wie auch auf der Dose steht», meldet sich Franco wieder zu Wort.

Luigia will's wieder genau wissen: «Sei a_1, a_2, ..., a_n eine Folge von Ziffern, *e sia* p_1, p_2, ..., p_n *la sequenza dei pesi,* die Folge der Gewichte. *Allora calcoliamo la somma*

$$p_1a_1 + p_2a_2 + \dots p_na_n \, .$$

Wir erhalten die Kontrollziffer, indem wir diese Summe zur nächstgrößeren Zehnerzahl ergänzen.»

«*Come sei brava,* Luigia, du bist klasse», muß selbst Franco zugeben. Er ist begeistert: «Und das wird in jeder Kasse im *supermercato* gemacht. Und nur wenn sich die richtige Kontrollziffer ergibt, macht es ‹piep›, und der entsprechende Preis wird auf meinen Kassenzettel gedruckt!»

«Genauso ist es.»

Luigia fragt etwas genauer nach: «Was haben wir eigentlich damit erreicht?»

Franco schaut sie verständnislos an, aber sie hat recht. Man darf sich nicht von der Technik verführen lassen. Nicht alles, was klappt, ist deswegen schon gut. Ich kann sie aber beruhigen: «Mit diesem Code kann man alle Einzelfehler und die meisten Vertauschungsfehler entdecken.»

Klar, wenn zum Beispiel die ersten beiden Ziffern vertauscht worden wären, würde man die Pseudo-EAN 0 8 7 6 8 0 0 3 1 5 4 erhalten, und die Kasse würde die Kontrollziffer nach folgendem Schema berechnen:

Numero Pseudo-EAN:	0	8	7	6	8	0	0	3	1	5	4	3
Peso:	1	3	1	3	1	3	1	3	1	3	1	3
Prodotti:	0	24	7	18	8	0	0	9	1	15	4	9

«*La somma sarebbe,* die Summe wäre 0+24+7+18+8+0+0+9+1+15+4+9 = 95, *e quindi la cifra di controllo* 5, *una contraddizione*», schließt Luigia befriedigt.

Ich notiere mir zwischendurch immer die mir unbekannten neuen Wörter. *Quindi* scheint ein wichtiges Wort zu sein; es drückt eine logische Folgerung aus, heißt so was wie ‹also› und hat einen triumphierend-abschließenden Unterton.

Franco hat vorher genau zugehört: «Du sagtest, daß man mit dieser Methode die meisten Vertauschungsfehler entdeckt. Nicht alle?»

«Nein, nicht alle. Es gibt ein paar Ausnahmen.»

«*Ad esempio*?»

«Zum Beispiel 8 und 3.»

«*Perchè*?»

«Ganz einfach, wenn wir einmal die Ziffernfolge 8 3 haben, und diese zu 3 8 vertauscht wird, dann ist der Beitrag zur Gesamtsumme im ersten Fall $1 \cdot 8 + 3 \cdot 3$, also 17, im anderen Fall $1 \cdot 3 + 3 \cdot 8$, also 27.»

«*Due numeri diversi*», meint Luigia skeptisch.

«Ja, die Zahlen sind verschieden, aber sie haben die gleiche Einerziffer, nämlich 7. Und bei der Berechnung der Kontrollziffer kommt's nur auf die Einerziffer an. *E quindi*», sage ich stolz, «würde in beiden Fällen dieselbe Kontrollziffer berechnet, also der Fehler nicht bemerkt.»

«Gibt es noch andere Kombinationen, bei denen Vertauschungen nicht bemerkt werden?»

«Ja, dies sind genau die Kombinationen 0 5, 1 6, 2 7, 3 8 und 4 9.»

«Also etwa 10% aller Kombinationen», hat Luigia schnell überschlagen.

Franco akzeptiert diese Argumente, aber er fragt doch fast ärgerlich: «Warum haben *questi asini*, diese Idioten, dann nicht andere Gewichte genommen, zum Beispiel viel größere? Man hat doch unendlich viele Möglichkeiten, und eine wird dann doch die beste sein.»

«Ich weiß nicht, wer diesen Code erfunden hat, aber ich glaube nicht, daß die blöd waren.»

Franco ist immer noch emotional: «Kannst du das beweisen?»

«Ja, dafür gibt es mathematische Gründe. Es gibt nämlich einen Satz, der sagt, daß man bei dieser Art von Code nie beides haben kann: hundertprozentige Erkennung von Einzelfehlern und von Vertauschungsfehlern. Eines kann man hundertprozentig haben, aber nicht beides. Nie.»

Franco weiß natürlich, was ein Satz ist, daß damit alle seine vorgestellten unendlich vielen Möglichkeiten auf einen Schlag behandelt und zunichte gemacht wurden. «Warum hat man sich beim EAN-Code dann dafür entschieden, Einzelfehler zu erkennen, aber Vertauschungsfehler nicht?» Rückzugsgefecht.

«Erstens erkennt der Code immer noch die meisten Vertauschungsfehler, und zweitens kommen beim Scannen an der Kasse Vertauschungsfehler praktisch nicht vor, Einzelfehler aber sehr wohl.»

«Schade. Es gibt also keine Möglichkeit, sowohl Einzelfehler als auch Vertauschungsfehler 100%ig zu erkennen?»

«Das habe ich nicht gesagt», muß ich klarstellen, «es geht nur nicht mit *dieser* Art von Codes. Genauer gesagt, bei Codes, bei denen die Prüfziffer so berechnet wird, daß sie die vorher berechnete Summe zur nächsten Zehnerzahl ergänzt.»

«Und was soll ein anderer Code sein?»

«Ein Beispiel dafür ist der ISBN-Code, der bei Büchern verwendet wird. Dabei wird eine entsprechende Summe zur nächsten Elferzahl ergänzt.»

«Und warum soll das besser sein? Weil 11 größer als 10 ist? Dann würde ich gleich eine noch viel größere Zahl nehmen, zum Beispiel 37.»

«Tatsächlich wäre auch 37 eine gute Wahl, aber es liegt nicht an der Größe der Zahl, sondern daran, daß man eine Primzahl wählen muß.»

Jetzt greift aber Luigia ein, die um unser leibliches Wohl besorgt ist: «*Ora basta*, jetzt reicht's erst mal. *Faccio un caffè, poi metto l'acqua per la pasta.*» Gut. Gleichzeitig mit dem Kaffee setzt sie das Wasser für die Pasta auf und bereitet dann das Mittagessen vor. Den anderen Code können wir später noch diskutieren.

Nach unserem *caffè* sichert sich Franco die Cola-Dose und sagt: «Darüber mache ich morgen meine Vorlesung!» Er ist offenbar so begeistert, daß er sein neuerworbenes Wissen nicht für sich behalten kann, sondern gleich an seine Studenten weitergeben muß. Als ich frage, ob es denn in seinen sonstigen Stoff passe, sagt er: «Nein, natürlich nicht, aber für schöne Mathematik ist bei mir immer Platz.» Ich gebe Franco einen englischen Text (Englisch lesen ist für ihn kein unlösbares Problem), in dem verschiedene Codes beschrieben sind, und weise ihn besonders auf den ISBN-Code hin, der sowohl theoretisch als auch praktisch von besonderem Interesse ist.

Ich sehe Luigia beim Kochen zu. Eigentlich möchte ich ihr etwas helfen, aber sie läßt das nicht zu. Außerdem sind ihre Bewegungen so optimiert, daß es ganz offensichtlich viel schneller geht, wenn sie alles selber macht, als es mir zuerst zu erklären.

Sie erzählt mir aber trotzdem, was sie macht. Das Wasser für die Pasta hat sie aufgesetzt, der *sugo* köchelt schon eine Weile vor sich hin. *Per il secondo* wird es Salat und Mozzarella geben.

«Und was ist das?» Luigia schüttet aus einer Riesenplastiktüte Pastateile aller Art, sozusagen Pasta-Bruch in einen großen Topf, gibt kaltes Wasser dazu, macht den Deckel drauf, setzt den Topf auf den Herd und scheint sich nicht mehr drum zu kümmern. «*La pasta per i cani.*»

Wie bitte? Pasta für die Hunde? Ja, ich habe richtig gehört. In Italien sollen auch die *cani* nicht leben wie ein Hund. Auch sie bekommen Pasta und erst dann Knochen und Fleischreste. Allerdings wird die Pasta für die Hunde nachlässiger zubereitet: Zum einen handelt es sich nicht nur um eine Sorte, also Spaghetti oder Rigatoni oder eine der hundert anderen Pastaarten, sondern es ist gemischt, es sind wirklich die Reste, die in einer Pastafabrik übrigbleiben. Zum anderen ist auch die Zubereitung anders: Die Pasta wird nicht in kochendes Wasser gegeben und dann *al dente* gekocht, sondern sie wird zusammen mit dem Wasser erwärmt und dann eine halbe Stunde am Kochen gehalten.

Franco, der dazukommt und die letzten Erklärungen mitbekommen hat, erzählt, daß Italiener, die im Ausland Spaghetti essen, diese oft fürchterlich finden und sich dann nur anzublicken brauchen und wissen, daß der jeweils andere jetzt denkt: ‹*Pasta per i cani*›.

5

C'era una volta ...

Diana kommt hereingestürmt. Wie immer ist ihr Auftritt laut und eindeutig. Wie der Einschlag eines Kometen. Danach ist nichts mehr so wie vorher. Sie beherrscht die Küche nicht nur akustisch, sondern verteilt ihre Taschen und ihren Mantel dezentral, so daß sofort der ganze Raum von ihr okkupiert ist. Sie umarmt Luigia, die in diesem Moment die Pasta in das brodelnde Wasser gibt, begrüßt sie und muß erst mal all ihre Erlebnisse loswerden. Sie verschwindet für einen Moment und hat im Nu ihre elegante Schulkleidung durch Jeans und Pullover ersetzt. Sie deckt den Tisch, erzählt, zeigt Luigia ein Buch – und das alles wirkt nicht aggressiv, sondern auf ganz besondere Weise lebendig und freundlich.

«Albrecht», wendet sie sich im Vorbeifliegen an mich, «heute haben wir im Kunstunterricht die *famosi artisti tedeschi*, die berühmten deutschen Künstler, Albrecht Dürer *ed il Bauhaus* behandelt – *interessantissimo*!

Es ist völlig unmöglich, darauf zu reagieren. Sie erwartet auch gar keine Antwort, sondern wirbelt weiter und muß noch die anderen Neuigkeiten aus der Schule von sich geben.

Nach wenigen Minuten sitzen wir aber am Tisch; Luigia hat wieder eine riesige Portion Pasta zubereitet, diesmal *maccheroni*, die im wesentlichen von Franco und mir verarbeitet wird, Luca und Luigia nehmen nur wenig, Diana gar nichts.

Diana ist in ihrer vegetarischen Phase. Bis vor kurzem hat sie sich hauptsächlich von Salat, Joghurt und Obst ernährt – und nur ausnahmsweise eine der extrem süßen Nachtischkuchen oder Pralinen zu sich genommen, eine Pizza verschlungen oder sich von einer *bistecca* verführen lassen.

Jetzt hat sie den Joghurt durch Kefir ersetzt. Auf dem Fensterbrett in der Küche steht ein großes Glas, in dem der

Kefirpilz wuchert und dabei die milchige Flüssigkeit absondert, die für Diana das gesundheitliche Nonplusultra ist. Außerdem gibt er ihr die willkommene Gelegenheit, sooft sie will, mit ihren Eltern einen heftigen Streit anzuzetteln, bei dem sie garantiert die Oberhand behält. Denn die Eltern haben nur emotionale Vorurteile, während sie die Biologie und die Gesundheit auf ihrer Seite hat. Eine ideale Situation für eine pubertierende Tochter.

Luca, der, wie üblich, mit seiner Pasta nur spielt, anstatt sie zu essen, fragt wieder beiläufig: «*Che cosa avete fatto oggi*, was habt ihr heute gemacht?» Offensichtlich hat ihm das Gespräch über blocking sets gut gefallen, vor allem wohl der Ernst, mit dem er von den Erwachsenen behandelt wurde.

Luigia sagt, nicht ohne ihm einen auffordernden Blick zuzuwerfen: «Wir haben über die Unendlichkeit nachgedacht.»

«Unendlich ist, wenn's immer weiter geht», sagt Diana mit vollem Mund.

Darauf geht ein listiges Blitzen über Lucas Gesicht: «Ich kenne was Unendliches!»

Bevor wir unserem Erstaunen Ausdruck verleihen können, legt er mit seiner piepsigen Stimme los:

C'era una volta un re
seduto sul sofà
che disse alla sua bella:
«Raccontami una storia.»
La bella cominciò:
«C'era una volta un re ...»

Ich muß lachen. Zwar verstehe ich nicht alle Wörter, aber kapiere, daß es sich um ein Rundgedicht handelt, und sage: «So was gibt es bei uns auch», und rezitiere auf deutsch:

Ein Mops ging in die Küche
und stahl dem Koch ein Ei.
Da nahm der Koch den Löffel
und schlug den Mops zu Brei.
Da kamen viele Möpse

und gruben ihm ein Grab
und setzten einen Grabstein,
worauf geschrieben stand:
Ein Mops ging in die Küche ...

«Was bedeutet das?» fragen die Kinder gleichzeitig.

Da ich das aber beim besten Willen nicht übersetzen kann, ziehe ich mich auf eine höhere Ebene zurück und sage schlicht: «Es bedeutet *più o meno* das gleiche wie das italienische Gedicht.» Tatsächlich ist es ja auch so, daß die beiden banalen Gedichte nur einen Vorwand dafür suchen, sich unendlich oft zu wiederholen.

Luigia trägt zusammen mit den Kindern den zweiten Gang, *il secondo*, auf. Es gibt *scaloppine* sowie Salat, den sich jeder selbst anmacht, und Brot. Brot brauchen die Italiener zu jeder warmen Mahlzeit, dabei werden Unmengen vertilgt, vorher, während und nachher, um auch den letzten Rest *sugo* aufzusaugen und zu genießen. Belegte Brote wie bei uns gibt es allerdings kaum.

Diana wendet jetzt ihr probates Mittel an, die Aufmerksamkeit auf sich zu lenken: «*Adesso mangio il kefir.*» Sie geht zum Fensterbrett, nimmt das Glas mit der milchigen Flüssigkeit herunter, gießt einen Teil davon in ein Glas und füllt das Gefäß wieder auf.

«*Una schifezza*, eine Sauerei», schüttelt sich Franco.

Selbst die rationale Luigia meint: «Ich finde es furchtbar unangenehm, dieses Zeug in der Küche zu haben. Die Küche muß sauber sein.»

Darauf hat Diana nur gewartet: «Kefir ist gesund!»

«Wer sagt das?»

«*Tutti dicono così*!»

«*Ma è sporco*, aber es ist eklig.»

«*No, è un prodotto naturale*, ein natürliches Produkt, *è molto più sano*, viel gesünder als alle deine Spülmittel.»

«Mir ist vor allem unheimlich, wie schnell dieses Zeug wächst.»

«Ja, *questo è un processo naturale*, das ist ein natürlicher Vorgang.»

Jetzt herrscht kurz Ruhe. Die Eltern sagen nichts mehr,

weil sie wissen, daß sie auf verlorenem Posten stehen, und Diana ist still, weil sie eben dies wieder erfahren hat.

Ich schalte mich ein: «Diesen Wachstumsvorgang kann man auch mathematisch beschreiben.»

«Da seht ihr es», sagt Diana, während ich versuche weiterzureden: «Einer der berühmtesten Italiener hat das mathematisch beschrieben.»

«*Totò*?» albert Luca.

«*Leon Battista Alberti*?» fragt Diana. Dieser Universalgelehrte und Begründer der wissenschaftlichen Architektur aus dem 15. Jahrhundert ist ihr derzeitiger wissenschaftlicher Star.

«Nein, auch Alberti war es nicht, ein viel berühmterer Italiener, der noch 300 Jahre vor Alberti gelebt hat, nämlich Fibonacci.»

«Ah, *i conigli*, die Kaninchen!» sagt Franco, der seine Chance sieht, wieder einen Fuß auf den Boden zu bekommen.

Ich versuche gegenzusteuern: «Fibonaccis Hauptleistung war, daß er sehr deutlich die Vorzüge des arabischen Ziffernsystems gegenüber dem traditionellen römischen herausgearbeitet hat», aber niemand hört mir zu, denn das Stichwort «Kaninchen» im Zusammenhang mit Mathematik hat die Kinder elektrisiert.

Franco übernimmt das Kommando und beginnt zu erklären: «Fibonacci hat die Vermehrung der Kaninchen untersucht. Genauer gesagt, wollte er wissen, wie viele Nachkommen ein Kaninchenpaar hat.»

«*Moltissimi*», ist sich Luca sicher.

«Ja, aber Fibonacci wollte es ganz genau wissen, er wollte die *numero esatto*, die genaue Anzahl, berechnen.»

«*Calcolare*? Wie kann man die Anzahl der Nachkommen berechnen, das passiert doch einfach! Vor allem bei Kaninchen», platzt Diana heraus.

«In Wirklichkeit ist das so. Aber mathematische Kaninchen vermehren sich nicht einfach so, sondern gemäß klarer Vorschriften.»

Diana kichert: «An welche Vermehrungsvorschriften müssen sich die armen mathematischen Kaninchen halten?»

«*Ci sono tre ipotesi*, es gibt drei Voraussetzungen», beginnt Franco. «Die erste heißt, daß ein neugeborenes Kaninchenpaar eine gewisse Zeit braucht, bis es geschlechtsreif ist, sagen wir einen Monat.»

Es erhebt sich kein Widerspruch, die Zuhörer ahnen noch nicht, worauf das hinaus soll.

«Die zweite Regel sagt, daß von da an jedes Kaninchenpaar jeden Monat genau ein neues Kaninchenpaar zur Welt bringt.»

«*Solo una coppia*, nur ein Paar?» fragt Luca frech, und Diana unterbricht entrüstet: «Du scheinst anzunehmen, daß Kaninchen monogam sind. Du hast keine Ahnung von der Wirklichkeit, Kaninchen sind das Gegenteil von monogam!» Offenbar sieht sie ihr Urteil über das Thema ‹Väter und Wirklichkeit› aufs neue bestätigt.

Franco lächelt nur überlegen und sagt: «*I conigli matematici sono fatti così*, mathematische Kaninchen sind eben so. Und es kommt noch besser: Die dritte Regel heißt nämlich, daß mathematische Kaninchen ewig leben!»

«Bravo», klatscht Luca ironisch Beifall, «macht ihr so die Unendlichkeit?»

«Das alles machen wir deswegen, damit wir berechnen können, wie viele Kaninchen es gibt. Genauer gesagt, wollen wir berechnen, wie viele Kaninchenpaare nach einem Monat, nach zwei Monaten, nach drei Monaten usw. leben.»

«Am Anfang ist es einfach. Zu Beginn des ersten Monats gibt es ein neugeborenes Paar.»

«Nach dem ersten Monat gibt es dieses Paar immer noch und noch kein neues.» Offenbar hat Diana die erste Regel noch im Kopf.

«Aber am Ende des zweiten Monats bekommen sie ein neues Paar; also sind's dann zwei», weiß Luca.

«Am Ende des dritten Monats bekommt das alte Paar wieder ein junges, aber das vor einem Monat geborene hat noch keine Nachkommen. Also sind's drei Paare», nimmt Franco den Faden wieder auf.

«Immer eins mehr» vermutet Luca.

«*Aspetta*, nur langsam», schaltet sich jetzt Luigia ein.

«Nach dem vierten Monat haben wir bereits zwei gebärfähige Paare, das uralte und das Paar, was danach geboren wurde, also werden dann zwei Paare geboren, und wir haben jetzt fünf Paare.»

«Und wie geht das weiter?» fragt Diana.

Franco nimmt einen Kuli aus seinem Jackett und schreibt auf die Papierserviette

1 1 2 3 5 8 13 21 34 55 89 ...

Das sind die Kaninchenpaare nach n Monaten.

«Was heißt nach n?» fragt Luca.

«Die erste 1 ist der Start, die Anzahl nach 0 Monaten.»

«Beginnen Mathematiker bei 0 zu zählen?» muß Diana dazwischenfunken.

«*A volte sì*, manchmal ja», aber Franco läßt sich das Heft nicht aus der Hand nehmen: «Die zweite 1 ist die Anzahl nach einem Monat. Nach zwei Monaten gibt es 2 Paare, nach drei Monaten 3, nach vier Monaten 5 usw.» Er erweitert das Schema jetzt zu einer kleinen Tabelle:

no. mesi	0	1	2	3	4	5	6	7	8	9	10
no. coppie	1	1	2	3	5	8	13	21	34	55	89

Luca ist noch nicht zufrieden: «Wie berechnet man diese Zahlen?»

«*È semplice*», beruhigt Franco, «jede Zahl ist die Summe ihrer beiden Vorgänger, *la somma dei due numeri precedenti.*»

«*Infatti*», Diana hat's sofort verstanden, «$1+1 = 2$, $1+2 = 3$, $2+3 = 5$, $3+5 = 8$ etc. Die nächste Zahl ist also $55+89 = 144$.»

«Das bedeutet», schaltet sich Luca wieder ein, «daß nach 11 Monaten genau 144 Kaninchen leben.»

«Ja, genauer gesagt: 144 Kaninchenpaare.»

«Und das hat dieser Fibonacci gemacht?»

«Ja, schon vor über 700 Jahren, und deshalb nennt man diese Zahlen *numeri Fibonacci*, die Fibonacci-Zahlen.»

Luigia betrachtet unsere Diskussion distanziert. Sie war

schon vor einiger Zeit ungeduldig aufgestanden, hatte die Schüsseln und Platten abgetragen, stellt jetzt unmißverständlich die Schale mit Obst auf den Tisch und lenkt entschieden zur Ausgangsfrage zurück: «Was hat Fibonacci mit diesem Kefir zu tun?»

Diese Frage gilt mir: «Im Prinzip ist es genau das Gleiche.»

Ungläubiges Staunen. Mißtrauen.

«Ja, die Kaninchen vermehren sich, und die Kefirbakterien vermehren sich auch.»

«Aber bei den Bakterien gibt es doch keine Männchen und Weibchen, die vermehren sich doch ... einfach so», zweifelt Diana.

«Sie vermehren sich ungeschlechtlich durch einfache Zellteilung. Für uns ist das aber viel besser, denn so können wir die Vermehrung viel besser voraussagen.»

«Ich wußte es, das Unglück kommt daher, daß es Männer und Frauen gibt», wirft Luigia ein, wird aber nicht wahrgenommen.

Franco glaubt es zu wissen: «Bei einer bestimmten Temperatur verdoppeln sich *questi virus* jede Sekunde.»

Heftige Proteste der Kinder: «Das sind keine Viren, sondern Bakterien, und aus einem Bakterium werden auch nur jede halbe Stunde oder vielleicht sogar nur jede Stunde zwei.»

Als Mathematiker ist Franco über solche Details erhaben: «Aber im Prinzip ist es doch das gleiche wie bei den Kaninchen: Die Bakterien entsprechen den Kaninchenpaaren, und die Stunden entsprechen den Monaten. Sie brauchen ein bißchen, bis sie groß genug sind, sich zu vermehren, und ab dann vermehren sie sich regelmäßig. Wir können also berechnen, *quante di quelle bestie*, wie viele dieser Viecher nach einem Tag in diesem Glas sind.»

«Dazu müssen wir einfach die Fibonacci-Zahl Nummer 24 ausrechnen. So viele Bakterien sind nach 24 Stunden aus einer Bakterie geworden.»

Diana nimmt ein Blatt und berechnet die Fibonacci-Zahlen. Es geht überraschend schnell, als vierundzwanzigste erhält sie 89 425. Das bedeutet, das nach einem Tag aus einer Zelle fast 100 000 geworden sind, und so geht es weiter. In jeder Stunde haben wir fast eine Verdoppelung der Bakterien.

«Man nennt das exponentielles Wachstum», erklärt Franco, aber Diana hat den letzten Trumpf: «Schon aus diesem Grund muß ich Kefir essen, da sonst bald die ganze Küche von Kefirbakterien überflutet wäre.»

Das Essen hatte sich lange hingezogen, und wie nicht anders zu erwarten, beschäftigten uns die Gedanken auch anschließend noch eine Weile.

Franco hatte eine Frage: «Die Fibonacci-Zahlen sind durch eine Rekursion definiert: Jede Fibonacci-Zahl ist die Summe der beiden vorherigen. Daher kann man alle Fibonacci-Zahlen der Reihe nach berechnen. Es muß doch auch eine Formel für die Fibonacci-Zahlen geben. Es muß doch möglich sein, die millionste Fibonacci-Zahl auszurechnen, ohne vorher alle anderen ausrechnen zu müssen.»

Luigia hat sofort die richtige Fährte gefunden: «Das hat mit der *sezione aurea*, dem Goldenen Schnitt, zu tun.»

Das war das richtige Stichwort. Italienische Mathematiker haben die klassische Geometrie wirklich intus, können sich sofort alles klarmachen und brauchen dazu keine Bücher.

Zufällig liegt noch Lucas Messer auf dem Tisch, ein richtiges Fahrtenmesser mit feststehender Klinge, mit dem er den ganzen Tag Stöcke schnitzt. Franco benutzt dies für seine Erklärung: «Ein Punkt», dabei deutet er auf den Übergang von Knauf und Klinge, «teilt eine Strecke, hier also das ganze Messer, im Goldenen Schnitt, wenn das Verhältnis der ganzen Strecke zum größeren Teil gleich ist wie das Verhältnis vom größeren zum kleineren Teil.»

Aber er merkt, daß man so doch keine komplexeren Überlegungen durchführen kann. Daher malt er eine Strekke auf ein Blatt Papier und markiert darauf einen Punkt:

Dann sagt er: «Wir wollen ausrechnen, in welchem Verhältnis der Punkt S die Gesamtstrecke teilt. Daher soll die größere Teilstrecke AS die Länge 1 und die Gesamtstrecke die Länge x haben. Dann ist das Verhältnis x:1, also x, genau der Goldene Schnitt.» Typische Mathematikereigenschaft: Bevor man anfängt zu rechnen, legt man die Bezeichnungen so fest, daß man das Ergebnis leicht ablesen kann. Aber rechnen muß man trotzdem.

Luigia assistiert: «Die kürzere Strecke hat dann die Länge $x-1$.»

Klar: Gesamtstrecke (also x) minus Teilstrecke (die wir auf 1 normiert haben).

Luigia wiederholt die Definition der *sezione aurea*: «Gesamtstrecke, Länge x, zum größeren Teil (also 1) gleich größerer Teil zum kleineren, d. h. $x-1$.» Gleichzeitig schreibt sie, was sie sagt:

$$\frac{x}{1} = \frac{1}{x-1}.$$

Nun ist es einfachste Mittelstufenmathematik, die Gleichung für x zu bestimmen:

$$x(x-1) = 1 \text{ oder, etwas umgestellt, } x^2-x-1 = 0.$$

Das ist eine quadratische Gleichung, und die Schüler lernen in Italien wie in Deutschland, diese mit der p,q-Formel oder mit der a,b,c-Formel zu lösen. Wenn man das richtig macht, ergibt sich

$$x_{1,2} = \frac{1 \pm \sqrt{5}}{2}.$$

Wie jede quadratische Gleichung hat auch diese zwei Lösungen. Wie immer sollte man kontrollieren, ob beide Lösungen der Gleichung auch Lösungen des ursprünglichen Problems sind. Hier lohnt sich's.

Die Zahl $\sqrt{5}$ ist etwa 2,236; somit ist $1-\sqrt{5}$ negativ, und damit ist auch die «negative Lösung» $x_2 = (1-\sqrt{5})/2$ negativ. Ein Verhältnis von Strecken ist aber ein Verhältnis von positiven Zahlen, und somit kann diese Zahl keine Lösung unseres Problems sein.

Also ist $x_1 = (1+\sqrt{5})/2$ die einzige Lösung für das Problem.

Das heißt: Ein Punkt S teilt die Strecke AB im Goldenen Schnitt, wenn sich die längere Strecke zur kürzeren wie $(1+\sqrt{5})/2$ zu 1 verhält.

«Wie groß ist denn nun der Goldene Schnitt wirklich?» fragt Luigia. «Das können wir ausrechnen. Die Zahl $(1+\sqrt{5})/2$ ist etwa $(1+2{,}23)/2 = 1{,}618$.»

«Das heißt», Luigia möchte es ganz genau wissen, «wenn die längere Seite zur kürzeren etwa 1,618 ist, dann haben wir den Goldenen Schnitt. Das ist bei etwa», sie ist wirklich schnell, «62% der Gesamtstrecke.»

Franco teilt uns mit: «Man nennt auch die Zahl $(1+\sqrt{5})/2$ den Goldenen Schnitt. Manche bezeichnen sie mit dem griechischen Buchstaben ϕ, nach dem griechischen Bildhauer Phidias, der den Goldenen Schnitt in seinen Skulpturen benutzt haben soll.»

Luigia hat sich inzwischen wieder erinnert: «Es gibt mindestens zwei Verbindungen von Fibonacci-Zahlen und Goldenem Schnitt. Die eine besteht darin, daß man die Fibonacci-Zahlen mit Hilfe des Goldenen Schnitts ausrechnen kann. Soweit ich mich erinnere, ist die n-te Fibonacci-Zahl etwa gleich ϕ^n.»

«Ganz genau kann das nicht stimmen», meint Franco, «denn ϕ ist irrational, dann wird ϕ^n meistens auch irrational sein. Ich werde später mal die genaue Formel nachschauen. Aber auch die ungefähre Formel macht klar, daß die Fibonacci-Zahlen exponentielles Wachstum bedeuten.»

Luigia erinnert sich jetzt auch an den zweiten Zusammenhang: «Die Fibonacci-Zahlen konvergieren zu dem Goldenen Schnitt ... Nein, natürlich nicht die Fibonacci-Zahlen, sondern wenn ich eine Fibonacci-Zahl durch die nächst kleinere teile.»

Genauer gesagt: Die Verhältnisse aufeinanderfolgender Fibonacci-Zahlen konvergieren gegen den Goldenen Schnitt. Wir probieren das aus. Luigia machte eine ähnliche

Tabelle wie vorher Franco, wobei sie bei unendlichen Dezimalbrüchen nur drei Stellen aufschreibt.

no.	1	2	3	4	5	6	7	8	9	10
no. Fibonacci	1	2	3	5	8	13	21	34	55	89
rapporto		2	1,5	1,666	1,6	1,625	1,615	1,619	1,617	1,618

Man sieht sofort, daß diese Folge sich sehr schnell ihrem Grenzwert nähert; schon nach zehn Schritten stimmt die Zahl auf drei Stellen hinter dem Komma, ist also für das bloße Auge nicht mehr vom Goldenen Schnitt zu unterscheiden.

Mir ist etwas eingefallen: «Übrigens», frage ich betont beiläufig, «was ist die gemeinsame Eigenschaft von Eva Braun, Erich Honecker und mir?» und erziele damit – wie nicht anders erwartet – einen großen Effekt.

«*Come*? Eva Braun, *la moglie di Hitler*, die Frau Hitlers, und Honecker, *il leader della Germania dell'est*, und du?»

«Es hängt mit unseren Namen zusammen: Wenn wir sie mit der Schreibmaschine schreiben, so daß jeder Buchstabe gleichviel Platz einnimmt, dann ist das Verhältnis von Nachnamen und Vornamen der Goldene Schnitt.»

Franco kritzelt sofort:

Eva : Braun = 3 : 5, Erich : Honecker = 5 : 8,
Albrecht : Beutelspacher = 8 : 13.

Franco ist von solchen Späßen begeistert: «*Tu sei il massimo*, bei dir klappt's am besten», während Luigia für solche Kindereien kein Verständnis hat, innerlich den Kopf schüttelt, schon längst weitergedacht hat und dabei ist, diese Gedanken in die Tat umzusetzen.

Während Franco noch weiterkritzelt und andere Namen ausprobiert, hat Luigia das Zimmer verlassen und aus ihrer Sammlung mathematischer Arbeiten eine Mappe geholt. Sie wartet geduldig, bis wir uns beruhigt haben, denn sie weiß, daß sie etwas wirklich Wichtiges gefunden hat.

Die Kladde trägt die Aufschrift *Il pentagono regolare*, das reguläre Fünfeck, und Luigia sagt: «Ich wußte irgendwie, daß der Goldene Schnitt eng mit der Frage nach dem Unendlichen zu tun hat. Genauer gesagt mit der Entdeckung des Unendlichen. *La storia dell' infinito*, die Geschichte des Unendlichen, beginnt nämlich mit dem Goldenen Schnitt.»

Vergessen sind jetzt Kaninchen, Kefir und Honecker. Die Unendlichkeit, das ist unser Thema. Luigia weiß, daß sie jetzt unsere ungeteilte Aufmerksamkeit hat.

«*C'era una volta ... Pitagora*, es war einmal ... Pythagoras.» Sie schlägt die Kladde auf, in der sich kopierte Artikel und Abschnitte aus Büchern sowie handschriftliche Zusammenfassungen befinden. Während sie die Arbeiten durchblättert und Stichworte liest, um ihr Gedächtnis aufzufrischen, erzählt sie:

«Pythagoras wurde etwa 600 v. Chr. in Samos in Griechenland geboren, er machte Reisen nach Ägypten und Babylon, wo er unter anderem viel von der damals bekannten Mathematik lernte. 529 v. Chr. siedelte er sich in Unteritalien an und gründete dort eine Art Kloster. Genaues weiß man nicht, es muß aber eine Mischung aus Lebensgemeinschaft, religiösem Orden, Sekte, Loge und wissenschaftlicher Akademie gewesen sein. Man nennt sie die Pythagoräer.»

«*Cosa hanno fatto*, was haben sie gemacht?» fragt Franco.

«*Non si sa molto*, darüber weiß man sehr wenig. Bei ‹Pythagoras› denkt heute jeder an den Satz des Pythagoras ...»

«$a^2 + b^2 = c^2$ ...», unterbricht Franco.

«... falls a und b die Katheten und c die Hypotenuse eines rechtwinkligen Dreiecks sind», präzisiere ich.

«Die Pythagoräer kannten diesen Satz, aber man weiß nicht, ob dieser Satz auf Pythagoras zurückgeht. Vielleicht war er schon vorher bekannt. Viel interessanter finde ich, daß die Pythagoräer einen völlig neuen Zahlbegriff hatten.»

«Was meinst du damit?»

«Ursprünglich war eine Zahl dazu da, etwas zu messen oder etwas zu zählen. Fünf Schweine, 100 Ellen usw. Aber die Pythagoräer interessierten sich für Zahlen als solche, sie hatten einen abstrakten Zahlbegriff.»

«Und was heißt das konkret?»

«Sie entdeckten Eigenschaften von Zahlen. Zum Beispiel

können Zahlen gerade oder ungerade sein. Eigenschaften, die fürs Zählen nicht sehr wichtig sind: Ob ich eine gerade oder eine ungerade Anzahl von Schweinen habe, ist nicht wichtig. Wichtig ist, wie viele ich habe.»

«Was machten sie mit diesen Eigenschaften?»

«Es gibt sehr interessante Äußerungen. Die Quellen sind aus späterer Zeit, aber man nimmt an, daß die Aussagen von den Pythagoräern stammen. Zum Beispiel hatten sie Definitionen.» Luigia liest vor: «*Gerade ist eine Zahl, die sich halbieren läßt, und ungerade die, die sich nicht halbieren läßt oder die sich um eine Einheit von einer geraden Zahl unterscheidet.* Ferner kannten sie auch Regeln wie ‹gerade plus gerade gibt gerade›, ‹ungerade plus ungerade gibt gerade› usw.»

Jetzt drängt Franco wieder zur entscheidenden Frage zurück: «*E l'infinito*?»

«*Aspetta un pò*, abwarten», sagt Luigia. «Wir müssen noch wissen, daß die Pythagoräer glaubten, daß alles auf den natürlichen Zahlen beruht.»

«Alles?»

«Alles», sagt Luigia, «die irdische Natur und die himmlische, die reale Welt und die Welt der Gedanken. Ein besonders starker Beweis war die Musik; die Pythagoräer hatten entdeckt, daß die wohlklingenden Intervalle durch besonders einfache Verhältnisse der Saitenlängen zustande kommen. Bei der Oktave ist es 2 : 1, bei der Quinte 3 : 2 usw.»

«Sie glaubten also an ganze Zahlen.»

«Ja, ihr Wahlspruch war eindeutig. Alles ist Zahl. Und damit meinten sie ganze Zahlen bzw. rationale Zahlen, also Brüche aus ganzen Zahlen. Sie hatten die klare Vorstellung, daß die Welt, jedenfalls prinzipiell, sauber, klar, übersichtlich, beherrschbar, durch Zahlen beschreibbar ist.»

«Hatten die Pythagoräer dann auch ein Symbol, eine Art Erkennungszeichen?»

Ist es Intuition, oder stolpert Franco nur zufällig in die richtige Richtung?

«Sie hatten ein besonders schönes Erkennungszeichen, den Fünfstern oder, wie sie auf griechisch sagten, das Pentagramm.

Franco zeichnet den Fünfstern.

«Und das Pentagramm war ihr Logo?»

«Genau. *E questa era la tragedia*, und das war die Tragödie.»

«Warum?»

«Weil sie ausgerechnet am Pentagramm, ihrem heiligen Zeichen, den Einbruch der Unendlichkeit erlebten. Sie konnten unwiderleglich beweisen, daß am Pentagramm nicht alles Zahl ist, jedenfalls nicht in ihrem Sinne.»

«Peinlich.»

«Für sie war es beileibe nicht nur peinlich, sondern sie mußten es als Katastrophe, als Zusammenbruch ihrer Weltanschauung erleben.»

«Was ist denn am Pentagramm keine Zahl?» versuche ich, wieder mathematisch Tritt zu fassen.

Luigia ist auch darauf vorbereitet: «Wir zeichnen um das Pentagramm außen herum ein Fünfeck. Wir erhalten ein reguläres Fünfeck, bei dem die Diagonalen genau die Linien des Pentagramms sind.»

Unbemerkt war Luca hereingekommen, wahrscheinlich auf der Suche nach seinem Messer. Er schaut Luigia interessiert zu.

Sie läßt sich nicht ablenken: «Man kann es sicher so zeichnen, daß jede Seite des Fünfecks eine Länge hat, die eine ganze Zahl ist.»

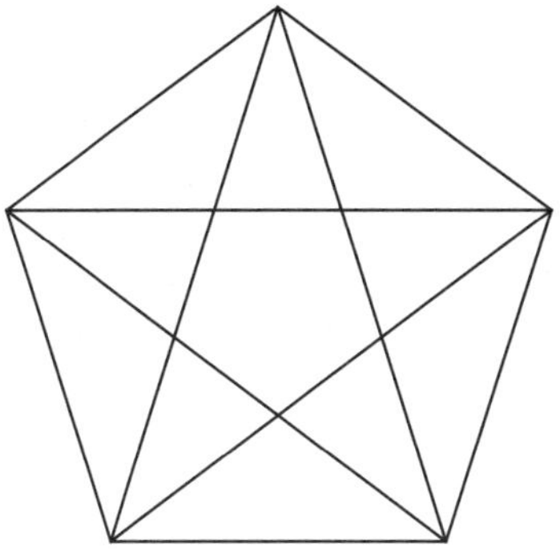

«Klar, ich male eine Strecke von 5 cm und errichte darauf ein reguläres Fünfeck – wobei ich im Augenblick nicht mehr weiß, wie das mit Zirkel und Lineal geht.»

«Das macht nichts, man kann das jedenfalls konstruieren. Man kann das natürlich auch so machen, daß die Diagonalen eine Länge haben, die eine ganze Zahl ist.»

«Klar, ich male zunächst eine Diagonale, sagen wir 8 cm lang, und dann wie vorher das Fünfeck außen herum.»

Luigia macht eine Pause: «Jetzt kommt's: Die Pythagoräer entdeckten, daß man kein reguläres Fünfeck zeichnen kann, bei dem sowohl die Seitenlängen als auch die Längen der Diagonalen beide ganzzahlig sind!»

«Mit anderen Worten», Franco sieht den Kern, «bei keinem regulären Fünfeck ist das Verhältnis von Seitenlänge zu Diagonalenlänge eine rationale Zahl.»

«Man sagt dazu auch, daß die beiden Längen inkommensurabel sind, das heißt keine gemeinsame Einheit haben.»

Luca mischt sich ein und spielt den Skeptischen: «Auch wenn man das Fünfeck riesig macht, zum Beispiel einen Punkt hier und den nächsten» – er schaut mich an – «*in Germania*?»

«Ja, auch dann. Die Pythagoräer haben das bewiesen. Es gibt keine Ausnahme.»

«Aber so ungefähr müßte es doch hinhauen.» Luca mißt mit dem Geodreieck.

«Bei den Pythagoräern ging's aber nicht um ungefähr,

sondern sie wollten's ganz genau wissen. Sie haben sich logisch klargemacht, daß man das nicht hinkriegen kann.»

«Aber sie können doch nicht vorhersehen, welche Fünfecke wir betrachten. Zum Beispiel mit einer Ecke in Amerika. Amerika war damals noch gar nicht entdeckt», schmunzelt er hinterlistig.

«Richtig, aber die Mathematiker schaffen es, alle Fälle auf einmal zu erledigen. Sogar die, die erst in Zukunft auftreten.»

Luca ist immer noch skeptisch, aber er fragt immerhin: «Wie machten die denn das?»

«Mathematiker haben Tricks. Hier braucht man einen kleinen Trick und einen großen Trick. Der kleine Trick heißt: Wir nehmen an, daß das Gegenteil richtig ist.»

«Das heißt?»

«Daß es doch ein solches Fünfeck gibt, bei dem sowohl die Seite als auch die Diagonale eine Länge hat, die eine natürliche Zahl ist.»

«Genau.»

«*Esatto*. Keine Meßfehler, kein Aufrunden oder Abrunden. Sondern genau.»

«Und daraus müssen wir einen Widerspruch ableiten», endlich kann Franco wieder mitreden.

«Und der große Trick?»

«Der besteht darin, von allen Fünfecken mit ganzzahligen Seiten und Diagonalen das kleinste zu wählen.»

«Das kann aber immer noch ganz schön groß sein.»

«Ja, aber wenn's überhaupt eines gibt, dann gibt's auch ein kleinstes.»

«Und das soll ein Trick sein?»

«Sieht vielleicht nicht so aus, ist aber ein genialer Trick.»

«Und warum?»

«Die *pitagorici* haben nämlich bewiesen, daß es dann ein kleineres gibt.»

«*Sei matto*! Du spinnst! Du betrachtest das kleinste und sagst, es gibt ein noch kleineres.»

«Ja. Und genau das ist der Widerspruch.»

«Wir könnten also unendlich lange weitermachen und

immer kleinere Fünfecke konstruieren. Ein unendlicher Abgrund von Fünfecken!» Franco fühlt richtig mit.

Luigia bringt es auf den Punkt: «*In altre parole, proviamo che non esiste il più piccolo*, wir zeigen also, daß es kein kleinstes gibt.»

«Und wie geht das?»

«Jetzt beginnt die Mathematik. Bisher haben wir nur überlegt, was wir tun müssen. Jetzt müssen wir es tun.»

«*Allora*?»

«Zuerst zeichnen wir ein reguläres Fünfeck mit seinen Diagonalen.»

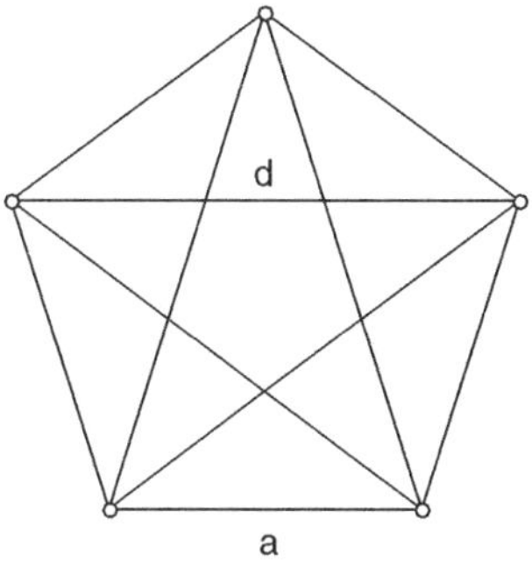

«Wir nennen die Länge einer Seite a, und die Länge einer Diagonalen d.»

Franco kontrolliert: «Alle Seiten sind gleich lang und ebenso alle Diagonalen – *per la simmetria*, aus Symmetriegründen.»

«Wir nehmen an, daß a und d ganze Zahlen sind und daß dieses Fünfeck das kleinste ist, bei dem Seiten und Diagonalen ganzzahlige Längen haben.»

«*Attenzione*!» sagt Luigia, «schaut mal ins Innere der Zeichnung. Dort sehen wir noch ein kleineres Fünfeck, nämlich das, das von den Diagonalen gebildet wird.»

«Das steht aber auf dem Kopf», nervt Luca.

«Ja, aber es ist trotzdem ein reguläres Fünfeck: Alle Seiten sind gleich lang und alle Winkel gleich groß.»

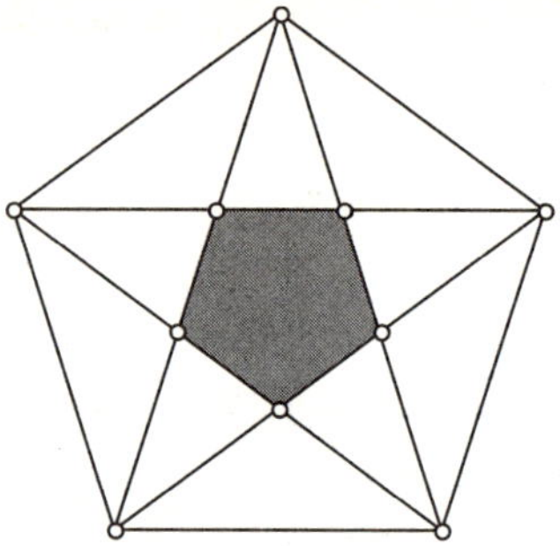

«Außerdem ist es viel kleiner.» Luca gibt noch nicht auf.

«Bravo!» lobt ihn Luigia überraschenderweise. «Das ist gut für uns. Denn wir können uns überlegen, daß auch dieses kleine Fünfeck ganzzahlige Seitenlänge und ganzzahlige Diagonale hat.»

«Und damit ist der Beweis dann fertig», erkennt Franco.

Der Nachweis, daß die Seiten und Diagonalen des kleinen Fünfecks auch ganzzahlig sind, ist nicht besonders schwer, übersteigt aber Lucas Fähigkeiten. Daher erklärt Luigia uns in konzentrierter mathematischer Art, daß auch die Seitenlänge des kleinen Fünfecks ganzzahlig ist.

Sie macht zunächst noch eine Zeichnung eines regulären Fünfecks und seiner Diagonalen und schraffiert den Teil links unten.

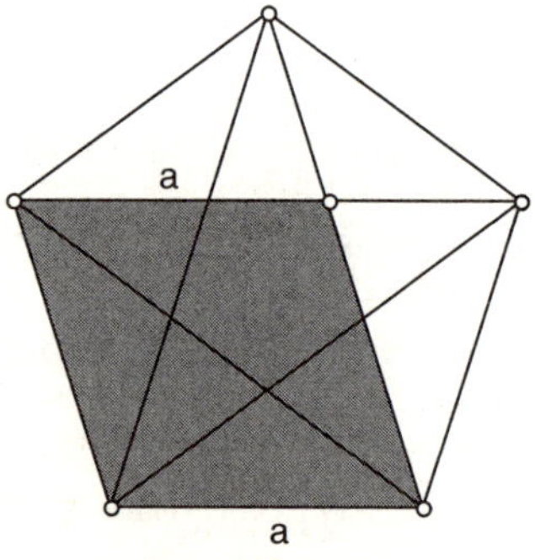

Sie erklärt: «Der eingefärbte Teil des Fünfecks ist eine Raute. Da alle Seiten einer Raute gleich lang sind, hat auch die obere Kante die Länge a.»

«Ganz entsprechend», dazu macht sie eine zweite Zeichnung, «sieht man, daß auch das ‹rechte Stück› die Länge a hat:»

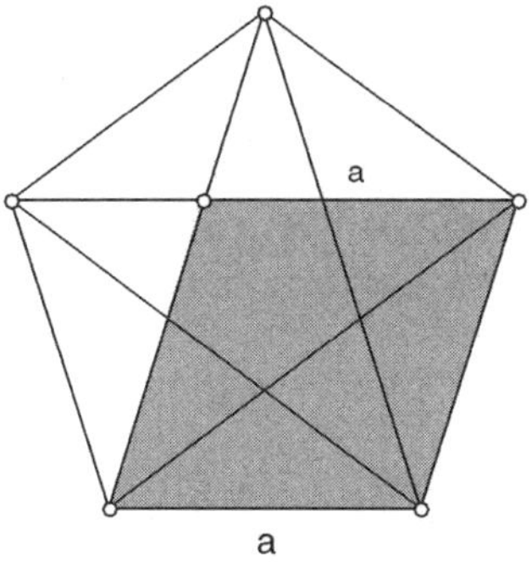

Nun merkt man schon am Ton ihrer Stimme, daß wir gleich das gewünschte Ergebnis haben: «Jetzt können wir auch die Länge a' des kleinen Fünfecks ausrechnen:»

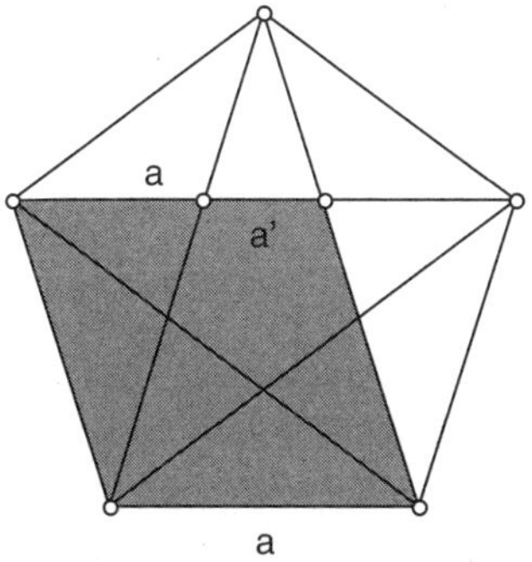

Tatsächlich: «Da die gesamte Diagonale die Länge d hat und sich die beiden Strecken der Länge a in einer Strecke der Länge a' überlagern, ergibt sich

$$2a - a' = d, \text{ also } a' = 2a - d,$$

und damit», jetzt ist die Befriedigung über die erfolgreich abgeschlossene Argumentation nicht mehr zu überhören, «ist a' eine ganze Zahl.»

Nach einer angemessenen Pause, in der Luigia unsere stumme Bewunderung genießt, faßt sie zusammen: «Man kann heute nüchtern sagen, das war die Entdeckung der ersten irrationalen Zahl, also einer Zahl, die kein Bruch aus ganzen Zahlen ist. Damals war das unerhört. Es wird sogar berichtet, daß der Entdecker dieser Tatsache, ein gewisser Hippassos, dafür ins Meer gestürzt wurde. Seriöse Historiker halten das aber für eine Legende.»

«Mir gefällt das», meint Franco nicht unerwartet, und ich assistiere: «Das zeigt, wie gefährlich die Mathematik sein kann, vor allem, wenn's um die Unendlichkeit geht.»

«*A proposito*», sagt Luigia, «das Verhältnis von Diagonale und Seite eines regulären Fünfecks ist die Zahl, über die wir schon vor Stunden gesprochen haben, nämlich der Goldene Schnitt.»

«Wir sehen also den Goldenen Schnitt an jedem Fünfeck.»

«Man sieht ihn sogar sehr gut, wenn man bedenkt, daß sich auch die Diagonalen im Goldenen Schnitt schneiden.»

«Und», Franco kann sich gar nicht genug wundern, «die Irrationalität wurde also vor etwa 2500 Jahren entdeckt, und zwar am Goldenen Schnitt.»

6

Due rette parallele si incontrano all'infinito.

Die Bibliothek ist ein zentraler Ort wissenschaftlicher Arbeit. Zu Hause gehe ich mehrmals täglich in die Bibliothek des Fachbereichs Mathematik. Manchmal, weil ich ein bestimmtes Buch suche oder in einer Zeitschrift etwas nachschauen will. Manchmal, weil ich mit der Bibliothekarin schwätzen möchte. Manchmal aber auch einfach so. Ich gehe zwischen den Bücherregalen hin und her, um nichts zu suchen, das ist mein Sinn. Ich nehme ein Buch heraus, setze mich an einen Tisch und schaue einfach hinein, oder ich blättere in Zeitschriften, besonders natürlich in den neuen Heften. Und oft finde ich etwas, was ich durch systematisches Suchen bestimmt nie gefunden hätte. Abgesehen davon, daß systematisches Suchen bei 20000 Büchern und 12000 Zeitschriftenbänden, von denen im Jahr für über 200000 DM neue hinzukommen, illusorisch ist. Die Bibliothek ist nicht nur eine Schatzkammer des Wissens, sondern auch ein Ort, an dem man in Muße stöbern und schmökern kann. Eben ein Ort, an dem ich gerne bin.

Gestern hatte ich Franco gefragt, wo ihre Bibliothek sei. Zunächst hat er nicht verstanden. Dann sagte er: «*Noi non ci andiamo*, wir gehen da nicht hin.»

Das konnte ich mir nun wirklich nicht vorstellen. Mitten unter Tausenden von Büchern – kann es etwas Schöneres geben?

Offensichtlich doch. Es stellte sich heraus, daß es zwar eine Bibliothek der *Facoltà di Ingegneria* gibt, diese aber praktisch keine Mathematikbücher besitzt. *Solo libri per gli ingegneri*, nur Bücher für Ingenieure, die ich nicht verstehen würde.

Zeitschriften? Mathematikzeitschriften?

Gibt's hier nicht.

«Und was macht ihr, wenn ihr einen Artikel braucht?» fragte ich ungläubig.

Wenn man mathematisch forscht, muß man dauernd Zeitschriften konsultieren. Man muß Ergebnisse vergleichen: Bin ich besser als die Konkurrenten, oder bin ich wenigstens ein bißchen neben ihren Resultaten? Man muß Methoden nachschlagen: Kann ich seine Methode auf meinen Fall anwenden – möglichst ohne sie vorher verstehen zu müssen? Man muß Beispiele inspizieren: Ist es ein Beispiel für meinen Satz oder ein Gegenbeispiel zu meiner Vermutung?

Aber Luigia und Franco arbeiten nicht so. Einige Zeitschriften seien in Rom, man könne die Artikel auch bestellen. Das klingt nicht so, als wäre diese Praxis alltäglich.

Sie erklärten, daß die einzelnen Institute in Italien zwar durchaus Geld bekommen, und auch gar nicht wenig, daß es aber ganz anders ausgegeben wird als bei uns.

In Deutschland werden 90% des Etats eines mathematischen Instituts für Bücher und Zeitschriften ausgegeben. Italienern käme das nie in den Sinn. Für sie sind Kontakte zwischen Wissenschaftlern viel wichtiger. Sie geben viel Geld aus, um Tagungen zu besuchen; italienische Tagungen finden immer in noblen Hotels statt und sind – für uns – sündhaft teuer. Und um Gäste einzuladen.

Werde auch ich von diesem Geld bezahlt? Wie viele Bücher kostet mein Besuch in L'Aquila? Wie viele Zeitschriften bin ich wert?

Ein paar Bücher gibt's doch. In Luigias und Francos Büro steht ein Glasschrank, und in diesem sieht man auch ein paar Bücher. Aber nur ganz wenige, eine Zufallsauswahl, eigentlich Kuriositäten, nicht ernsthaft brauchbar. Selbst zu Hause bei Franco und Luigia gibt es mehr Bücher: 50 Mathematikbücher, etwa 200 Krimis, die Schulbücher der Kinder, unzählige *fumetti* (Comics), die Franco systematisch sammelt, und etwa zehn Werke der italienischen Literatur von Manzoni bis Eco.

Eine ganz neue Situation. Wenn ich ein Ergebnis nicht kenne oder wenn mir ein Argument nicht einfällt, dann kann ich nicht einfach in die Bibliothek gehen und nachschauen, sondern ich muß selber draufkommen. Es muß mir wieder einfallen, oder ich muß es mir wieder herleiten, wie ein Detektiv mittels Indizien zusammensetzen – oder ich hab's eben nicht!

Gemeinsam geht das natürlich besser. Dem einen fällt das ein, die andere kommt auf jenes, und so kann man oft die Wahrheit wie ein Puzzle rekonstruieren. Aber ich fürchte, daß das auch Zeit und Energie kostet, die dann für das ‹eigentliche› Problem nicht zur Verfügung stehen.

Gestern hatte ich einen Brief an Monika geschrieben und sie gebeten, mir ein paar Kapitel aus Büchern zu kopieren und die Kopien hierher zu schicken. Ich versuchte, genau zu beschreiben, wo diese Bücher stehen könnten. Da mein Arbeitszimmer zu Hause aber alles andere als wohlgeordnet ist, ist das eine schwere Aufgabe. Na ja, etwas wird sie finden, und auch das ist in der hiesigen Situation schon eine qualitative Verbesserung.

Heute ist der Mangel an Büchern besonders ärgerlich. Diana hat ihre Freundin Stefania zum Mittagessen mitgebracht, weil sie anschließend Mathe pauken müssen. Beide haben's nötig. Franco hat sich breitschlagen lassen, ihnen Nachhilfe zu geben. Es geht um Gleichungen und Gleichungssysteme: Umformen und Einsetzen, Berechnen und Lösen. Franco hat ihnen erklärt, daß man Gleichungssysteme numerisch oder graphisch lösen kann. Bei der graphischen Lösung berechnet man die entsprechenden Geraden; der Schnittpunkt der Geraden ist die Lösung.

Jetzt sitzen sie in Dianas Zimmer und sollen das üben, was Franco ihnen beigebracht hat.

«*Papà*, wenn sich die Geraden nicht schneiden?» schreit Diana.

«Dann sind sie parallel», ruft Franco zurück, der seine Ruhe will.

«Und die Lösung?» stürmt Diana entrüstet fragend in die Küche.

«Dann gibt es eben keine Lösung.» Franco ist immer noch der Meinung, daß er sich genug um die Mädchen gekümmert hat.

Stefania ist zwar extrem schüchtern, denkt aber viel nach, und deshalb fragt sie ganz leise: «*Due rette parallele si incontrano all'infinito*, parallele Geraden schneiden sich im Unendlichen.» Es ist ihr fast peinlich.

Franco hat wirklich genug: «Das sagen die Mathematiker nur so, das bedeutet gar nichts.»

Ein gefundenes Fressen für Diana: «Bedeutet nichts? Schneiden sie sich nun oder nicht?»

Luca, der Schlaumeier, der gemerkt hat, daß hier was los ist, sagt listig: «Wenn sie sich nicht schneiden, sind sie parallel, und wenn sie parallel sind, schneiden sie sich nicht.»

Diana setzt nach: «Im Kunstunterricht studieren wir gerade *l'architettura*. Insbesondere Leon Battista Alberti, den Begründer der Architektur als Wissenschaft. Irgendwie ist es so, daß bei der Perspektive parallele Geraden plötzlich nicht mehr parallel sind.»

«Ja, das kann passieren», sagt Franco schon ein bißchen friedlicher. Interessiert's ihn, oder fügt er sich nur in sein Schicksal?

«Wie bitte?» Einhelliger Protest. «Entweder – oder!»

Franco nimmt einen langen Zug aus seiner Zigarette. «Wollt ihr's wirklich wissen?»

Die Zustimmung der Mädchen ist ihm sicher, denn in der Zeit brauchen sie keine Mathematik zu machen – jedenfalls keine Gleichungen lösen.

Der nächste Satz von Franco ist enttäuschend: «Ich weiß es auch nicht genau.»

«*Ecco il professore!*» Luca macht eine ironische Verbeugung.

So was ist Franco gewöhnt, und er beginnt, sich zu erinnern: «Wenn wir etwas zeichnen, malen wir immer auf ein Blatt Papier.»

«Oder Pappe. Holz. Stoff. Oder auf die Hand.» Das Spiel macht den Kindern Spaß.

«Ihr habt natürlich recht, es muß nicht Papier sein. Aber eine Art Fläche ist es immer. Etwas Zweidimensionales. Solange man nur zweidimensionale Objekte zeichnet, treten keine Probleme auf.»

«Bei dir schon.»

Franco versucht, sich zu konzentrieren: «Ein echtes Problem entsteht, wenn man etwas Räumliches, etwas Dreidimensionales in die Ebene zeichnen möchte. Zum Beispiel ein Haus.»

«*Oppure un cane*», Luca schaut zu Kim. Kim ist der Hund der Familie und der ausgesprochene Liebling Lucas. Kim sei ein *pastore tedesco*, ein deutscher Schäferhund, erklärte mir Franco schon in den ersten Tagen stolz. Luca fügte hinzu, Kim sei ein sehr intelligenter Hund, *quasi umano*, habe menschliche Reaktionen.

Von der Küche führt eine Tür in den Garten, die aus einem Rahmen und einer klaren Glasscheibe besteht. Man kann gut hinaus-, aber auch gut hereinsehen. Vor dieser Tür liegt Kim oft. Hier ist es warm, hier erhält er manchmal Zuwendung der Menschen, und hier gibt es einmal am Tag auch was zu fressen.

«Nehmen wir mal an», Franco erhebt sich und geht zur Glastür, «du willst Kim malen. Nicht auf ein Blatt Papier, sondern auf das Glas der Tür.»

«*Mamma sarà contenta*, das wird Mama aber freuen», bezweifelt Diana.

«Ich nehme einfach einen Filzstift und male ein Bild von Kim auf die Scheibe.» Luca hat das Problem noch nicht verstanden.

«Paß mal auf. Stell dir vor, du willst ein ganz genaues Bild malen. Kim soll genau so auf der Scheibe sein, wie er jetzt daliegt.»

«*Una fotografia*. Damit kann man genau den Augenblick festhalten.»

«Ja, eine *macchina fotografica* hält die Zeit fest, aber auch den Ort. Man fotografiert von einer Stelle aus.»

«*Sì, ma* ...?» Keiner kapiert, worauf Franco hinaus will.

«Wie würdest du das machen?» fragt er Diana.

Diana überlegt: «Ich stelle mich an eine ganz bestimmte Stelle, kneife ein Auge zu und fixiere Kim mit dem anderen Auge. Dann male ich Kim auf die Scheibe. Vielleicht müßte mir auch jemand helfen, weil ich zu weit von der Scheibe weg stehe. Wenn sich dann jemand hierher stellt, sieht das Bild so aus wie Kim, auch wenn er längst weg ist und im Garten herumjagt.»

«Ein Hund ist aber trotzdem schwer zu malen.» Luca hat ein Auge fürs Praktische.

«Wir beginnen mal mit was Einfachem. Die Platten.» Der Bereich unmittelbar vor der Glastür ist mit rechteckigen Fliesen ausgelegt.

«Das würdest sogar du hinbekommen», sagt Luca.

Diana ist bei der Sache. «Wir machen das mal. Ich hab abwaschbaren Filzstift.»

Stefania kichert nur. Bei ihr zu Hause herrschen strenge Sitten, dort ist so was undenkbar.

Diana übernimmt das Kommando. «Du bleibst jetzt auf dieser Stelle stehen», gibt sie Luca Anweisungen, «machst dein linkes Auge zu und sagst mir, wo ich die Linien zeichnen soll.»

Sie kniet sich nieder. «Zuerst die waagrechten.»

Franco sagt gar nichts, beobachtet aber genau. Offenbar entspricht die Glasmalerei seinen Vorstellungen.

«Jetzt die senkrechten.»

Luca gibt einen Punkt der Fuge am linken Rand des Pflasters an, und Diana zeichnet die entsprechende senkrechte Gerade.

Aber Luca ist nicht einverstanden. «*È sbagliato*, das ist falsch. Der obere Punkt muß weiter nach innen.»

Diana wischt die zuerst gezeichnete Linie aus und zeichnet eine neue senkrechte an die neue Stelle.

«*Pure sbagliato*, auch falsch, der untere Punkt muß weiter nach außen.»

Diana seufzt, immer Ärger mit dem kleinen Bruder: «Luca, konzentrier dich. Entweder ist die Linie da oder da!»

«Nein, eine Gerade verbindet zwei Punkte.»

«Luca! Dann müßte die Gerade ja schräg sein!» Diana ist empört. Stefania kichert. Franco schmunzelt.

«*Forse è obliquo*, vielleicht ist sie ja schräg.»

Jetzt reicht's Diana: «Laß mich mal», sie schubst Luca zur Seite und will selbst schauen. «Für mich nimmst du den roten Stift.» Befehl an Franco.

Sie fixiert eine Ecke eines Steines links unten und gibt Anweisungen, wo der Punkt gezeichnet werden soll. Dann eine entsprechende Ecke eines Steines ganz oben. Der

Punkt an der Tür kommt natürlich weiter nach oben – aber auch weiter nach innen! Und zwar so weit, daß man es nicht mit Zeichenungenauigkeit erklären kann. Diana ist verblüfft. Sie fixiert die Punkte noch einmal, aber es stimmt. «Zeichne mal die Gerade», bittet sie Franco.

Es ergibt sich eine Gerade, die von links unten schräg nach oben zur Mitte zu läuft.

«*Come ho detto, è obliquo*», sieht sich Luca bestätigt.

Diana kontrolliert jetzt die ganze Gerade. Sie bestätigt, daß diese stets mit den Fugen der Steine übereinstimmt.

«Wir malen noch eine Gerade auf der rechten Seite.»

«Was glaubst du denn, was dabei herauskommt?» provoziert Luca. Und es ist natürlich genau so, wie er vorausgesagt hat. Auch nach gründlicher Kontrolle geht diese Linie von rechts unten schräg zur Mitte.

«Das verstehe ich nicht. Die Geraden zwischen den Pflastersteinen sind doch parallel ...»

«*Senza dubbio*, zweifellos», bestätigt Franco.

«... aber die Striche an der Glastür sind nicht parallel, sie laufen immer mehr aufeinander zu.»

«*Senza dubbio*», äfft Luca nach.

«Wir zeichnen noch die restlichen Geraden, die Bilder der senkrechten Fugen zwischen den Steinen sind», fordert Franco Diana auf.

Es ergibt sich ein Büschel aus roten Linien, die alle – bis auf die mittlere – schräg verlaufen. Die linken sind nach rechts geneigt, die auf der rechten Seite nach links. «Man sagt dazu auch, daß man die Objektebene, in unserem Fall also den Boden, auf die Bildebene, also die Glasscheibe, projiziert», erklärt Franco.

Luca hat Lust am Malen: «Wir können diese Geraden noch länger malen. Dann kommen alle in einem Punkt zusammen.»

Franco fragt: «Welcher Punkt ist denn das?»

«Wie? Welcher Punkt? Der da!»

«In der Mathematik fragen wir oft: Können wir schon vorher wissen, was herauskommt?»

«Ihr seid bloß zu faul.»

«Das ist nur ein Teil der Erklärung. Ein anderer Teil ist,

daß wir dann auch kontrollieren können, ob du richtig gezeichnet hast.»

Inzwischen ist fast die ganze Glasscheibe mit roten Linien überzogen. Diana schaut sich das Werk noch einmal an: «Der Punkt ist so hoch wie ich.»

«Das ist richtig. Du kannst diesen Punkt erhalten, indem du genau senkrecht auf die Scheibe blickst oder, noch besser, dich direkt vor die Scheibe stellst und dort einen Punkt malst, wo sich dein Auge befindet.»

«*Cosa abbiamo imparato*? Was haben wir jetzt gelernt?» unterbricht Luca.

«Aus parallelen Geraden werden durch Projektion nichtparallele Geraden.»

«Manchmal. Beziehungsweise meistens. Und wir können noch genauer sagen: In diesen Fällen wird aus einer Parallelenschar ein Geradenbüschel.»

«Und warum schneiden sich jetzt parallele Geraden im Unendlichen?» wispert Stefania.

Franco versucht es so: «Ihr seht doch, daß manchmal Geraden einen Schnittpunkt haben und manchmal nicht, deshalb fügen wir zu parallelen Geraden künstlich einen Punkt hinzu, den wir uneigentlichen Punkt nennen.» Das stimmt zwar, aber die Kinder fassen diese unsichere Antwort zurecht als Ausrede auf.

«Wie denn nun, schneiden sie sich oder nicht?» läßt Luca keine Ausflucht gelten.

«Ich erklär's euch noch mal ganz anders. Wir betrachten eine Gerade. Zum Beispiel dieses Messer hier», dabei legt er ein Messer auf den Tisch. «Außerdem betrachten wir eine zweite Gerade», dabei hält er ein weiteres Messer in die Luft. «Wenn diese Gerade senkrecht steht, hat sie mit der ersten einen Schnittpunkt.»

«Direkt drunter.»

«Nun drehe ich die obere Gerade. Dann gibt es immer noch einen Schnittpunkt. Dieser wandert aber immer weiter nach rechts. Ich drehe ganz langsam. Der Schnittpunkt ist schon ganz weit weg.»

«*Ad Aquila*», weiß Luca.

«Der Punkt entschwindet immer weiter, er ist kaum

noch zu sehen», auch daraus macht Franco eine spannende Geschichte, «und in dem Moment, in dem die Geraden parallel werden», er hält jetzt das Messer genau waagrecht, «macht es plupp, und der Punkt ist weg».

Stefania kichert.

«Im Unendlichen!»

Franco dreht das Messer einen Millimeter weiter: «Und einen Augenblick später ist er wieder da. Er kommt von links außen heran, bis die Gerade wieder senkrecht ist und der Schnittpunkt direkt vor unseren Augen liegt.»

Nun wird Franco energisch: «*Ragazzi*, wir putzen die Scheibe, bevor Luigia kommt, sonst gibt's Ärger.» Vielleicht will er sich auch nur um weitere Erläuterungen drükken.

Der Erfolg seiner Aufforderung ist sofort zu sehen. Die Mädchen sagen, sie müßten jetzt aber unbedingt die *maledette equazioni*, die verdammten Gleichungen, lösen, und Luca ist irgendwie schon vorher verschwunden.

Ich helfe Franco, die Scheibe zu säubern. Wir tun unser Möglichstes, aber richtig sauber wird sie natürlich nicht.

«Ich habe die Perspektive nie richtig verstanden», erzähle ich. Tatsächlich bin ich in der Schule und der Universität zum Teil mit der neuen Mathematik aufgewachsen. Ich fand's nicht so schlimm wie viele andere, aber mit Geometrie hatte die neue Mathematik wenig vor. Und die Geometrie, die wir an der Universität gelernt haben, war relativ abstrakt. In diesem Gebiet kannte ich mich zwar aus, hatte darüber sogar meine Diplom- und Doktorarbeit geschrieben, aber der Bezug zur Wirklichkeit, zur darstellenden Geometrie und zum perspektivischen Zeichnen war mir ein einziges Rätsel. Daher war schon die Erklärung, die Franco den Kindern gegeben hatte, eine ideale Nachhilfestunde für mich.

«So richtig verstehe ich das auch nicht», gibt Franco zu, «obwohl ich glaube, daß es im Prinzip ganz einfach ist.»

«Im Prinzip ist alles einfach. Wenn man's kapiert hat, ist alles einfach», bestätige ich resigniert.

«Eine andere Sicht der Dinge habe ich noch», sagt

Franco. «Wir glauben doch immer, daß unser Raum ein dreidimensionaler affiner Raum ist.»

«Dreidimensional bestimmt. Mit ‹affin› meinst du, daß es Parallelen gibt?»

«Ja, und daß sich die Parallelen gut benehmen.»

«Was soll das nun wieder heißen?»

«Zum Beispiel, daß zwei parallele Geraden immer in einer gemeinsamen Ebene liegen.»

«Ja. Sicher.»

«Ist wahrscheinlich auch richtig. Aber was du siehst, ist etwas ganz anderes!»

«Wie bitte? Ich sehe doch den dreidimensionalen Raum!»

«Du stellst ihn dir vielleicht vor. Sehen tust du nur etwas Zweidimensionales und auch nichts Affines, nichts mit Parallelen, sondern etwas Projektives.»

Will er mich auf den Arm nehmen? Nein, er meint es ernst, wenn auch in seinen Augen die Befriedigung zu sehen ist, daß seine Provokation bei mir angekommen ist.

«Stell dir mal vor, du gehst nachts raus, um die Sterne zu beobachten. Sterne sind für uns Menschen praktisch Punkte. Wie kannst du zwei Sterne unterscheiden?»

Dumme Frage, natürlich, wenn sie an verschiedenen Punkten des Himmels sind.

«Und wenn sie direkt hintereinander sind?»

«Dann natürlich nicht. Es gibt auch Doppelsterne, da hat man erst mit modernen Teleskopen ...»

«Versteh, was ich sagen will. Als Mathematiker betrachten wir nicht Sterne, sondern Punkte. Wenn zwei Punkte direkt hintereinander liegen, siehst du sie als einen Punkt. Mit anderen Worten: Alle Punkte auf einem Sehstrahl werden von dir identifiziert.»

«Das geht gar nicht anders.»

«Ist ja auch kein Vorwurf. Aber wenn du sagst: ‹Ich sehe einen Punkt›, dann meinst du in Wirklichkeit einen Strahl, nämlich den Strahl, der in deinem Auge beginnt und in Richtung dieses Punktes geht.»

«Und wenn ich sage: ‹Die Punkte sind verschieden›, dann heißt das in Wirklichkeit, daß die Strahlen verschieden sind.

Ich kann also verschiedene Punkte als einen sehen.» Ich muß das erst mal verdauen.

«Die Mathematiker gehen noch einen Schritt weiter und identifizieren nicht nur die Punkte eines Strahls, sondern die Punkte einer ganzen Geraden. Das wäre, wie wenn wir nach vorne und hinten gleichzeitig sehen könnten.»

«Das heißt also, wenn ich Punkt sage, meine ich in Wirklichkeit eine Gerade, die durch mein Auge geht.»

«Wir sagen das etwas vornehmer: Wir fixieren einen Punkt, den sogenannten Augpunkt oder auch den Ursprung, von dem aus wir alles betrachten, und nennen ihn O. Und dann sagen wir: Die ‹Punkte› unserer Geometrie sind die Geraden durch O.» Franco schreibt:

PUNTI: rette per O.

Er erläutert: «Ich schreibe die neuen Punkte in Großbuchstaben, damit wir sie von den normalen Punkten des Raums unterscheiden können.»

«Warum sind diese Punkte neu?»

«Sie sind für dich neu in dem Sinne, daß du bisher nicht daran gedacht hast. Aber natürlich hast du immer schon so gesehen, du hast es nur nicht gewußt.»

«Und die neuen Geraden?» frage ich. Oft reicht mir schon die halbe Erkenntnis, aber heute will ich alles wissen.

«Wir überlegen uns das wie vorher. Wann siehst du zwei Geraden als eine?»

«Du meinst, wann ich zwei Geraden nicht unterscheiden kann? Wenn sie genau hintereinander liegen.»

«In mathematischer Formulierung?»

«Wenn sie in einer gemeinsamen Ebene liegen ...»

«... die durch dein Auge geht. Sieh mal», er nimmt das Messer von vorhin, «die Klinge ist ganz flach, ein Stück Fläche, ein Teil einer Ebene. Wenn ich das so anschaue, daß ich genau auf die Schneide sehe, erkenne ich keine Fläche mehr, sondern sehe nur noch eine Gerade. Probier mal!»

Tatsächlich. Ich halte das Messer gegen das Licht und sehe die Klinge kaum, so dünn ist sie.

Franco schreibt:

RETTE: piani per O.

Das, was ich als Geraden sehe, sind eigentlich die Ebenen durch den Punkt O.

Gut, das ist eine Sichtweise, *un punto di vista, forse un po' strano*, vielleicht etwas merkwürdig, in jedem Fall gewöhnungsbedürftig, aber: was haben wir davon? – Wir erhalten eine neue Struktur mit ganz speziellen Eigenschaften. Franco schreibt:

Per due PUNTI passa una ed una sola RETTA.

Zwei neue Punkte sind durch genau eine neue Gerade verbunden. Klar: Die neuen Punkte, also das, was ich als Punkte sehe, sind Geraden durch den Punkt O; da zwei Geraden durch einen Punkt eine Ebene erzeugen und eine Ebene durch O eine neue Gerade ist, ist es tatsächlich so, daß je zwei neue Punkte durch genau eine neue Gerade verbunden sind.

Es gilt aber noch etwas viel Verblüffenderes:

Due RETTE si incontrano in un PUNTO.

Je zwei neue Geraden sollen sich in einem neuen Punkt treffen. Ich bin wirklich verblüfft. Franco hilft mir, das zu verstehen: «Die neuen Geraden sind Ebenen durch O. Zwei verschiedene Ebenen, die durch O gehen, können nicht parallel sein. Also schneiden sie sich in einer gemeinsamen Geraden. Dies ist der neue Punkt, in dem sich die beiden neuen Geraden treffen.»

Das ging etwas schnell, aber es wird wohl richtig sein.

«Also?» fordert mich Franco auf.

Ich verstehe nicht.

«Was für eine Struktur haben wir?» fragt er genauer.

«Je zwei Punkte auf einer Geraden, je zwei Geraden durch einen Punkt», murmele ich, «eine projektive Ebene!» Das ist genau die Definition einer projektiven Ebene.

Franco bestätigt: «Wenn wir die Welt von einem Punkt aus betrachten, sehen wir nur eine Projektion des Raums, und das ist eine projektive Ebene. Also kein Raum, sondern eine Ebene, und außerdem gibt's darin keine Parallelen.»

Als hätte sie das dramaturgisch geplant, tritt jetzt Luigia auf. Wir hören die Hunde bellend zum Gartentor jagen, dann wird das Tor quietschend geöffnet. Danach fährt Luigia das Auto in die Garage und kommt kurze Zeit später schwer beladen die enge Treppe in die Küche hoch.

Sie stellt die Plastiktüten ab, geht noch im Mantel zum Herd, nimmt zufrieden wahr, daß Franco die *macchinetta* schon auf den Herd gesetzt hat, und fragt: «*Cosa avete fatto*?» Ganz nebenbei, aber es ist klar: Sie hat alles gesehen und sich bereits ihre Gedanken darüber gemacht.

«Franco hat uns erklärt, was Perspektive ist und wo die unendlich fernen Punkte herkommen.»

«Dazu mußtet ihr die Türe verschmieren?»

«*Sì, era necessario*, es war eben notwendig, aber wir haben doch geputzt.»

«*Si vede*, das sieht man.» Jetzt hat sie sich orientiert, sie zieht den Mantel aus.

Bis der Kaffee zu blubbern anfängt, hat sie die eingekauften Sachen aufgeräumt. Dann setzt sie sich zu uns an den Tisch, trinkt *caffè* und raucht genüßlich eine Zigarette.

«Laßt mal sehen.» Sie greift sich neugierig das Papier, auf dem Franco die neue Geometrie beschrieben hat. Wir erklären, was wir überlegt haben.

«Ich kenne das ein bißchen anders», sagt sie, «aber im Grunde ist es das gleiche.»

«Was denn?»

«Man kann das auch so sagen: Wir nehmen den Globus. Als neue Punkte nehmen wir die *coppie di punti antipodali*, Paare antipodaler Punkte.»

«Antipodal ist so was wie Nordpol und Südpol.»

«Genau. Und die neuen Geraden sind die Großkreise.»

«Also die größten Kreise auf der Kugel.»

«Und das soll das gleiche sein?» Heute prasseln zu viele neue mathematische Informationen auf mich ein.

«Schau mal. Wir bezeichnen den Mittelpunkt des Globus mit O.»

Franco illustriert dies: «Dein Auge ist also im Erdmittelpunkt.»

«Von dort aus», fährt sie fort, «liegen antipodale Punkte auf einer Geraden durch den Mittelpunkt. Und ein Großkreis ist der Schnitt einer Ebene durch den Mittelpunkt mit der Kugeloberfläche.»

Franco setzt nach: «Diese Geometrie wurde im letzten Jahrhundert entdeckt, und aus irgendwelchen Gründen heißt sie ‹elliptisch›. Hat aber nichts mit Ellipsen zu tun.»

Ich sehne mich nach der Weite einer Bibliothek mit ihren Tausenden von Büchern, in der ich in aller Ruhe suche, bis ich dasjenige Buch gefunden habe, das diese Theorie in systematischer Weise erklärt. Aber ich bin in der Küche bei Franco und Luigia, und es gibt keine Ruhe. «Wir stellen uns eine projektive Ebene meistens abstrakt vor.»

«Manchmal betrachten wir immerhin die Erweiterung einer affinen Ebene zur einer projektiven», ergänzt Franco.

Das kenne ich auch. Endlich kann ich wieder mitreden: «Zu jeder Parallelenschar fügen wir einen neuen Punkt hinzu, den wir uneigentlichen oder unendlichen Punkt nennen. Die Vorstellung ist die, daß sich die Geraden einer Parallelenschar in einem gemeinsamen Punkt im Unendlichen treffen.»

Luigia präzisiert: «Wir konstruieren aus der affinen Ebene auf folgende Weise eine neue Struktur: *Punkte* sind einerseits die Punkte der affinen Ebene; andererseits fügen wir zu jeder Parallelenschar einen ‹uneigentlichen› Punkt hinzu, in dem sich die Geraden dieser Parallelenschar treffen.»

Ich möchte das aufschreiben, finde aber, wie so oft, keinen Stift. Ich habe von zu Hause mindestens zehn Kulis mitgebracht, und auch hier gibt es viele Stifte, aber wenn ich einen brauche, habe ich keinen: «Ich muß immer einen Stift haben. Ohne fühle ich mich nicht funktionsfähig.»

Da schaut mich Luigia an: «*Non vogliamo interpretare questo fatto dal punto di vista psicoanalitico*, das wollen wir jetzt aber nicht aus psychoanalytischer Sicht deuten.» Das sagt sie ganz ernst, aber ich meine, ein kurzes Blinzeln gesehen zu haben.

«*No, non vogliamo*», sage ich genauso ernst, worauf mir Luigia mit einer großzügigen Geste einen Kuli reicht.

Ich schreibe:

Punti: (a) *punti vecchi, (b) punti impropri, cioè classi di rette parallele.*

«Die Geraden sind einfach», ergänzt Franco: «*Geraden* sind die Geraden der affinen Ebene und eine neue Gerade (die ‹uneigentliche› Gerade), auf der genau die uneigentlichen Punkte liegen.»

Ich schreibe stolz mit Luigias Stift:

Rette: (a) *rette vecchie,* (b) *una retta nuova, che contiene tutti punti impropri.*

Luigia sagt: «Diese neue Geometrie hat die Eigenschaft, daß je zwei verschiedene Punkte auf genau einer gemeinsamen Geraden liegen.»

«*Vale anche il duale*, es gilt auch die duale Eigenschaft», trumpft Franco auf: «Je zwei verschiedene Geraden treffen sich in genau einem gemeinsamen Punkt.»

«Und so erhalten wir auch eine projektive Ebene. Und obwohl es ganz anders konstruiert ist als die projektive Ebene von vorher, ist es im wesentlichen das gleiche.»

So gut scheine ich mich auch da nicht auszukennen. Der Fluch der abstrakten Mathematik.

«In gewissem Sinne ist das aber keine echte Unendlichkeit», philosophiert – natürlich – Franco. «Wenn wir wollen, können wir die unendlichen Punkte und die unendlich ferne Gerade beschreiben, indem wir nur uns zugängliche ‹endliche› Objekte und deren Beziehung benutzen. Das heißt statt von unendlich fernen Punkten von Parallelenscharen sprechen usw.»

Da hat er recht. Das sieht auch Luigia so – allerdings hält sie es für eine Banalität: «Das ist doch immer so. Wir Menschen können nur endlich viel sprechen.»

Zum Glück, denke ich.

«Wenn wir also überhaupt über das Unendliche reden können, müssen wir das in endlicher Zeit, mit endlich vielen Worten usw. machen.»

«Die Frage ist, ob das überhaupt geht», fällt Franco wieder in eine Banalität zurück.

«Anders gesagt», versuche ich mitzuhalten, «wir können

nur den Teil der Unendlichkeit beschreiben, der mit endlich vielen Worten beschrieben werden kann.»

«*Basta*», Luigia wird konkret, «*adesso preparo una bella cena.* Ihr könnt derweil weiter philosophieren oder im Fernsehen Mike Buongiorno anschauen.» Den Moderator von «Glücksrad». Ihre Meinung zum Niveau unserer ‹Philosophie›.

Wir setzten uns tatsächlich vor den Fernseher und blieben träge dort sitzen. Zu viele Gedanken. Zuviel *caffè*. Zuviel Unendlichkeit. Ich habe heute keine Lust mehr auf Mathe.

Erst beim Abendessen leben wir wieder auf.

Luca versucht, den Spaß der Nachmittagsszene zu wiederholen und erzählt Luigia: «Wir haben versucht, etwas Räumliches in die Ebene zu quetschen. Mit *Kim* hat es aber nicht geklappt. Ist ja auch klar, der Raum kann nicht in die Ebene passen, er ist viel zu groß.»

Diana stellt fest: «Ihr zerbrecht euch jetzt schon tagelang den Kopf über die Unendlichkeit», und fragt mich dann aus heiterem Himmel: «Wann hast du eigentlich zum erstenmal an die Unendlichkeit gedacht oder die Unendlichkeit kapiert?»

Als hätte diese Frage etwas gezündet, steht plötzlich deutlich und plastisch eine Szene aus meiner Kindheit vor mir, an die ich Jahrzehnte nicht mehr gedacht habe. Ich war vielleicht 7 oder 8 Jahre alt. Mit meinem zwei Jahre jüngeren Bruder ergötzte ich mich an Zahlen. Wir hatten zählen gelernt, und wir wußten, wie man mit Wörtern wie «Tausend» und «Million» Zahlen bilden kann. Wir benutzten sogar die Wörter «Milliarde» und «Billion».

Wir fanden es toll, große Zahlen zu finden. «756 Milliarden 382 Millionen 525 Tausend und 937», sagte er, worauf ich, als Älterer, die Pflicht hatte, ihn zu übertrumpfen: «48 Billionen …» Er versuchte, mit größtmöglicher Konzentration eine noch größere Zahl auszudrücken. Es war ein Höhenflug, wir berauschten uns am Klang der Zahlen und der Vorstellung, daß es so große Zahlen gibt.

So ging es tagelang. Jeden Tag: «758 Milliarden …» Wir

schraubten uns immer höher: Billiarden, Trillionen, Trilliarden. Wir konnten nicht genug bekommen.

Da hatten wir gleichzeitig die Idee. Egal, was der andere sagte, man mußte nur «plus 1» sagen und hatte seine Zahl überboten. Ich mußte nicht mal genau zuhören und mir merken, wie viele Billionen er ansagte. Der andere kann sich anstrengen, wie er möchte, er kann das Letzte aus sich rausholen. Ich laß ihn sich abkämpfen und sag einfach: «Plus 1» und habe gewonnen. Fast so lässig wie die Schildkröte.

Wir hatten – in einem Moment – gelernt, daß es keine größte Zahl, sondern im Gegenteil unendlich viele Zahlen gibt. Auch wenn eine Zahl so groß ist, daß ich ihren Namen nicht mehr kenne, oder so groß, daß sie gar keinen Namen mehr hat – es geht immer weiter, und zwar immer gleich einfach: plus 1.

Heute, als erwachsener Mathematiker, verstehe ich, daß wir damals eine der großartigsten Entdeckungen (oder Erfindungen?) des menschlichen Geistes nachvollzogen hatten: die Unendlichkeit, die später zum Beispiel in Form der Peanoschen Axiome formal gefaßt wurde.

Das Erstaunliche daran ist, daß dies eine Erfahrung der Mathematik ist. In der realen Welt gibt es keine Unendlichkeit im strengen Sinne. Die Anzahl der Arbeitslosen in Italien betrug damals über 2 Millionen, zum ersten Mal über 10% – eine große Zahl, viel zu groß, aber nicht unendlich groß. Die Schulden der Republik Italien beliefen sich auf über 500 Billionen Lire, eine unvorstellbar große Zahl, aber immer noch endlich. Die Astronomen haben die Anzahl der Atome im Universum berechnet: Es gibt etwa 10 hoch 78 viele – eine wahrhaft astronomische Zahl, aber eine endliche!

Die Unendlichkeit ist ‹nur› eine Konstruktion des menschlichen Geistes, aber sie scheint wirklich zu existieren: Die Reihe der Zahlen bricht nie ab! Die Mathematik ist die Wissenschaft, in der man objektive Aussagen darüber machen kann. Unglaublich.

7

«La volta scorsa abbiamo studiato ...»

«Das letzte Mal haben wir das und das durchgenommen ...» So oder so ähnlich beginnt eine typische Vorlesung an einer deutschen Universität, und so ist es auch in Italien. Aber ich sollte auch ein paar charakteristische Unterschiede entdecken.

Ich hatte gestern gefragt, ob ich mal einer Vorlesung als Gast zuhören dürfte. Franco fühlte sich geschmeichelt und sagte: «*Come no*?»

Franco und ich fuhren alleine zum Institut. Luigia erklärte, daß sie daheim genug zu tun hätte. Sie wollte über unser wissenschaftliches Hauptproblem, die blocking sets im Unendlichen, nachdenken. Wir waren damit noch keinen Schritt weitergekommen.

Franco freute sich. Er wollte heute über *codici* sprechen. Unterwegs fragte ich Franco: «Welche Vorlesung hältst du heute eigentlich?»

Seine Antwort war überraschend: «*Sono professore di Geometria I.*» Daß ein Professor eine Anfängervorlesung hält, ist nichts Außergewöhnliches, und daß die Anfängervorlesung hier *Geometria I* (und nicht ‹Lineare Algebra›) heißt, ist höchstens gewöhnungsbedürftig, aber daß jemand Professor nicht für ein Fach (wie Mathematik) oder ein Teilgebiet (wie Geometrie), sondern Professor für eine spezielle Vorlesung ist, das überraschte mich doch.

«Das heißt, du hältst immer die gleiche Vorlesung?» Mir scheint, daß er die Frage gar nicht richtig wahrnimmt. Denn so ist das Universitätssystem – in Italien. Man ist für eine bestimmte Vorlesung eingestellt («berufen»), und die hält man dann auch. *Per sempre.*

«Und Luigia?» Er mißversteht die Frage: «*Luigia è incaricata stabilizzata.*» Ich verstehe gar nichts, bis mir klar wird, daß Franco das Anstellungsverhältnis von Luigia meint. Nach einiger Zeit glaube ich verstanden zu haben. *Stabiliz-*

zata ist einfach; das bedeutet, daß ihr Vertrag unbefristet ist. *Incaricata* scheint ein Typ von Assistentin zu sein, die nicht einem Professor zugeordnet ist und die selbständig eine Vorlesung hält, in gewisser Weise Professorin mit Assistentengehalt.

«Welchen Kurs hält sie?»

«*Geometria II.*»

Solange Luigia also diese Stelle hat, wird sie die Vorlesung Geometrie II lesen und nichts anderes.

Dies steht in völligem Gegensatz zur Vorstellung, die ein klassischer deutscher Professor von sich selbst hat und die sich an Heroen wie Hegel und Schleiermacher beziehungsweise in der Mathematik an Gauß und Hilbert orientiert. Er hält in jedem Semester eine neue Vorlesung, die noch niemand zuvor je gehalten hat, in welche die neuesten Erkenntnisse seiner Forschung einfließen und in der er im Idealfall eine vollkommen neue Sicht des Gebiets vorstellt. In Wirklichkeit gilt dies heute nur noch sehr eingeschränkt, aber jedem deutschen Professor ist die Vorstellung, daß er prinzipiell die totale Freiheit hat und machen kann, was er möchte, tief eingeprägt.

Wir waren ins Plaudern gekommen, und die Zeit wurde knapp – so schien es mir jedenfalls. Es war bereits fünf vor zehn, als wir endlich einen Parkplatz gefunden hatten, und um zehn sollte die Vorlesung beginnen. In Deutschland kommt kein Professor zu spät; ich selbst bin immer schon fünf oder zehn Minuten vor Beginn da, um die Tafel zu wischen. Aber trotz der knappen Zeit ließ sich Franco nicht abhalten, den üblichen Umweg über die Bar zu nehmen. Als wir mit dem Aufzug, der heute, so kam es mir jedenfalls vor, noch länger hinhaltenden Widerstand leistete als üblich, auf dem Stockwerk seines Büros angekommen waren, schaute er erst ganz entspannt nach seiner Post, warf die Reklamesendungen weg und vertiefte sich in das knallgelbe *Notiziario della Unione Matematica Italiana*, das Mitteilungsblatt der italienischen Mathematikergesellschaft. Offenbar stand etwas Interessantes drin.

Es war inzwischen zehn nach zehn, ich wurde zusehends nervös (warum eigentlich?), aber Franco ließ sich nicht aus der Ruhe bringen. «*La lezione comincia alle dieci*? Die Vorlesung beginnt doch um zehn?» versuchte ich, ihn vorsichtig an die Zeit zu erinnern.

«*Sì, sì*», war die Antwort, die mich allerdings nicht beruhigte. Endlich stand er auf. «*Andiamo*!» Franco läßt alles stehen und liegen und geht ohne Notizen oder Aufzeichnungen in die Vorlesung.

Der erste Eindruck ist ungewohnt: eine Horde dunkelhaariger junger Männer, die herumstehen und miteinander schwatzen. Franco begrüßte einige von ihnen persönlich, geht dann aber nach vorne an die Tafel. Die Studenten setzen sich, quetschen sich auf Stühle, die ein angebautes Klapptischchen haben, auf dem man zur Not eine Postkarte schreiben kann, wo aber keine Kladden im A4-Format Platz haben. Ich würde mich gerne im Hintergrund unauffällig auf einen Stuhl setzen, aber dabei habe ich die Rechnung ohne Franco gemacht; er nimmt mich einfach mit nach vorne und setzt mich in die erste Reihe.

Ich erwarte, daß Franco beginnt, indem er die Studierenden daran erinnert, was er in der letzten Stunde gemacht hat: «*La volta scorsa abbiamo studiato ...*». Aber Franco ist immer für eine Überraschung gut. Zum Erstaunen seiner Studenten fährt er fort: «Seit einigen Tagen haben wir hier in L'Aquila einen Gastprofessor, *un giovane, ma già famoso professore tedesco*», Franco übertreibt oft maßlos, aber jetzt hätte ich gerne eine Tarnkappe, «*l'amico Albrecht*». Er zeigt auf mich, und alle schauen auf mich. Franco hat sein Pulver noch nicht verschossen: «Vielleicht hält er auch mal eine Stunde in dieser Vorlesung», davon wußte ich noch nichts, «aber heute erzähle ich euch etwas, was ich erst gestern von ihm gelernt habe.»

Damit beginnt er seine Vorlesung: «*Ascoltate ragazzi*!» Offenbar werden Studierende in Italien, jedenfalls als Gruppe, mit «du» bzw. «ihr» angesprochen.

Nun beginnt er, genau das zu erzählen und an die Tafel zu schreiben, was wir gestern besprochen hatten: was Fehler sind, was ein Code ist, was Fehlererkennung bedeutet, wie man das prinzipiell mit Hilfe einer Kontrollziffer erreichen kann, und er berichtet auch über die EAN-Codes.

Das geschieht ganz ähnlich wie bei uns in Deutschland. Der Professor schreibt den Inhalt seiner Vorlesung an die Tafel, und die Studenten schreiben es ab. Manche studieren auf diese Weise Mathematik, ohne je ein einziges gedrucktes Mathematikbuch zu lesen. Das geht. Denn die Professoren schreiben jeweils ein Buch an die Tafel, und die Studierenden schreiben es ab. Warum das immer noch die beste Methode ist, Mathematik beizubringen, weiß niemand ganz schlüssig zu erklären. Ein, vielleicht nur kleiner Grund liegt darin, daß der Professor mit Kreide schreiben muß und daher seine Geschwindigkeit begrenzt ist.

Ich bin erstaunt, wieviel ich verstehe. Das liegt zum einen daran, daß alles Wesentliche sowohl mündlich erklärt als auch schriftlich fixiert wird. Zum andern auch daran, daß Franco sehr lebendig vorträgt. Er hat kein Konzept bei sich, spricht frei und muß daher den Stoff völlig präsent haben. Das trägt außerordentlich zur Herausarbeitung des Wesentlichen bei.

Die Vorlesung wird von ihm auch dadurch gegliedert, daß er sich immer wieder eine Zigarette anzündet. Seine Sucht ist so stark, daß er auch in der Vorlesung nicht davon lassen kann. Die Studenten erzählen mir später, es sei schon mehrfach vorgekommen, daß er mit der Zigarette schreiben und die Kreide rauchen wollte.

Er nimmt vor allem dann ein paar Züge, wenn er sich auf einen neuen Abschnitt konzentrieren muß. Jetzt hat er seine Gedanken gesammelt: «Ein besonders guter Code ist der ISBN-Code. Jedes Buch hat eine ISBN, eine Internationale Standard-Buch-Nummer. Diese besteht aus insgesamt zehn Symbolen, die in vier Gruppen eingeteilt sind.» Er schreibt:

Prima parte (1 *o* 2 *numeri*): *nazione della casa editrice*
Seconda parte: numero della casa editrice
Terza parte: il libro
Ultima parte: simbolo di controllo.

Der erste Teil besteht also aus einer oder zwei Ziffern und bezeichnet den Sprachbereich des Verlags, zum Beispiel stehen 0 und 1 für englischsprachige, 2 für französische, 3 für deutsche Verlage und 88 für italienische Verlage. Der zweite Teil bezeichnet innerhalb des Sprachgebiets den

Verlag, der dritte Teil ist die verlagsinterne Buchnummer. Der vierte Teil schließlich ist das Kontrollsymbol.

«*Facciamo un esempio. Avete per caso un libro con voi*? Hat jemand zufällig ein Buch bei sich?» Die Studenten schauen sich ratlos an. Endlich erbarmt sich einer und zieht ein Buch aus seiner Tasche. Natürlich kein Mathematikbuch, sondern – einen Krimi, *un giallo*. Dies amüsiert Franco: «*Fammi vedere*, laß mich mal sehen. Ah, ‹*Gli elefanti hanno buona memoria*› *di Agatha Christie. Le piaciono i gialli di Agatha Christie*? Gefallen Ihnen die Krimis von Agatha Christie?»

«*Sì, molto.*»

«*Adesso, mi legga il numero* ISBN *di questo giallo – ma senza l'ultimo simbolo.*» Der Student ist stolz, daß er von seinem Professor mit soviel Aufmerksamkeit behandelt wird, und liest, während Franco schreibt:

Numero ISBN di un giallo: 88-04-30276-.

Franco wiederholt zunächst: *La prima parte è* 88, *quindi è un libro italiano. La seconda parte è* 04, *e tutti i libri di Oscar Mondadori hanno questo numero.* Der zweite sagt also, daß dieses Buch aus dem Verlag Oscar Mondadori kommt. *La terza parte è il numero del libro e la quarta parte* –»

«– *non c'è ancora*, den vierten Teil gibt's noch gar nicht», protestieren die Studenten.

«Der vierte Teil ist das Kontrollsymbol, und dies wird nach folgendem Schema berechnet», nimmt Franco den Einwurf auf und schreibt dazu folgendes an:

Numero ISBN:	8	8	0	4	3	0	2	7	6
Peso:	10	9	8	7	6	5	4	3	2
Prodotti:	80	72	0	28	18	0	8	21	12

Somma di prodotti: 80+72+0+28+18+0+8+21+12 = …

Franco denkt gar nicht daran, das selbst auszurechnen, denn er weiß, daß er sich garantiert verrechnen würde. Er wartet einfach, bis zwei Studierende das gleiche Ergebnis haben, und schreibt dann überzeugt = 239.

«Der letzte Schritt besteht darin, diese Summe zur nächsten Elferzahl zu ergänzen:»

$$\textit{Somma} + \textit{simbolo di controllo} = \textit{multiplo} \text{ di } 11.$$

$$\textit{Esempio: } 239 + 3 = 242 = 22 \cdot 11, \textit{ quindi il simbolo di controllo} = 3.$$

«*Dobbiamo controllare il nostro risultato*», dabei blickt er einen Studenten auffordernd an, und dieser bestätigt stolz, daß dies stimmt: «Die vollständige ISBN lautet 88 04 30276 3.»

Die Studenten sind begeistert, und Franco nicht minder. Nicht in jeder Stunde lernt man etwas so eindrucksvoll Nützliches, nicht immer kann man ein solches Highlight präsentieren.

Aber noch ist kaum die Hälfte der Doppelstunde der Vorlesung vorbei. Die Studenten spüren das. Es muß noch etwas kommen.

«Es gibt zwei wichtige Sätze über den ISBN-Code», sagt Franco, «die zeigen daß dieser Code der bestmögliche ist.» Er schreibt an die Tafel:

Teorema 1. Il codice ISBN rivela singoli errori.

Teorema 2. Il codice ISBN rivela tutti gli errori di scambio.

Das bedeutet, daß der ISBN-Code alle Einzelfehler und alle Vertauschungsfehler erkennt. Ohne Ausnahme, hundertprozentig.

«*Facciamo un esempio.* Nehmen wir an, daß jemandem bei der Übertragung der vorigen Nummer 88 04 30276 3 ein Fehler passiert wäre, also zum Beispiel die Nummer 88 04 302**16** 3 empfangen wurde. Wenn dieser Fehler nicht bemerkt würde, würde Fabio ein anderes Buch erhalten. Was macht man, um den Fehler zu erkennen?» stellt Franco die Frage an sein Publikum.

Die Antwort ist einfach: «Wir berechnen das Kontrollsymbol der falschen Nummer!»

«*Allora*?» gibt Franco nur die Aufforderung. Die Studenten wissen, wie's geht:

$$10 \cdot 8 + 9 \cdot 8 + 8 \cdot 0 + 7 \cdot 4 + 6 \cdot 3 + 5 \cdot 0 + 4 \cdot 2 + 3 \cdot 1 + 2 \cdot 6$$
$$= 80 + 72 + 28 + 18 + 8 + 6 + 12 = 224.$$

«Die Kontrollziffer müßte also 7 sein, da 231 die nächstgrößere Elferzahl ist», sagt einer, und ein anderer ergänzt: «Da die Kontrollziffer 3 ist, wird diese Nummer nicht akzeptiert.»

«*Bravi*!» sagt Franco und erklärt weiter: «Vorhin haben wir gesehen, daß der EAN-Code nicht alle Vertauschungsfehler erkennt und daß kein Zehnercode beide Fehlerarten hundertprozentig erkennen kann. Aber der ISBN-Code hat diese Eigenschaften. Er ist perfekt. Woran liegt das?»

Er macht eine Kunstpause. «Der Grund ist der, daß 11 eine Primzahl ist.» Jetzt packt ihn die Begeisterung: «Primzahlen sind eines der ältesten und wichtigsten Konzepte der Mathematik.»

Und wenn er schon mal dabei ist: «*Ragazzi*, man hat immer geglaubt, Primzahlen seien ein Teil der reinen Mathematik, interessant, aber zu nichts nütze. Einer der bedeutendsten Zahlentheoretiker der ersten Hälfte unseres Jahrhunderts war der Engländer G. Hardy. Er war berühmt für seine spitzen und meist treffenden Formulierungen; er sagte pointiert, daß er deswegen Zahlentheorie betreibe, weil dieser Teil der Mathematik garantiert niemals Anwendungen haben wird.»

Franco läßt dieses Bonmot wirken und sagt dann: «Hardy würde sich im Grabe umdrehen, wenn er die Zahlentheorie heute sehen würde. Diese hat unglaubliche Anwendungen. Hier sehen wir zum ersten Mal, daß Primzahlen sehr konkrete Anwendungen haben. Später werdet ihr wahrscheinlich noch andere Anwendungen von Primzahlen kennenlernen. Merkt euch: Die Aufteilung der Mathematik in reine und angewandte ist obsolet. Es gibt nur gute und schlechte Mathematik, und das hier gehört zum Schönsten. *Capito*?»

«*Adesso mostriamo i teoremi*, jetzt beweisen wir die Sätze.» Klar, in der Mathematik werden Aussagen bewiesen und nicht einfach geglaubt. Franco präsentiert auch seinen Ingenieurstudenten formal saubere Beweise. Das geht wie am Schnürchen. Er doziert konzentriert und ohne ablenkende Witzchen:

«Sei $a_1, a_2, \ldots, a_9, a_{10}$ eine gültige ISBN. Dann ist die Summe

$$S = 10a_1 + 9a_2 + \ldots 2a_9 + a_{10}$$

eine Zahl, die ohne Rest durch 11 teilbar ist. Angenommen, an der ersten Stelle passiert ein Fehler. Das bedeutet, daß statt a_1 eine andere Ziffer a_1' empfangen wird. Dieser Fehler wird genau dann nicht erkannt, wenn auch die Summe

$$S' = 10a_1' + 9a_2 + \ldots 2a_9 + a_{10}$$

eine Zahl ist, die ohne Rest durch 11 teilbar ist.

Weil sowohl S als auch S' durch 11 teilbar ist, muß auch die Differenz S–S' durch 11 teilbar sein. Als Differenz ergibt sich aber

$$S–S' = 10a_1 + 9a_2 + \ldots 2a_9 + a_{10} - (10a_1' + 9a_2 + \ldots 2a_9 + a_{10}) = 10(a_1 - a_1').$$

Also müßte die Zahl $10(a_1 - a_1')$ auch ohne Rest durch 11 teilbar sein. Da 11 eine Primzahl ist, ist der Faktor 10 teilerfremd zu 11, also muß sogar $a_1 - a_1'$ durch 11 teilbar sein.

Da die Ziffern a_1 und a_1' mindestens 0 und höchstens 9 sind, liegt die Differenz $a_1 - a_1'$ zwischen –9 und +9. Die einzige Zahl in diesem Intervall, die durch 11 teilbar ist, ist die Zahl 0.

Also ist $a_1 - a_1' = 0$, und das heißt $a_1 = a_1'$, ein Widerspruch.»

Franco ist mit sich zufrieden. Einen Augenblick lang habe ich das Gefühl, daß er schon aufhören möchte.

Aber das Stichwort ‹Primzahl› löst eine Assoziation bei ihm aus. Er wischt zunächst gründlich die Tafel, wohl um sich zu sammeln, und hebt dann an: «Einer der ersten Sätze der Mathematik ist der Satz von Euklid, der vor über 2000 Jahren bewiesen hat, daß es unendlich viele Primzahlen gibt. Manche Leute sagen, daß jeder mathematische Satz unendlich viele Objekte beschreiben muß. In diesem Sinne ist dieser Satz von Euklid der Satz, mit dem Mathematik in unserem Sinne begonnen hat. Eine der bedeutendsten Kulturleistungen der Menschheit!» Er schreibt:

Teorema di Euclide. I numeri primi non finiscono mai –
Primzahlen gibt es ohne Ende.

«Euklid hat das nicht nur behauptet, sondern bewiesen. Aber wie kann man beweisen, daß es unendlich viele Dinge einer gewissen Sorte gibt? Ganz bestimmt nicht so, daß man die unendlich vielen Dinge hinschreibt; damit würden wir nie fertig.» Die Studenten kichern pflichtschuldig, werden aber sofort wieder still und erwarten gespannt die Lösung.

«Der Beweis von Euklid besteht aus zwei genialen Tricks. Die Unendlichkeit der Primzahlen beweist er dadurch, daß er nachweist, daß sie nicht endlich sind. Klingt banal. Ist auch banal. Aber für den Beweis entscheidend.»

Supponiamo che ci sia solo un numero finito di numeri primi.

«Nehmen wir an, daß es nur endlich viele Primzahlen gibt. Dann kann man, jedenfalls theoretisch, alle Primzahlen hinschreiben. Seien $p_1, p_2, \ldots, p_s$ die Primzahlen, alle Primzahlen!»

Siano $p_1, p_2, \ldots, p_s$ *i numeri primi (tutti!).*

«Wir müssen diese Annahme zu einem Widerspruch führen. Nun kommt der zweite Trick, *il secondo trucco*. Euklid betrachtet eine bestimmte Zahl, nämlich diejenige ganze Zahl, die entsteht, wenn wir die Primzahlen $p_1, p_2, \ldots, p_s$, also *alle* Primzahlen multiplizieren – das gibt eine gigantische Zahl – und dann noch 1 addieren», sagt er mit leuchtenden Augen.

Consideriamo l'intero $n = p_1 \cdot p_2 \cdot \ldots \cdot p_s + 1$.

«Das ist eine gewisse natürliche Zahl, und wir wissen, daß jede natürliche Zahl entweder eine Primzahl ist oder durch eine Primzahl teilbar ist. Jedenfalls dann», er ahnt einen Einwand eines verhinderten Mathematikstudenten, «wenn die natürliche Zahl größer als 1 ist. Also wird n von einer Primzahl geteilt. Aber wir nehmen ja an, daß $p_1, p_2, \ldots, p_s$ alle Primzahlen sind, daß es also keine anderen Primzahlen gibt. Daher wird n von einer der Zahlen $p_1, p_2, \ldots, p_s$ geteilt, sagen wir, daß p_1 ein Teiler von n ist.

p_1 *è un divisore di* $n = p_1 \cdot p_2 \cdot \ldots \cdot p_s + 1$.

D'altro canto, andererseits ist klar, daß p_1 auch das Produkt $p_1 \cdot p_2 \cdot \ldots \cdot p_s$ teilt, denn p_1 ist ja ein Faktor dieses Produkts.

Da p_1 die beiden Zahlen teilt, teilt p_1 auch deren Differenz.» Das ist die entscheidende Attacke. «Und die Differenz von n und $p_1 \cdot p_2 \cdot \ldots \cdot p_s$ ist 1. Also würde die Primzahl p_1 die Zahl 1 teilen, *un assurdo*, ein Widerspruch!»

Franco blickt befriedigt auf sein Werk. Er scheint den Satz von Euklid und den Beweis intus zu haben; der Satz ist ein Teil von Franco. Deshalb spricht er so authentisch und begeisternd davon. Deshalb spüren auch die Studierenden, daß sie jetzt ein bedeutendes Stück Mathematik kennen.

Was kann jetzt noch kommen?

Franco verschafft sich einen glänzenden Abgang: «Unser eigentliches Thema heute waren die Codes. Wir haben den EAN-Code und den ISBN-Code kennengelernt. Aber es gibt noch viele andere wichtige Codes. Ihr alle kennt euren *codice fiscale*.»

«Ich habe gestern mit Albrecht», und damit weist er wieder auf mich, «über den *codice fiscale* nachgedacht. Wir wissen, wie er aufgebaut ist, insbesondere wissen wir, daß die letzte Stelle ein Kontrollsymbol ist. Wir wissen aber nicht, wie es berechnet wird. *C'è una sfida per voi*, das ist die Herausforderung für euch: Wie wird das Kontrollsymbol bei einem *codice fiscale* berechnet? Wer es herausbekommt, erhält einen Preis!»

Die Studenten schreiben fleißig mit und wissen, das ist das Ende, denn Franco zündet sich gerade die siebte Zigarette an, und damit ist sein Maß für eine Vorlesungsstunde erfüllt.

Nach der Vorlesung halten wir uns noch etwas im Büro auf, ohne konzentriert an einer Sache zu arbeiten. Franco sortiert seine Post, führt ein Telefongespräch, blättert eine Zeitschrift durch, und ich sitze rum und weiß nicht, ob es sich lohnt, etwas richtig anzufangen.

«Bekommen die Studenten keine Übungsaufgaben?»

Erstaunter Blick. «Hausaufgaben? Nein, die gibt's nur in der Schule. Die Studenten müssen den Stoff der Vorlesung lernen; dieser wird im Examen geprüft. Manchmal macht ein Assistent *esercitazioni*, in denen er Aufgaben vorrechnet. Sonst gibt es nichts.»

Da stelle ich die unschuldige Frage: «Wie wird man bei euch eigentlich Professor?» Natürlich interessiert mich das, denn ich habe in Deutschland nur eine zeitlich befristete Stelle, und die Aussicht, jemals eine Dauerstelle zu bekommen, ist ausgesprochen schlecht. Jeder in meiner Lage steckt in einem Dilemma: Wenn man überhaupt eine Chance haben will, irgendwann mal eine Professorenstelle zu bekommen, muß man sich zu 100% der Wissenschaft verschreiben. Damit wird man gleichzeitig für andere Stellen, etwa in der Industrie, zunehmend weniger attraktiv. Außerdem werde ich älter, und wir haben zwei kleine Kinder; daher ist die Aussicht auf selbstverschuldete Arbeitslosigkeit nicht gerade motivierend. Monika und ich sprechen von Zeit zu Zeit darüber, ob wir es noch riskieren können oder ob ich aussteigen soll. Bislang haben wir uns immer für das Risiko entschieden.

Dies alles schwang vielleicht in meiner Frage mit, aber mit dieser Reaktion Francos habe ich nicht gerechnet. Zum ersten Mal sehe ich ihn sprachlos. Er hebt die Hände, als ob dies nun wirklich eine unendliche Geschichte sei, faßt sich dann aber und sagt: «*È semplice, tu devi vincere un concorso.*»

«Wie bitte?»

«*Sì. C'è un concorso e tu devi vincere.*»

Was muß ich gewinnen? Einen ‹*concorso*›?

«Kannst du mir das erklären?»

«Ja, aber einfach ist es nicht.»

«O.k., ich bestehe nicht darauf.»

«Nein, du verstehst das bestimmt.» Franco holt tief Luft. «Also im Prinzip ist es so. Jede Universität, die eine Stelle zu vergeben hat, meldet dies. Dann wird eine nationale Kommission gebildet, und diese wählt unter den Bewerbern so viele *vincitori*, Sieger, aus, wie es freie Stellen gibt. Dann müssen sich die Sieger und die Universitäten finden, das ist aber nicht mehr die Aufgabe der Kommission.»

«Und das nennt man *concorso*?» Ich muß das erst mal verdauen, denn das ist ganz anders als in Deutschland. «Bei uns entscheidet jede Universität autonom über ihre Stellen. Prinzipiell beruft zwar der Minister die Professoren, aber in der Regel hält er sich an die Vorschläge der Universität – jedenfalls in der Mathematik. Natürlich gibt es Ausnahmen: Wenn die Fakultät für katholische Theologie ein Mitglied der kommunistischen Partei an die Spitze ihrer Liste setzt, wird der Minister diesen Kandidaten übergehen – natürlich aus rein fachlichen Gründen.»

«In Italien entscheidet die Kommission über alle Stellen in Italien. Wenn zum Beispiel zwanzig Stellen für Geometrie ausgeschrieben sind, dann besetzt die Kommission diese zwanzig Stellen auf einmal.»

«Dann hat diese Kommission aber außerordentlich viel Macht.»

Franco seufzt: «Das ist wohl wahr, und daher sind die *concorsi* auch ein permanentes Gesprächsthema unter Professoren und solchen, die es werden wollen.»

«Wie groß ist eine Kommission, und wer bestimmt diese?»

«Das ist der Punkt, bei dem es wirklich beginnt, schwierig zu werden. Es gibt verschiedene Varianten. Ich versuche, dir ein Beispiel zu erklären. Es gibt zwei Sorten von Professoren, *professori ordinari*, also Ordinarien, und *professori associati*. Diese sind zwar auch Professoren, aber verdienen nicht soviel wie die *professori ordinari* und werden von denen auch nicht für voll genommen.» Ohne Zweifel ist Franco ‹nur› *associato*.

«Angenommen, es soll eine Kommission für die Berufung von *professori associati* gebildet werden. Dann besteht die Kommission aus *professori ordinari* und *associati*, aber so, daß es einen *ordinario* mehr gibt.»

«Aha, die *ordinari* wollen die Kommission kontrollieren».

«Natürlich», bestätigt Franco. «Eine typische Kommission besteht aus fünf *ordinari* und vier *associati*.»

«Die entscheidende Frage ist aber, wie diese gewählt werden.»

«Gewählt wird nur zum Teil; die *commissari* werden auf sehr komplizierte Weise bestimmt.»

«Wie bitte?»

«Genauer gesagt ist es so, daß zuerst unter allen Professoren des entsprechenden Fachgebiets, also zum Beispiel Geometrie, einige ausgelost werden ...»

«Gelost? Per Zufall bestimmt?»

«Ja, unter allen Professoren in Italien, die dieses Gebiet vertreten, wird per Los eine Vorauswahl getroffen, und zwar werden dreimal so viele ausgelost, wie man für die Kommission braucht.»

«In unserem Beispiel also 15 *ordinari* und 12 *associati*.»

«Genau. Und erst dann wird gewählt.»

«Wie?»

«Klar, die *ordinari* wählen ihre Vertreter und die *associati* ihre.»

«Wie geht das? Mit Briefwahl?»

«Nein, an einem bestimmten Tag muß jeder Professor in seiner Universität wählen und dazu persönlich erscheinen.»

Ich bin sprachlos ob soviel unmotivierter Kompliziertheit. «Übrigens», verblüfft mich Franco noch einmal, «bei einem *concorso* für *professori ordinari* ist es genau umgekehrt. Da wird zuerst gewählt, dann gelost.» Das kann nicht wahr sein!

«Und dann beginnt erst die eigentliche Arbeit der Kommission?»

«Ja», sagt Franco, «jeder kann sich bewerben, *la domanda si fa al ministero*, die Bewerbung muß man ans Ministerium schicken. Danach muß man seine gesamten Arbeiten, die man je geschrieben hat, an jeden *commissario* schicken.»

«Also könnte auch ich mich bewerben?» frage ich. Wer weiß, vielleicht sind die Chancen in Italien besser als bei uns?

«*Teoricamente sì*, prinzipiell schon.»

«*E praticamente*?» frage ich.

«Ein Problem ist, daß die Bewerbung auf *carta speciale* geschrieben werden muß.»

Wie bitte? Spezialpapier? «Ein spezielles Formular?»

«Nein, es ist einfach spezielles Papier, unbedruckt. Es heißt *carta da bollo*, weil es durch eine aufgeklebte Marke oder einen Stempel als Spezialpapier ausgezeichnet ist.»

«Und wo würde ich das im Ernstfall her bekommen?»

«Das kauft man in einer *tabaccheria*.»

«In diesen kleinen Lädchen, in denen es Zigaretten und Briefmarken gibt?»

«Genau da. Kostet, glaube ich, etwa 3000 Lire.»

«Das bedeutet, daß ich mich aus Deutschland in Wirklichkeit nicht bewerben kann.»

Für italienische Verhältnisse ist das kein unüberwindliches Hindernis: «Dazu brauchst du eben einen *amico*, der das für dich macht.»

Zurück zu unserem Hauptproblem: «Welches sind die Aufgaben der Kommission?»

«Die muß sich mit jedem Kandidaten beschäftigen; dann wird eine Vorauswahl getroffen. Die Ausgewählten werden eingeladen, eine Vorlesungsstunde zu halten. Schließlich muß die Kommission über jeden Kandidaten einen kurzen Bericht schreiben und die vorgeschriebene Anzahl von Siegern auswählen.»

Ich will weiterfragen, weil mich das Thema wegen seiner Kombination aus nicht nachvollziehbarer Willkür und deren bürokratischen Fixierung fasziniert. Aber Franco schaut auf die Uhr: «Wir sollten nach Hause fahren. Ich schlage vor, daß du dich mit Luigia über die *concorsi* unterhältst; sie hat ganz entschiedene Ansichten darüber.»

Wir treffen Luigia ausgeruht und entspannt an. Offenbar hat ihr der Vormittag ohne uns gutgetan. Sie beginnt mit Francos Unterstützung, das Mittagessen vorzubereiten. «*Che cosa avete fatto*?»

«Ich war in Francos Vorlesung. Er hat über Codes berichtet, insbesondere den ISBN-Code.»

«Und den Studenten hat's gefallen?» fragt sie.

«Ja, Franco hat seine Sache sehr gut gemacht. Besonders gut gefallen hat mir, wie Franco den Studenten beigebracht hat, daß es unendlich viele Primzahlen gibt.»

«Das gehört aber nicht zum Stoffkanon von *Geometria I.*»

Da mischt sich Franco ein: «Ja, aber es paßte gerade, weil wir sowieso auf Primzahlen zu sprechen kamen, und diesen Beweis muß jeder können.»

«Vielleicht ist das kein Zufall», fällt mir erst jetzt auf, «denn wir denken seit Tagen nur an das Unendliche. Kein Wunder, daß Franco dieser wichtige Satz über die Unendlichkeit eingefallen ist.»

«Übrigens habe ich Albrecht einen Schnellkurs über die *concorsi* gehalten.»

Luigia ist schockiert und kann ihre Emotionen kaum beherrschen: «*No, no*! Dieses skandalöse Kapitel des italienischen Lebens hättest du nicht erzählen sollen. Ich schäme mich dafür.»

Ich verstehe ihre Aufregung nicht: «Aber warum? Das Ganze ist kompliziert, sicherlich unsinnig kompliziert, aber skandalös?»

«Franco hat dir vermutlich erklärt, wie das Verfahren formal funktioniert. Das ist die eine Seite. Schon die ist nicht sympathisch. Die andere Seite ist aber, wie die Kommission praktisch entscheidet. Du machst dir keine Vorstellung, wie es dort zugeht. Von Gerechtigkeit keine Spur. Die *commissari* machen Geschäfte untereinander. Stimmst du für meinen Kandidaten, stimm ich für deinen. In einer Kommission kommen die dunkelsten Seiten des menschlichen Charakters zum Vorschein.»

Luigia gießt mit einem energischen Schwung das heiße Wasser mit der *pasta* in ein Sieb. «Die Kandidaten wissen oder ahnen das natürlich. Daher stehen sie während des monatelangen Auswahlprozesses unter einer enormen psychischen Anspannung. Alle *commissari* werden von der unglaublichen Macht, die sie in diesem Prozeß haben …»

Sie unterbricht sich, wohl um nicht zu deutlich zu werden. Aber ihre Wut sitzt tief. «Du glaubst gar nicht, was da alles passiert: Ein *commissario* fällt um, wenn vermeintlich stärkere Kräfte ins Spiel kommen. Schon mehrfach haben

Kandidaten gewonnen, die erst zwei Arbeiten geschrieben hatten, während Bewerber mit über zwanzig Veröffentlichungen keine Chance hatten. Es gibt Fälle, in denen jemand gewonnen hat, obwohl er sich gar nicht beworben hatte. *E quello è solo la punta dell'iceberg*, und das ist nur die Spitze des Eisbergs!»

Ich kann mir beim besten Willen nicht vorstellen, daß so etwas bei uns passieren könnte. Vielleicht bin ich aber auch nur noch zu unerfahren.

«Ich habe eine Theorie», und an der endgültigen Geste, mit der Luigia die Schüssel auf den Tisch stellt, erkenne ich, daß Widerspruch sinnlos ist, «die gerechteste Methode wäre, die Gewinner einfach auszulosen.»

«Jedenfalls wäre das billiger und schneller», versuche ich, sie zu beruhigen.

«Ja, aber mein Punkt ist, daß es wirklich gerechter wäre als das wirkliche Verfahren. Aber –», und genauso plötzlich, wie die Wut in ihr aufschäumte, ist sie auch wieder verschwunden, «laßt uns von angenehmeren Dingen reden und vor allem das Essen genießen. *Buon appetito*!»

Ich habe Luigia bislang nicht so ernst und entschieden erlebt. Das ist ein Thema, das ihr offenbar nahegeht. Über mathematische Themen haben wir uns bisher freundlich, fast ein bißchen distanziert unterhalten: Es gab die Mathematik und uns, das konnte man gut auseinanderhalten. Aber ich weiß: Es gibt Situationen und Momente, in denen diese Distanz aufgehoben wird, in denen einen die Mathematik ergreift, gefangennimmt und nicht mehr losläßt. Ich bin sicher, daß es auch bei unserem Problem, wenn dabei eine echte Erkenntnis herauskommen soll, einen solchen existentiellen Moment geben wird.

8

E. T. telefono casa.

Der Tisch war abgeräumt, die Kinder hatten uns den Kaffee gebracht.

Luigia und Franco rauchten eine Zigarette. Diana hatte sich zurückgezogen.

Luca saß am Tisch und spielte hingebungsvoll mit seinem E. T. Auch er war, wie Millionen anderer Kinder, der Freund von *E. T., l'extraterrestre*. Der Film lief bereits seit einigen Monaten in Italien. Steven Spielberg hatte mit dem glubschäugigen Winzling E. T. nicht nur eine ungemein sympathische Science-fiction-Figur geschaffen, sondern auch das Merchandising perfekt inszeniert. Gleichzeitig mit dem Film war eine Fülle von Bildern, Figuren usw. auf den Markt gekommen. Luca war stolzer Besitzer einer E. T.-Handpuppe, die aus gummiartigem Material hergestellt war. Der Clou war, daß man auf Knopfdruck die Augen seines E. T. zum Leuchten bringen konnte. Luca beschäftigte sich endlos mit dieser Figur: Er erfand Geschichten und spielte sie mit E. T. Und immer wieder fiel der berühmte, traurige Satz: «*E. T. telefono casa*, E. T. nach Hause telefonieren», mit Hilfe dessen sich jedes Kind in E. T. hineinversetzen konnte. Dieses Spielen verlief leise und unaggressiv. Eltern können sich nichts Besseres wünschen.

Gestern abend hatte E. T. einen großen öffentlichen Auftritt. Wir waren zusammen zum Essen in ein Restaurant in L'Aquila gegangen. Das Restaurant war groß, gut geheizt, fast alle Tische besetzt. Der Kellner hatte uns, wie in Italien üblich, die Spezialitäten des Tages empfohlen, und wir hatten ihm vertraut. Er hatte Mineralwasser, Wein und einen Korb mit Weißbrot gebracht, und wir hatten gerade damit begonnen, mit dem Brot zu spielen, einen Teil zu essen, den andern zu zerbröseln, als plötzlich das Licht ausging.

Mit einem Schlag war alles stockdunkel. Alles. Sogar in

der Küche brannte kein Licht mehr. Auch von draußen drang kein Funke herein. Ein Stromausfall im ganzen Viertel! Schweigen. Schreck. Was sollen wir tun?

Da funkelten unvermittelt neben mir zwei Augen auf. Was zunächst wie ein Gespenst aussah, waren die leuchtenden Augen E. T.s, die Luca geistesgegenwärtig angeschaltet hatte. Trotz des Schrecks mußten wir lachen. Als die anderen Gäste dies mitbekamen, breitete sich das entspannende Lachen aus, und es gab Szenenapplaus für E. T.

Die Kellner brachten Kerzen an jeden Tisch. Gerade als sie damit fertig waren, ging das Licht wieder an. Klar.

Unmittelbar nach dem Essen beginnt Luigia zu erzählen, was sie heute vormittag gelesen und gedacht hat: «*L'infinto è pieno di sorprese*, das Unendliche ist voller Überraschungen.» Sie versuchte, in dem überquellenden Aschenbecher eine Stelle zu finden, wo sie ihre Zigarette ausdrücken konnte. «Das Hauptproblem ist, wie man unendliche Mengen überhaupt packen kann, wo man einen Ansatzpunkt findet. Die Lösung dafür ist, nicht eine einzige unendliche Menge zu betrachten, sondern zwei – und diese zu vergleichen.»

«Was bedeutet ‹vergleichen›?» fragt Franco träge und ohne nachgedacht zu haben, denn eigentlich müßte er es wissen.

Luigia erklärt es ihm geduldig: «Bei endlichen Mengen ist es einfach: Zwei endliche Mengen sind gleich groß, man sagt auch ‹gleichmächtig›, wenn man die Elemente der einen Menge eindeutig den Elementen der anderen Menge zuordnen kann.»

«So wie bei den Gewinnern eines *concorso* und den offenen Stellen. Jeder *vincitore* wird eindeutig einer offenen Stelle zugeordnet», sagt Franco mit dem Sinn fürs Konkrete.

«Ja», bestätige ich, «die Kommission wählt nur die richtige Anzahl aus. Die Zuordnung, oder die ‹Bijektion›, müssen die Gewinner mit den Universitäten dann selbständig herstellen.»

«Die Idee der Zuordnung ist die entscheidende Idee, mit der man auch unendliche Mengen vergleichen kann», nimmt Luigia den Faden auf.

«Wer hat denn diese Idee als erster gehabt?» will Franco wissen.

«Einer der ersten, die daran gescheitert sind, ist der berühmte Galileo Galilei. Er hat die natürlichen Zahlen der Reihe nach aufgeschrieben, also 1, 2, 3, ..., und darunter hat er die Quadratzahlen geschrieben:»

1	2	3	4	5	...
|	|	|	|	|	...
1	4	9	16	25	...

«Galilei hat sehr sorgfältig argumentiert», fährt Franco fort. «Ich habe hier ein Buch von Lombardo-Radice, der nicht nur ein bedeutender Mathematiker, sondern auch Mitglied des *comitato centrale del partito communista* ist», offenbar eine besondere Auszeichnung, «in dem aus Galileis *Nuove Scienze* (1638) zitiert wird.»

Luigia zeigt mir das Buch, wir lesen, und ich versuche zu übersetzen: «Wenn ich mich frage, wie viele Quadratzahlen es gibt, so kann man darauf wahrheitsgemäß antworten, daß es von ihnen genauso viele gibt wie von ihren Quadratwurzeln, da *ogni quadrato ha la sua radice, ogni radice il suo quadrato, né quadrato alcuno ha più d'una sola radice, né radice più d'un quadrato solo.*»

Das ist wirklich sehr gut: Jedes Quadrat hat eine Wurzel und jede Quadratwurzel ihr Quadrat, und kein Quadrat hat mehr als eine Wurzel, und zu keiner Wurzel gehört mehr als ein Quadrat. Die Argumentation nötigt mir Bewunderung ab: «Offenbar hatte Galilei schon eine präzise Vorstellung einer eindeutigen Korrespondenz zwischen zwei unendlichen Mengen.»

«Und dann hat er sozusagen die Hände über dem Kopf zusammengeschlagen und gesagt, das kann doch nicht sein: Die Quadratzahlen, nur ein kleiner Teil der natürlichen Zahlen, steht in einer eindeutigen Beziehung zu der Menge aller natürlichen Zahlen», sagt Luigia, «er hat nämlich nicht gesagt, vielleicht nicht den Mut gehabt zu sagen, daß es genauso viele Quadratzahlen gibt wie natürliche Zahlen insgesamt – sondern nur ‹genauso viele wie Wurzeln von

Quadratzahlen›.» Luigia schüttelt den Kopf: «Uns heute erscheint dieser Schritt unendlich klein zu sein.»

Franco kann das nicht sehr aufregen: «Wir würden heute einfach sagen, die Menge der natürlichen Zahlen und die Menge der Quadratzahlen sind gleichmächtig.»

«Dadurch nehmen wir dem Paradox von Galilei seine beunruhigende Subversivität», meine ich. «Es gibt ein noch deutlicheres Beispiel, wenn wir nämlich die Menge der natürlichen Zahlen mit der Menge der geraden natürlichen Zahlen vergleichen.»

«Du meinst, daß es genauso viele gerade wie ungerade Zahlen gibt?»

«Das ist auch richtig, *ma non è una sorpresa.* Nein, es ist sogar so, daß die Mächtigkeit der Menge der geraden Zahlen gleich der Mächtigkeit der Menge aller natürlicher Zahlen ist!»

«Dann gibt es genauso viele gerade Zahlen wie Zahlen überhaupt.»

«Nonsense!» läßt Luca seinen E. T. mit der typischen Piepsstimme sagen. «Nur die Hälfte der Zahlen ist gerade.»

«Warum?»

Luca schaut seinen Vater verständnislos an. *Papà* ist zwar blöd, aber so blöd ... Luca erklärte ganz langsam: «*Facciamo un esempio.* Unter den Zahlen bis 100 sind die geraden Zahlen 2, 4, 6, ... bis 100. Jede zweite Zahl. Also ist unter den Zahlen nur die Hälfte gerade.»

«*Bene.*»

«Genau das gleiche kommt raus, wenn wir die Zahlen bis 1000 oder einer Million betrachten. Immer nur die Hälfte gerade.»

«Richtig. Aber man muß das *da un punto di vista superiore*, von einer höheren Warte betrachten.»

Was ich für eine Ausrede halte und auch E. T. so auffaßt, stellt sich dann allerdings als Schlüssel zur Erkenntnis heraus. Franco überlegt: «Man muß alle Zahlen und alle geraden Zahlen auf einmal betrachten. Nicht nur einen Abschnitt, nicht nur endlich viele. Sondern alle.»

«Alle?»

«Ja, alle unendlich vielen auf einmal. Und wir müssen uns

überlegen, ob wir jeder der unendlich vielen Zahlen eine gerade Zahl zuordnen können.»

«Und, vor allem, umgekehrt: jeder geraden Zahl muß eine natürliche Zahl zugeordnet werden», schaltet sich Luigia wieder ein, «und zwar jeweils genau eine.»

«Ja, so eine Zuordnung müssen wir finden», sagt Franco und schreibt währenddessen die ersten natürlichen Zahlen auf und darunter die ersten geraden Zahlen. Dieses Muster ist bereits so suggestiv, daß sich eine Zuordnung automatisch ergibt, die Franco durch Striche andeutet:

1	2	3	4	5	...
|	|	|	|	|	...
2	4	6	8	10	...

Hier ist Luca bzw. sein E. T. wieder dabei. «*Chiaro*», ist sein einziger Kommentar.

Luigia formuliert das in mathematischer Sprache: Die Abbildung f, die eine natürliche Zahl n auf 2n abbildet, ist eine *applicazione biunivoca* zwischen der Menge der natürlichen und der Menge der geraden Zahlen. Daher sind diese beiden Mengen gleichmächtig.» *Applicazione biunivoca* heißt auf deutsch ‹eineindeutige Abbildung› und klingt genauso altväterlich.

Franco hat die Sache verstanden. Er malt ein neues Schema auf das Blatt Papier:

1	2	3	4	5	...
|	|	|	|	|	...
1	3	5	7	9	...

und erklärt: «Entsprechendes gilt für die ungeraden Zahlen. Eine ungerade Zahl hat die Form $2n-1$, also können wir die Abbildung benutzen, die n auf $2n-1$ abbildet. Dies ist eine eindeutige Korrespondenz zwischen diesen beiden Mengen. *Quindi* gibt es genauso viele ungerade Zahlen wie natürliche Zahlen überhaupt.»

«Man nennt solche Mengen ‹abzählbar›.»

«Welche?»

«Diejenigen, die gleichmächtig zu den natürlichen Zahlen sind.»

Jetzt schalte ich mich wieder ein: «Weil man solche Mengen der Reihe nach aufschreiben, also ‹abzählen›, kann.»

«Wie denn?»

«Wie bei den geraden Zahlen: 2, 4, 6, 8, ... Das heißt 2 ist die erste, 4 die zweite, 6 die dritte gerade Zahl. Die abzählbaren Mengen kann man so aufschreiben.»

E. T. piepst wieder *«chiaro»*, und wir wissen nicht, ob das ein Kommentar zu unseren Überlegungen ist oder ob das einfach zu der gegenwärtigen Spielszene gehört.

Offenbar ist Franco jetzt wieder auf der Höhe des Geschehens: «Unendlichkeit ist einer der wichtigsten mathematischen Begriffe, er tritt innerhalb der Mathematik in verschiedenen Bereichen auf.» Na ja, offenbar ist er doch noch beim Warmlaufen. «Zum Beispiel in der Geometrie. Die Menge aller Punkte ist unendlich.» Wer hätte das gedacht?

Er fährt fort: «Auch die Menge der Punkte einer Geraden, sogar jeder Strecke hat unendlich viele Punkte. Strecken können verschieden lang sein, haben sie auch verschieden viele Punkte?» Vielleicht habe ich ihn doch unterschätzt.

«Du meinst, ob die Punktmengen auf verschieden langen Strecken gleiche Mächtigkeit oder verschiedene Mächtigkeit haben?»

«Ja, das ist doch eine Frage, die man stellen kann. Wie bei den natürlichen und den geraden Zahlen.» Zweifellos.

Luigia versucht, das Problem systematisch zu betrachten: «Wir müssen scharf nachdenken, denn wenn man Mächtigkeiten unendlicher Mengen naiv betrachtet, kann man in alle möglichen Fallen tappen.» Sicher.

Sie fährt fort: «Wir müßten also rausbekommen, ob es eine eindeutige Beziehung der Punkte der einen Strecke zu den Punkten der anderen Strecke gibt.» Franco faßt dies als Aufforderung auf und malt zwei Strecken und – als Italiener ist er mit klassischer Geometrie aufgewachsen und macht daher automatisch das Richtige – verbindet einen Endpunkt der ersten Strecke mit einem Endpunkt der zweiten;

entsprechend zeichnet er die Gerade durch die anderen Endpunkte. Die beiden Geraden schneiden sich in einem Punkt P. «*Ecco*! Nun projizieren wir die Punkte der ersten Strecke von dem Punkt P aus auf die zweite.»

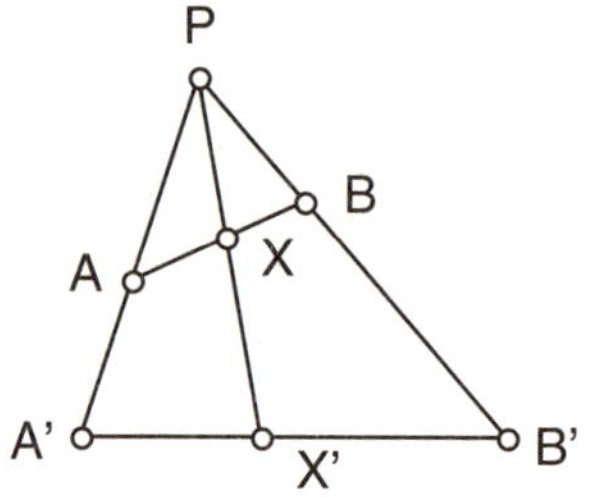

«Damit erhalten wir eine eindeutige Beziehung. Jedem Punkt X der einen Strecke wird genau ein Punkt X' der anderen Strecke zugeordnet.»

«Und umgekehrt», sagt Luigia. Auf Italienisch klingt das viel schöner: *Proiettiamo dal punto* P *il segmento* AB *sulla retta* A'B'.

Jetzt erinnert sich auch Luigia. «*Aspetta*, warte mal ...», sagt sie und zeichnet einen Kreis aufs Blatt, markiert einen Punkt P und zeichnet von diesem aus viele Strahlen. «So projizieren die Punkte des Kreises außer P auf ...» «... eine Gerade», fällt Franco ein. Jede Gerade, die nicht durch P geht.»

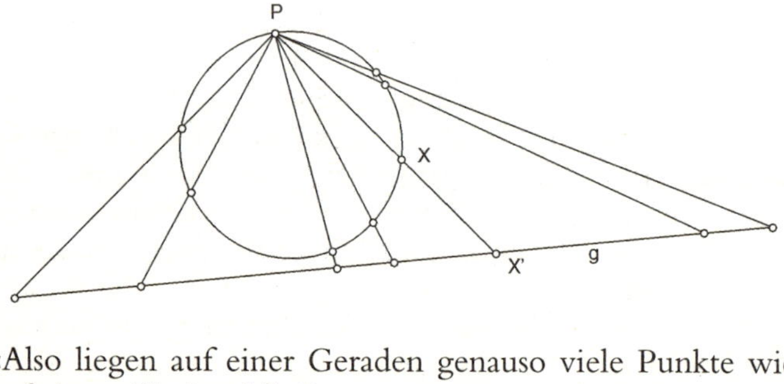

«Also liegen auf einer Geraden genauso viele Punkte wie auf einem Kreis», faßt Franco zusammen.

Formal wende ich ein: «Eigentlich müssen wir noch einen Punkt abziehen, aber ich glaube, Unendlich minus Eins ist immer noch Unendlich.»

Luigia schaut in ihre Aufzeichnungen. «Als erster hat sich Giorgio Cantor, *un vecchio collega di Albrecht*, systematisch in das Reich der Unendlichkeiten vorgewagt.» Älterer Kollege ist gut, Georg Cantor hat von 1845 bis 1918 gelebt.

«Aber», fährt Luigia fort, «auch ein berühmter Italiener spielte mit, *il famoso Giuseppe Peano a Torino*.»

«*Un vecchio collega vostro*!» kontere ich.

«Cantor hat als erster verstanden, was es heißt, daß zwei unendliche Mengen gleiche oder verschiedene Mächtigkeiten haben.»

«Du meinst, gleich oder verschieden groß sind?»

«So kann man sagen. Aber Achtung! Dadurch darf man sich nicht zu falschen Vorstellungen verleiten lassen.»

Franco blickt zurück auf die vollgekritzelten Blätter: «Bisher haben wir nur untersucht, wann zwei unendliche Mengen *gleich viele* Elemente haben. Wir haben kein Beispiel von unendlichen Mengen, die *verschieden groß* sind.»

«Unendlich ist unendlich», meldet sich Luca zu Wort.

Franco geht aber, ausnahmsweise, nicht auf ihn ein. «Zwei unendliche Mengen sind *nicht* gleichmächtig, wenn es *keine* eindeutige Beziehung zwischen ihnen gibt.»

«Nicht wenn wir keine *applicazione biunivoca* finden, sondern wenn es keine gibt.»

«Unsere Aufgabe ist es zu beweisen, daß es keine solche eindeutige Beziehung geben kann. *Ad esempio*», Francos Augen leuchten, ich glaube, er ist einer Idee auf der Spur und versucht, diese aus seinem Gedächtnis zu rekonstruieren, «wenn wir nachweisen wollen, daß eine Menge nicht abzählbar ist, dann müssen wir zeigen, daß es keine eindeutige Beziehung zwischen dieser Menge und der Menge der natürlichen Zahlen geben kann.»

«Und woher willst du eine solche Menge nehmen?» Offenbar ist Luigia in ihren Studien nicht bis zu diesem Punkt vorgedrungen.

«Ich glaube, wir haben schon eine überabzählbare Menge

gesehen», er macht eine Kunstpause und sucht das vorletzte Blatt heraus, «eine Strecke. Genauer gesagt, die reellen Zahlen zwischen 0 und 1. Diese Menge ist nicht abzählbar.»

«Das bedeutet, wir können die reellen Zahlen zwischen 0 und 1 nicht der Reihe nach aufschreiben?»

«Ja, und das liegt nicht daran, daß wir zu dumm sind, sondern daß das nicht geht. Niemand kann das.»

«Es gibt also viel mehr reelle Zahlen als natürliche Zahlen.»

«*Non credo*», meldet sich jetzt wieder E. T. zu Wort. Sein Ton bringt seine Abneigung gegen Nutzlosigkeit dieser Art von Mathematik zum Ausdruck, «*l'infinto è infinito. Basta.*»

Immerhin schaut Luca auf und fragt: «Was sind reelle Zahlen?»

«Reelle Zahlen sind alle Kommazahlen. Wir brauchen aber nur die Zahlen, die mit Nullkomma anfangen. Also zum Beispiel 0,5 oder 0,000001 oder 0,333333 ... und so weiter.»

«Geht auch 0,2651095636829772?» piepst E. T., bis er außer Atem kommt.

«Natürlich. Alles ist erlaubt. Die Ziffern dürfen irgendwann aufhören oder unendlich weitergehen, sie dürfen sich irgendwann wiederholen oder ein völlig irreguläres Muster bilden.»

Lucas Interesse ist geweckt: «So wie bei pi?»

«Ja, pi ist ein gutes Beispiel einer reellen Zahl. Wie lautet pi?»

«Pi ist 3,14», sagt Luca.

«So beginnt pi, aber es geht noch weiter. 3,14159 ... Unendlich lange geht es weiter. Ohne daß sich die Zahl wiederholt. Ohne Muster», erklärt Franco

«Also gehört auch pi dazu.»

«Sagen wir, das, was von pi übrigbleibt, wenn wir die 3 abziehen, also 0,14159 ...»

«Gut, ich glaube, daß zwischen 0 und 1 unendlich viele Kommazahlen liegen», sagt Luca nach einer Weile.

«Ja, und zwar so viele, daß du die nicht der Reihe nach anordnen kannst.»

«*Capisco.* Es gibt keine kleinste Zahl. Ein Tausendstel ist nicht die kleinste Zahl, sondern es gibt immer noch eine kleinere, zum Beispiel ein Millionstel. Daher weiß man nicht mal, wo man anfangen soll.» Gut argumentiert, aber haarscharf daneben. Franco muß die Aufgabenstellung noch präzisieren:

«‹Anordnen› heißt nicht unbedingt ‹der Größe nach anordnen›. Du kannst mit einer beliebigen Zahl beginnen, mit einer anderen weitermachen, dann eine dritte wählen usw. Das kannst du machen, wie du willst.»

«Und?»

«Egal, wie du das machst, du wirst auf diese Weise nie alle Kommazahlen zwischen 0 und 1 aufzählen können.»

«Woher willst du das wissen?»

«Weil die Mathematiker das bewiesen haben.»

Lucas Vertrauen in diese Versicherung scheint nicht allzu groß zu sein. Im Gegenteil, sie fordert seinen Widerspruch heraus. «Und wenn ich das einfach mache? Ich beginne mit einer, dann kommt die nächste usw. Und wenn ich das lange genug mache, habe ich alle aufgelistet. Wie ihr vorher mit den geraden Zahlen.» Er hat also ganz gut aufgepaßt.

«Du kannst das probieren, aber du wirst es nie schaffen. Denn genau das behaupte ich: Niemand kann das schaffen. Weil es nicht geht. Man kann die Kommazahlen zwischen 0 und 1 nicht in einer Liste mit Nr. 1, Nr. 2 usw. aufschreiben.»

Da kommt Luca eine geradezu geniale Idee: «Zugegeben, ich kann das vielleicht nicht, aber *E. T., l'extraterrestre*, schafft das bestimmt!» sagt er voller Zuversicht. Luigia will das als Ausflucht abtun und Luca endlich auf sein Zimmer schicken, damit er seine Hausaufgaben macht.

Aber bevor es dazu kommt, greift Franco instinksicher Lucas Einwand auf. Zum einen macht es ihm einfach Spaß, mit Luca zu spielen. Zum andern hätte ihm kein Einwand lieber sein können, denn so kann er Lucas Aufmerksamkeit wieder fesseln. «*Assumiamo*, nehmen wir an, E. T. behauptet, daß er die reellen Zahlen zwischen 0 und 1 abzählen kann.»

«Was willst du dagegen machen? So ein *extraterrestre* kann mehr als du, der kann Dinge, von denen du keine Ahnung hast.»

«Das gebe ich sofort zu. Trotzdem kann er keine solche Liste machen.»

«Wie willst du das wissen?»

«Ganz einfach, ich weise ihm nach, daß er mindestens eine Zahl nicht auf seiner Liste hat.»

«Du kennst doch seine Liste gar nicht!»

«Nein, aber ganz egal, wie er seine Liste anlegt, er wird nie alle Zahlen erfassen.»

«Wie willst du das machen? Kannst du gar nicht können. Du müßtest ihn ja erstmal all seine Zahlen sagen lassen; solange kannst du nichts machen. Du sitzt da und drehst Däumchen. Bis er seine unendlich vielen Zahlen gesagt hat.»

Nicht schlecht argumentiert. «Das haben viele Mathematiker geglaubt, und wer den Trick nicht kennt, glaubt das auch heute noch. Alle haben das geglaubt, bis» – und hier machte er eine lange Pause – «bis Giorgio Cantor einen teuflisch genialen Trick gefunden hat.»

Franco holt Luft und überlegt, damit er sich jetzt richtig ausdrückt: «Der Außerirdische muß mir seine Liste sagen, zuerst seine erste Zahl, dann die zweite, die dritte usw., und ich werde ihm eine Zahl angeben, die er nicht hat.»

«Er muß also zuerst seine erste Zahl sagen?»

«Ja.»

Luca grinst: «Ich glaube, E. T. wird als erste Zahl so was wie pi nehmen, dann muß er unendlich lange die Ziffern lesen, und du kämst überhaupt nie zum Zug.»

«Probiert's doch einfach mal aus», sage ich, und das scheint beiden zu passen, denn beide sind überzeugt, daß letztlich sie recht behalten werden.

«E.T. beginne!» sagt Franco feierlich.

E. T. denkt nach, hebt dann den Kopf, holt Atem, denn er glaubt, daß er lange reden muß, und sagt dann mit hoher Stimme: «Null Komma Eins ...»

«Stop!» sagt Franco.

«Warum ‹stop›? Hab' ich etwas falsch gemacht?»

«Nein, es war wunderbar, aber mehr will ich von deiner ersten Zahl gar nicht wissen.»

E. T. ist sichtlich enttäuscht. Aber Franco sagt überraschenderweise: «Ich kenne die Zahl, die du nicht in deiner Liste hast, schon ein bißchen. Sie beginnt mit *zero virgola due*, Null Komma Zwei.»

«Und wie geht sie weiter?»

«Das weiß ich noch nicht; dazu brauche ich die nächsten Zahlen auf E. T.s Liste.»

«Soll ich jetzt meine erste Zahl zu Ende sagen?» fragt Luca verunsichert.

«Nein. Ich bitte E. T., mir die zweite Zahl seiner Liste zu nennen.»

Wieder holt E. T. tief Luft und sagt dann: «Null Komma Neun Neun ...»

«Stop!» Insgeheim hatte E. T. schon damit gerechnet, unterbrochen zu werden. Aber enttäuscht ist er trotzdem.

Franco sagt etwa mysteriös: «Ich weiß genug von deiner zweiten Zahl. Und ich kenne die Zahl, die nicht auf deiner Liste sein wird, schon ein bißchen besser. Der Anfang dieser Zahl lautet: *Zero virgola due quattro.*»

E. T. weiß nicht, wie ihm geschieht. Offenbar hat Franco einen Trick, aber E. T. tappt im Nebel. Aber er versucht es tapfer noch einmal: «*Zero, virgola uno quattro uno ...*»

«*Basta*», meint Franco und verkündigt grinsend, «meine Zahl beginnt 0,247.»

E. T. ist längst nicht mehr so siegessicher wie vor einigen Minuten: «*E. T. telefono casa.*» Aber eine Idee probiert er noch; er wählt als seine nächste Zahl einfach Francos Zahl: «Meine nächste Zahl heißt 0,2478 ...»

«*Bene*, meine Zahl startet mit 0,2479», reagiert Franco unbeeindruckt.

Luca ist ratlos: «Erklär mir, was du machst», bittet er mit seiner normalen Stimme.

Franco möchte das Spiel gerne weitertreiben, aber Luigia erinnert sich jetzt offenbar an den Trick. Sie stellt die entscheidende Frage: «Kann Francos Zahl E. T.s erste Zahl sein?»

«Welches war denn die erste Zahl?» Eine berechtigte Frage. Zum Glück hab ich die Zahlen aufgeschrieben und kann ihm helfen: «Deine erste Zahl begann mit 0,1.»

«Nein», gibt Luigia selbst die Antwort, «Francos Zahl hat direkt nach dem Komma eine 2, und deine hat an dieser Stelle eine 1; also können sie beim besten Willen nicht gleich sein.»

«Kann Francos Zahl genau deine zweite Zahl sein?»

«Diese war 0,99...», assistiere ich.

«Nein», sagt Franco lächelnd, «denn an der zweiten Stelle nach dem Komma unterscheiden sie sich: Du hast 9, ich 4.»

«Und auch nicht deine dritte Zahl, denn an der dritten Stelle nach dem Komma hast du 7 und Franco 8.»

Armer Luca. Armer E. T. Die Mathematik triumphiert unbarmherzig. «*E. T. telefono casa.*»

Luigia faßt zusammen: «E.T. sagt seine Zahlen der Reihe nach auf. Bei jeder neuen Zahl muß er eine Stelle mehr sagen: bei der ersten eine Stelle, bei der zweiten zwei, bei der dritten drei usw.»

«Und bei der n-ten Zahl brauche ich n Ziffern», sagt Franco. «Genauer gesagt brauchst du eigentlich nur die n-te Ziffer nach dem Komma. Dann kann ich die n-te Ziffer meiner Zahl wählen. Ich wähle sie einfach so, daß sie verschieden von der n-ten Ziffer der n-ten E. T.-Zahl ist.»

Luca denkt nach, scheint das aber verstanden zu haben: «Deshalb hast du 2 gesagt, als ich 0,1 sagte, und 4, als ich 0,99 sagte.»

«*Esatto.*»

«Und warum hast du damit gewonnen?» fragt Luca.

«Weil meine Zahl bestimmt unter deinen Zahlen nicht vorkommt. Sie kann zum Beispiel nicht die Tausendste sein; denn deine tausendste Zahl unterscheidet sich von meiner Zahl an der tausendsten Stelle.»

«*Capisco.* Meine zehnmillionste Zahl unterscheidet sich von deiner Zahl an der zehnmillionsten Stelle.»

«Bravo, Luca. Du hast das sehr gut verstanden.»

«Aber an allen anderen Stellen könnte meine zehnmillionste Zahl doch genau so sein wie deine.»

«Ja, das ist richtig. Aber das nützt uns leider nichts.»

Luigia kommt wieder zur Sache: «Wir haben also bewiesen, daß die reellen Zahlen nicht abzählbar sind. Man nennt sie ‹überabzählbar›. Das bedeutet, daß die reellen Zahlen eine neue Dimension von Größenordnung erreicht haben. Es gibt viel mehr reelle Zahlen als natürliche Zahlen. Die natürlichen Zahlen bilden nur eine verschwindende Minderheit.»

Franco ergänzt: «Die Methode, mit der man beweisen kann, daß es mehr reelle als natürliche Zahlen gibt, nennt man Cantorsches Diagonalverfahren.» Er macht sich das noch einmal klar, indem er es sorgfältig aufschreibt:

Mit dem Cantorschen Diagonalverfahren wird gezeigt, daß die Menge der reellen Zahlen zwischen 0 und 1 (und damit erst recht die Menge aller reellen Zahlen) nicht abzählbar ist.

Der Beweis erfolgt durch Widerspruch. Angenommen, es gäbe eine Liste z_1, z_2, z_3, …, in der alle reellen Zahlen zwischen 0 und 1 (ausschließlich) vorkommen:

$$z_1 = 0,\ a_{11}\ a_{12}\ a_{13} \ldots$$
$$z_2 = 0,\ a_{21}\ a_{22}\ a_{23} \ldots$$
$$z_3 = 0,\ a_{31}\ a_{32}\ a_{33} \ldots$$
$$\ldots$$

Das bedeutet, daß a_{ij} die Ziffer an der j-ten Nachkommastelle der Zahl z_i ist.

Jetzt definieren wir die Zahl

$$z^* = 0,\ b_1\ b_2\ b_3 \ldots,$$

wobei b_i irgendeine Ziffer ist, die verschieden von a_{ii} ist.

Dann kann z^* in obiger Liste nicht enthalten sein, denn sie unterscheidet sich von z_i auf jeden Fall an der i-ten Stelle nach dem Komma.

Franco ist, wie fast immer, mit sich zufrieden. Diesmal zu Recht.

Er geht nochmals raus, um die Hunde für die Nacht in die Garage zu treiben. Nach einiger Zeit kommt er zurück: «Ich habe noch eine Überraschung. *Una lettera per Albrecht*!»

Mich überläuft eine warme Welle. Ein Brief von Monika! Ich ziehe mich zurück und öffne den Brief. Die Beilagen lege ich beiseite. Ich verschlinge den Brief. Und dann gleich noch mal. Obwohl Monika im wesentlichen von alltäglichen Dingen erzählt, ist es wunderschön, ihre Worte zu lesen.

Ich tauche wieder auf.

«*Tutto o. k.*?» fragt Luigia.

«Ja, und viele Grüße an euch.»

Die Beilagen sind die gewünschten Kopien zum Thema Unendlichkeit. Die lese ich morgen. Ein Blatt fällt heraus. Ein wirklich schönes Zitat von David Hilbert (1862–1943), dem bedeutendsten Mathematiker der ersten Hälfte unseres Jahrhunderts:

«Das Unendliche hat so wie keine andere Frage von jeher das Gemüt der Menschen bewegt; das Unendliche hat wie kaum eine andere Idee auf den Verstand so anregend und fruchtbar gewirkt; das Unendliche ist aber auch wie kaum ein anderer Begriff so der Aufklärung bedürftig.»

Nicht nur inhaltlich zutreffend, sondern in seiner Dreiteiligkeit auch poetisch gelungen. Ich versuche, es Franco und Luigia zu übersetzen. Das gelingt nur holprig. Ich lese es auf deutsch vor. Sie sind beeindruckt. Oder tun jedenfalls so.

Ein Bedürfnis habe ich jetzt: «*Albrecht telefono casa*?»

Sie lachen. «*Naturalmente*!»

Es ist besonders schön, jetzt Monikas Stimme zu hören. Ich danke für den Brief, wir plaudern über dies und das, die Kinder, die Arbeit. Ich vergesse, wie wahnsinnig teuer telefonieren ist, und unterhalte mich mit Monika über völlig unwichtige Kleinigkeiten. Das tut gut. «Grüß die Kinder. Bis demnächst!»

Der Tag hat uns mathematisch ein gutes Stück weitergebracht. Und hatte ein wunderschönes Ende.

9

Sei più sette uguale tredici.

Bevor ich Franco und Luigia kennenlernte, kannte ich nur wenige italienische Mathematiker persönlich. Zu den Tagungen in Deutschland kommen nur ganz wenige Italiener, und diese sprechen kein Deutsch und kaum Englisch. Auf der Tagung am *Passo della Mendola*, wo mich Franco und Luigia aufgegabelt hatten, gab es natürlich jede Menge Italiener. Diese bildeten aber eine für mich undurchdringliche Masse, in der ich zwar zwei verschiedene Geschlechter und viele Altersstufen unterscheiden, aber nur wenige Personen identifizieren konnte.

Einer ragte heraus, Professor Fattore. Ein imposanter älterer Herr, der stets das Zentrum der italienischen Gruppe bildete. Ein überragender Forscher, der immer wieder durch innovative Ideen Aufsehen erregte. Er war nicht nur das Zentrum, sondern auch der Chef, *il capo*. Die italienischen Kolleginnen und Kollegen benahmen sich ihm gegenüber besonders aufmerksam, luden ihn zum *caffè* ein, boten ihm Zigaretten an und glänzten in geistvollen Unterhaltungen. Dabei war Fattore, jedenfalls zu mir, ausgesprochen liebenswürdig und geradezu warmherzig. Er hatte vor wenigen Jahren eine Stelle in seiner Vater- und Traumstadt Napoli aufgegeben, um an der Universität von Rom zu arbeiten.

Ich hatte ihm versprochen, daß ich ihn, wenn ich in Italien sein sollte, auf jeden Fall anrufen würde. Also frage ich eines Tages beim Mittagessen: «*Posso telefonare con Fattore?*»

Schweigen.

Hab' ich was falsch gemacht? Oder verstehen sie nur meine Frage nicht?

Endlich sagt Franco zögernd zu Luigia: «*Forse Albrecht può telefonare.*» Ich könne eventuell bei ihm anrufen.

«Ihr nicht?» Das kann ich mir bei einem so freundlichen Menschen wie Fattore schlechterdings nicht vorstellen.

«Weißt du», versucht Franco mir zu erklären, «*Fattore è un mito.*»

Mito? Klar, das ist die Rechtschreibreform, die Italien schon längst hinter sich hat. Wir schreiben noch ‹Mythos›; in Italien heißt das einfach *mito*. Entsprechend heißt ja auch ‹Physik› *fisica*, und statt ‹Rhythmus› schreiben die Italiener einfach *ritmo*.

Franco erzählt: «Schon als ich noch in die Schule ging, wurde uns Fattore als Star und trotz seines jugendlichen Alters bereits bedeutender Mathematiker vorgestellt. Das ist jetzt 20 Jahre her. Daher wäre ich nie auf die Idee gekommen, bei ihm anzurufen. Man telefoniert nicht mit einem Mythos. Aber jetzt, wenn ich drüber nachdenke, warum nicht?»

Kurze Zeit später hat Franco Fattores Telefonnummer herausgesucht und wählt. Schon nach dem dritten Anlauf kommt er durch: «*Pronto? C'è il professore*? – Hallo, ist der Herr Professor zu sprechen?» Offenbar kommt Fattore ans Telefon, Franco drückt sich gewählt und sehr höflich aus und sagt ihm dann, daß ich als *professore visitatore* bei ihnen sei und gerne mit ihm sprechen würde.

Fattore weiß sofort, mit wem er es zu tun hat, freut sich, mich am Telefon zu hören, und entfaltet seinen ganzen Charme. Auf italienisch.

Aber das geht schief, ich verstehe gar nichts. Er spricht nämlich ein ausgesprochen gebildetes, also schwieriges Italienisch. Ich sehe seine Gesten nicht, und es fehlt vor allem das Aufeinandereingestimmtsein, das die Kommunikation mit Franco und Luigia so einfach macht.

Nachdem ich es ein paar Mal mit «*come*?» probiert und dann deutlich mit «*non capisco*» protestiert habe, merkt er, daß seine Botschaft weder im allgemeinen noch im besonderen ankommt, und schaltet auf Englisch um. Das verstehe ich etwas besser, vor allem deswegen, weil Fattore so schlecht Englisch spricht, daß seine Worte nur sehr langsam aufeinanderfolgen.

Er fragt, ob ich an seinem Institut einen Vortrag halten

wolle, *you can make a conferenza in my institute.* Ich habe diesen Vorschlag eigentlich schon erwartet und mich darauf gefreut. Daher sage ich gerne zu.

Daraufhin meint Fattore zögernd, ich könne natürlich reden, worüber ich wolle.

Und wo ist das Problem, denke ich.

Zu dem Vortrag würden aber außer ihm und seinen Kollegen auch einige junge Wissenschaftler und Studierende kommen, und diese würden sich in meinem Spezialgebiet, der Geometrie, nicht auskennen und hätten auch Schwierigkeiten mit der englischen Sprache.

Aha.

Wenn diese etwas verstehen sollen, dann müßte es sehr elementar sein. «Aber», so schließt er etwas unlogisch, «*you make good*», ich würde das sicher hinbekommen.

Ich verspreche, ihn in den nächsten Tagen anzurufen, um ihm den Titel meines Vortrags mitzuteilen. Franco nimmt noch einmal den Hörer, sagt äußerst freundlich: «*Arrevider-La professore*» und legt auf.

Fattore hat mir, vorsichtig ausgedrückt, eine Herausforderung gestellt. Ich hatte in Deutschland zwei Vorträge – auf englisch – vorbereitet, die meine mehr oder weniger interessanten Forschungen zum Inhalt hatten. Das ist für Rom offenbar nicht das Richtige, sicher nicht das Ideale.

Mit anderen Worten: ein neuer Vortrag, und zwar über ein Thema, das ich noch nicht kannte!

«*Non ti preoccupare,* mach dir keine Sorgen», sagt Luigia, als ich das erzähle, «du kannst natürlich einen Vortrag über jedes beliebige Thema halten.»

Das hat Fattore auch gesagt.

«*Infatti, tutti fanno così.* So machen's alle. Bei Gastvorträgen verstehe ich immer nur höchstens die ersten fünf Minuten lang etwas.»

Ein internationales Problem. Auch an deutschen Universitäten sind die Vorträge in den mathematischen Kolloquien ein Muster an Unverständlichkeit. Nur die Spezialisten haben eine Chance, und manchmal nicht mal die. Die andern brauchen eigentlich gar nicht zu kommen. Man nimmt sich

Papier und Bleistift mit und kritzelt vor sich hin. Woher diese Angst der Mathematiker vor der Verständlichkeit kommt, ist mir letztlich unklar. Aber die Angst, etwas ‹Triviales› zu sagen – und dabei erwischt zu werden –, sitzt tief.

Franco macht einen Vorschlag: «Vielleicht könntest du's einfach mal probieren. Weißt du, du hast die Möglichkeit, einen verständlichen Vortrag zu halten. Fattore traut es dir zu. Ich bin überzeugt, daß er andere nicht mal darum bittet.»

Ehrlich gesagt: Mich reizt das. Ich mag Herausforderungen, die es mir erlauben, über die grauen Alltagsprobleme hinwegzufliegen. Je mehr Herausforderungen, desto begeisterter bin ich. Daß dabei Arbeit liegenbleibt, die Studierenden zu kurz kommen, wenig Zeit für meine Familie bleibt, stört mich – zunächst – kaum, denn ich bin überzeugt, daß sich meine Begeisterung spontan auf alle überträgt. Daher antworte ich: «Was könnte man denn elementar erzählen?»

Luigia hat die Idee: «*Blocking sets nei piani piccoli*, blocking sets in kleinen Ebenen.» Damit meint sie die Ebenen mit wenigen Punkten, also die projektive Ebene der Ordnung 2 mit sieben Punkten, die Ebene der Ordnung 3 usw.

«*Una bella idea*», sage ich, «man kann diese kleinen Ebenen noch explizit darstellen, zum Beispiel ein Bild malen, und doch auch ein bißchen Theorie darstellen.»

Franco entwickelt diese Idee ein Stück weiter: «Die projektive Ebene der Ordnung 2 hat kein blocking set, in der Ebene der Ordnung 3 gibt es zwei, und in der Ebene der Ordnung 4 gibt es schon ziemlich viele.»

«Aber schöne.»

Luigia sagt's noch etwas genauer: «In der Ebene der Ordnung 3, die insgesamt 13 Punkte besitzt, gibt es zwei wesentlich verschiedene blocking sets, eines mit 6 und eines mit 7 Punkten, die gemeinsam die gesamte Punktmenge bilden.»

«Denn $6 + 7 = 13$, *13 è un numero fortunato.*»

«Wie bitte, 13 eine Glückszahl? Was ist dann eine Unglückszahl?»

«Die Unglückszahl ist 17.»

«Und 7?»

«Hat keine Bedeutung. *Troppo piccolo*, zu klein», sagt Franco trocken. Klar, in einem Land, in dem die kleinste brauchbare Münze schon 50 Einheiten hat und ein Monatseinkommen von einer Million nichts Besonderes ist.

Ich denke an die Mathematik zurück: 6 + 7 = 13. Wär das nicht ein Titel? «6 + 7 = 13». Die Studenten könnten jedenfalls nicht behaupten, den Titel nicht zu verstehen, und ich könnte mir auch die Option, in welcher Sprache ich spreche, noch offenhalten.

Das gefällt mir: «*Il titolo della mia conferenza sarà* ‹6 + 7 = 13›.»

«*Sei più sette uguale tredici*», wiederholt Franco genießerisch, «*spirituoso e misterioso*, ein bißchen witzig, ein bißchen geheimnisvoll.» Das war nach Francos Geschmack, daran hatte ich nicht gezweifelt.

Luigia schaut mich aber scheel an und fragt sich offenbar, ob ich nicht auch in die Kategorie ‹Franco› gehöre. Aber sie hat sich sofort wieder gefaßt: «Wenn du willst, setzten wir uns nachher zusammen und arbeiten den Vortrag aus.» Nichts könnte mir lieber sein.

Als wir uns nach dem üblichen *caffè* am Küchentisch zusammensetzten, hatte ich mir schon vage Gedanken gemacht, wie ich den wesentlichen Teil meines Vortrags gestalten könnte. «Ich würde gerne nicht nur Bildchen malen und ein paar Ergebnisse berichten, sondern wenigstens ein paar Argumente exemplarisch vorführen.»

«*Benissimo*.» In dieser Allgemeinheit läßt sich dagegen nichts einwenden.

«Wenigstens die Ebenen der Ordnung 2 und 3 sollten behandelt werden.»

«*Allora*», sagt Franco aufmunternd, «was können wir in der projektiven Ebene der Ordnung 2 beweisen?»

Ich beginne ganz vorsichtig, indem ich rekapituliere: «Die projektive Ebene der Ordnung 2 ist eine endliche Struktur, hat also nur endlich viele Punkte.»

«Genauer gesagt, hat sie 7 Punkte und 7 Geraden, auf jeder Geraden liegen 3 Punkte, und auch durch jeden Punkt gehen 3 Geraden.» Luigia drückt aufs Tempo. Sie will zur Sache kommen.

Aber Franco ist noch nicht so schnell. «Malen wir doch mal das berühmte Bild dieser Ebene!» Man merkt, daß er darin Übung hat:

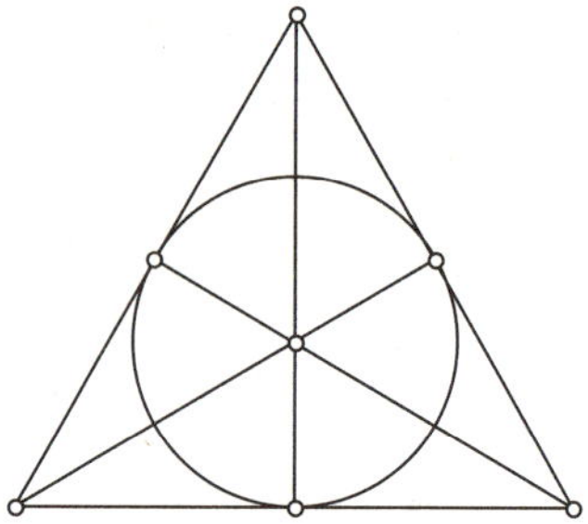

Das ist ein schönes, symbolisches Bild. Die sieben als Kringel gezeichneten Punkte sind die Punkte dieser speziellen Ebene. Geraden sind die sechs eingezeichneten Geraden und der Kreis. Die anderen Schnittpunkte des Kreises mit den Geraden sind keine Punkte unserer Geometrie.

«*La famosa circonferenza*, der berühmte Kreis», sagt Luigia und fügt hinzu, «ich hab' mich schon oft gefragt, ob es auch ohne geht.» Damit meint sie, ob man diese Geometrie so in der euklidischen Ebene zeichnen kann, daß man nur Geraden verwendet.

«Ein Kreis muß es nicht sein», erkläre ich, «du kannst das Bild ein bißchen verzerren, dann wird der Kreis eine Ellipse oder ein Oval. Aber etwas Krummes braucht man, es geht nicht ohne.» Vielleicht, denke ich, könnte ich das zu Beginn meines Vortrags thematisieren und beweisen.

Franco führt uns zum Thema zurück: «Die projektive Ebene der Ordnung 2 hat kein blocking set. Das ist sicher. Aber wie können wir das einsichtig machen?»

«Man könnte alles ausprobieren», schlägt Luigia vor.

«Du meinst, alle möglichen Mengen von Punkten aufstellen und jeweils überprüfen, daß es sich nicht um ein blocking set handelt?» frage ich.

«*Molto lavoro*», sagt Franco und fügt hinzu, «das gibt uns

keinerlei Einsicht, warum diese Geometrie kein blocking set hat. Ein solches Argument sagt nur, *daß* es keines gibt, aber nicht, *warum* es keines gibt.»

Ich versuche, den Dingen auf den Grund zu kommen: «Ein blocking set ist eine Menge von Punkten mit zwei Eigenschaften: (1) Jede Gerade enthält mindestens einen Punkt des blocking sets, (2) jede Gerade enthält mindestens einen Punkt außerhalb des blocking sets.»

«Das haben wir schon mal gehört», meint Franco ironisch.

«Klar, vielleicht hilft es, uns die beiden Eigenschaften wieder bewußt zu machen. Eine Tatsache über blocking sets ist zum Beispiel die folgende.» Ich schreibe:

Risultato 1. Sia B *un blocking set in un piano proiettivo* **P**. *Allora anche il complementare* C = **P**\B *è un blocking set.* (Wenn B ein blocking set einer projektiven Ebene **P** ist, dann ist auch die Komplementärmenge C, die aus denjenigen Punkten von **P** besteht, die nicht in B enthalten sind, ein blocking set.)

«*Infatti*», sagt Luigia, «wenn B die Bedingungen (1) und (2) erfüllt, dann erfüllt die komplementäre Menge die Bedingungen (2) und (1).»

Ich laß das so stehen und schreibe weiter:

Risultato 2. Sia B *un blocking set nel piano proiettivo d'ordine* 2. *Allora* B *ha almeno* 4 *punti.* (Jede blockierende Menge der projektiven Ebene der Ordnung 2 hat mindestens 4 Punkte.)

Franco stutzt einen Augenblick, dann sagt er: «Dann sind wir aber fertig. Denn dann hat das Komplement höchstens 3 Punkte, da insgesamt nur 7 Punkte vorhanden sind. Da aber auch das Komplement ein blocking set ist, müßte das auch mindestens 4 Punkte haben.»

«*Un assurdo*, ein Widerspruch», beendet Luigia das Argument, fügt aber warnend hinzu, «wenn wir das Ergebnis 2 bewiesen haben.» Ich schreibe:

Corollario. Il piano proiettivo d'ordine 2 *non ha un blocking set.*

«Korollar» ist der typisch mathematische Ausdruck für eine Folgerung, die sich unmittelbar aus dem vorigen Resultat ergibt. Dieses Korollar sagt, daß die projektive Ebene der Ordnung 2 kein blocking set besitzt.

«*Allora proviamo il risultato* 2», sagt Franco einfach, «das heißt, daß jedes blocking set mindestens 4 Punkte hat.»

Ich versuche, in die richtige Richtung zu lenken: «Ich glaube, unsere Strategie sollte sein, erst mal zu zeigen, daß ein blocking set mindestens 3 Punkte hat.»

«Das ist einfach.» Luigia ist sich sicher: «Wir betrachten einen Punkt, der nicht im blocking set B liegt. Durch den gehen 3 Geraden, jede muß mindestens einen Punkt von B enthalten, also hat B mindestens 3 Punkte.»

«*Brava*», sage ich und fahre stolz fort: «*Una osservazione ed una domanda*: Die Beobachtung ist, daß du nur Eigenschaft (1) verwendet hast. Die Frage ist, welches die Mengen mit genau drei Punkten sind.»

«Die blocking sets mit genau drei Punkten?»

«Nein, ich glaube, es lohnt sich, ein bißchen vorsichtiger zu sein: Die Mengen mit drei Punkten, die (1) erfüllen, die also von jeder Geraden mindestens einen Punkt enthalten.»

Luigia kapiert: «Dann gilt dein Argument für jeden Punkt außerhalb der Menge B. Das heißt, jede Gerade, die einen Punkt außerhalb von B besitzt, hat genau einen Punkt von B. Mit anderen Worten», eine entscheidende Veränderung der Sichtweise, «für eine Gerade gibt es nur zwei Möglichkeiten: Entweder hat sie überhaupt keinen Punkt außerhalb von B ...»

«... und liegt damit ganz in B», unterbricht Franco,

«... oder sie enthält genau einen Punkt von B», schließt Luigia ungerührt.

«Was bedeutet das für die Menge B?» frage ich.

«Da B zwei Punkte enthält, muß B also auch eine Gerade enthalten. Das sind dann aber schon drei Punkte. Also ist B eine Gerade.»

«Ich glaube, das geht auch allgemein», erinnert sich Luigia. «Wenn wir eine Menge B in einer projektiven Ebene der

Ordnung q haben, die von jeder Geraden in mindestens einem Punkt getroffen wird, dann hat B mindestens q+1 Punkte ...»

«... *e vale l'eguaglianza se e solo se* B *è una retta*», fällt Franco ein, wobei er das typisch mathematische ‹*se e solo se*, dann und nur dann› benutzt.

«Können wir das beweisen?» frage ich.

«Natürlich», ist die spontane Antwort Francos.

Luigia macht uns zunächst nochmals die Behauptung klar: «Sei B eine Menge von Punkten einer projektiven Ebene der Ordnung q mit der Eigenschaft, daß jede Gerade mindestens einen Punkt von B besitzt. Dann hat B mindestens q+1 Punkte. Falls B genau q+1 Punkte hat, ist B die Punktmenge einer Geraden.» Wie immer in vollendeter Klarheit.

Ich schlage vor: «Machen wir das doch wie vorher. Wir betrachten einen Punkt Q außerhalb der Menge.»

Franco fällt mir ins Wort: «Da durch Q genau q+1 Geraden gehen und jede Gerade mindestens einen Punkt von B besitzt, muß B mindestens q+1 Punkte enthalten.» Und lehnt sich befriedigt zurück.

«Nun kommt noch der Fall der Gleichheit.» Luigia gibt heute kein Pardon. Aber sie liefert selbst die Lösung: «Wenn B nur genau q+1 Punkte hat, dann liegt auf jeder Geraden durch den Punkt Q nur ein Punkt von B. Das bedeutet: Jede Gerade, die einen Punkt Q außerhalb von B besitzt, enthält nur einen Punkt von B. *In altre parole*», sie ist nicht zu stoppen, «jede Gerade liegt ganz in B oder enthält nur einen Punkt von B. Insbesondere liegt die Verbindungsgerade zweier Punkte aus B ganz in B. Da eine solche Gerade schon q+1 Punkte enthält, muß B also eine Gerade sein.»

Franco und ich sind zufrieden mit unserer Leistung, die im wesentlichen auf Luigia zurückgeht, aber sie läßt nicht zu, daß wir uns zur Ruhe setzen: «Zurück zu unserem Problem!» Sie ist eine unbarmherzige Sklaventreiberin.

Ich rekapituliere: «Ein blocking set erfüllt nicht nur die Bedingung (1), sondern auch (2), und die Bedingung (2) verbietet insbesondere, daß B eine Gerade ist. Also kann B nicht nur drei Punkte haben, also mindestens vier.»

«*E quindi non esiste nessun blocking set nel piano proiettivo d'ordine* 2, also gibt es in der projektiven Ebene der Ordnung 2 kein blocking set», setzt Luigia einen Schlußpunkt.

«*Un risultato negativo*», sagt Franco bedauernd. Nichtexistenzsätze sind immer negativ. Klingen jedenfalls so. Denn natürlich sind dies nicht etwa minderwertige Aussagen, sondern auch Sätze, die manchmal schwere Beweise haben. Genauso wie positive Ergebnisse.

«Man kann übrigens jedes ‹negative› Ergebnis auch ‹positiv› formulieren», versuche ich, ihn zu trösten.

«Wie denn?»

«Zum Beispiel so: Wenn eine projektive Ebene ein blocking set besitzt, dann ist ihre Ordnung größer als 2.»

Begeisterung macht sich nicht breit.

Ich versuche, die Stimmung wieder fröhlicher zu gestalten: «Die projektive Ebene der Ordnung 3 ist in jedem Fall positiv. Denn dort existieren blocking sets.»

«Kann man die auch so schön zeichnen?»

Da muß ich Franco enttäuschen: «Teile davon kann man halbwegs vernünftig darstellen, aber ich glaube, es reicht, wenn wir uns die Struktur ‹abstrakt› vorstellen.»

«Was heißt das?»

«Das bedeutet, daß wir uns ein paar Punkte und Geraden und ihre Lage gut vorstellen können, ohne die Ebene vollständig präsent zu haben.»

«Wie kann man die blocking sets denn finden?» Luigia stellt eine dumme Frage, damit wir genauer nachdenken.

«Hier funktioniert schon eine allgemeine Konstruktion, und zwar die folgende: Bedingung (2) sagt, daß keine Gerade ganz in der blockierenden Menge enthalten sein darf. Wir folgen diesem Gebot, legen es aber so eng wie möglich aus. Daher wählen wir zunächst alle Punkte einer Geraden g außer einem, den wir Q nennen.»

«Wir respektieren das Gesetz dem Buchstaben nach, aber nicht dem Sinn nach.»

«So kann man sagen. Aber wir handeln korrekt.»

«Was haben wir damit erreicht?» fragt Luigia.

«Damit sind alle Geraden blockiert außer denen durch Q.»

«Statistisch gesehen alle.» Franco ist wie stets großzügig.

«Aber das reicht nicht. Wir brauchen alle. Ohne Ausnahmen», sage ich. «Und es wird sich zeigen, daß wir, um die letzten paar Geraden zu blockieren, nochmals genauso viele Punkte brauchen.»

«*Allora*?» Luigia läßt nicht locker.

«Wir nehmen eine zweite Gerade g' nicht durch Q und entfernen von dieser einen Punkt Q', der nicht der Schnittpunkt sein soll.»

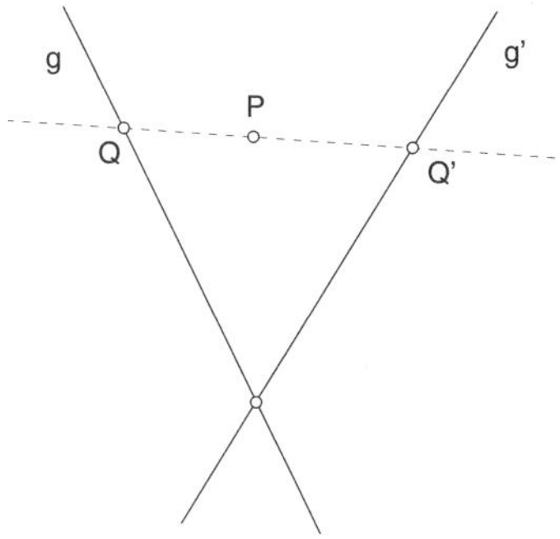

«Jetzt wird bestimmt alles blockiert.» Franco schaut nicht mal mehr hin.

«Genauer gefragt: Welche Geraden werden jetzt blokkiert?»

«Alle», meint er.

«Alle – außer der Geraden durch die beiden entfernten Punkte Q' und Q», trifft Luigia ins Schwarze.

«*Ridicolo*, lächerlich!»

«Ja, und daher blockieren wir diese Gerade mit einem weiteren lächerlichen Punkt P.»

So. Damit haben wir ein blocking set konstruiert. Luigia ist aber noch nicht zufrieden: «Wie viele Punkte hat dieses blocking set?»

Das ist nicht schwer auszurechnen: In einer endlichen projektiven Ebene der Ordnung q hat jede Gerade genau q+1 Punkte.

Franco denkt laut: «Von der Geraden g haben wir q Punkte gewählt, nämlich alle außer einem. Von der Geraden g' kommen noch q–1 Punkte hinzu, nämlich alle außer dem Schnittpunkt und dem Punkt Q'. Schließlich haben wir noch den lächerlichen Punkt P.» Er schreibt

$$q + (q-1) + 1 = 2q.$$

Endlich ist Luigia mit uns zufrieden. Wir haben zwar lange gebraucht, aber schließlich ... Sie notiert:

Risultato 3. Ogni piano proiettivo d'ordine q ≥ 3 *contiene un blocking set con precisamente* 2q *punti.* (Jede projektive Ebene einer Ordnung q ≥ 3 enthält ein blocking set mit genau 2q Punkten.)

«*In particolare*», mit diesem typischen Mathematikerschluß hält Luigia die Intensität unserer Arbeit aufrecht, «insbesondere hat die projektive Ebene der Ordnung 3 ein blocking set mit genau 6 Punkten.»

«Gibt es noch kleinere blocking sets in dieser Ebene?» fragt Franco.

«Wir wissen, daß schon die Bedingung (1) mindestens q+1 Punkte erzwingt; also hat ein blocking set in dieser Geometrie mindestens 3+1 = 4 Punkte.»

«Wenn es genau 4 Punkte hätte, dann wäre es eine Gerade», mache ich eifrig weiter, «und das geht nicht.»

«*Allora almeno 5*, also mindestens 5», stellt Franco lapidar fest.

«Daß 5 nicht geht, ist auch nicht schwer nachzuweisen, aber ein bißchen knifflig. In jedem Fall», stellt jetzt Luigia abschließend fest, «*abbiamo il Risultato 4. Ogni blocking set in un piano proiettivo d'ordine* 3 *ha* 6 *o* 7 *punti.* (Jedes blocking set in einer projektiven Ebene der Ordnung 3 hat entweder 6 oder 7 Punkte.)»

Die allgemeine Meinung scheint zu sein, daß dies *un bel programma*, ein ganz schönes Programm, für meinen Vortrag sei. Ich bin damit erst mal entlassen mit der impliziten Aufgabe, alles schön zusammenzuschreiben, damit ich auch eine *bella conferenza*, einen guten Vortrag, halten und für L'Aquila Ehre einlegen würde.

Während des Abendessens rufe ich Fattore an und sage ihm den Titel meines Vortrags. Er freut sich, daß ich so schnell reagiere. Als ich den Titel ‹6 + 7 = 13› nenne, zögert er kurz, ich wiederhole den Titel, als wäre nichts, und er notiert sich diesen. Insgeheim habe ich ja auf eine Reaktion gehofft, aber Fattore läßt sich nichts anmerken.

Nachdem wir den Tisch abgeräumt und die Berge von Orangenschalen in den Kamin geworfen haben, setzen wir uns im Wohnzimmer vor den Fernsehapparat.

Das Abendprogramm, das die italienische Nation derzeit in Atem hält, ist die Fernsehversion von «*Il Padrino*», der Mafiafilm mit Marlon Brando, die in zwei langen Folgen gezeigt wird. Mir fällt auf, daß es sich um eine fast reine Männerwelt handelt. Obwohl das sonst nicht mein Geschmack ist, hätte ich gerne ...

Wir sehen uns den grausamen Film zwar gemütlich an, aber Franco fühlt sich doch bemüßigt, mir zu erklären, daß die Mafia ursprünglich als Anwalt der kleinen Leute aus dem Süden, insbesondere aus Sizilien, auftrat und ihre Aktionen immer auch als Angriff gegen die Zentralmacht verstanden wurden; dadurch hatte sie bei vielen Sympathie. Heute sei das ganz anders; die Mafia operiere international, sei viel brutaler geworden, die Clans würden sich untereinander zerfleischen. Und dabei würden auch Unschuldige und Unbeteiligte getötet.

Luca, der den Film von Anfang an konzentriert verfolgt hat, meldet sich kurz zu Wort und fordert seine Eltern auf: «*Raccontate la nostra storia*, erzählt mal unser Erlebnis!»

«Du meinst die Geschichte in dem Lokal in Catania», sagt Franco, «erzähl du, Luigia.»

«Warum ich?»

«Weil du dabei die Hauptperson warst.»

«*Una storia proprio terribile*, eine wirklich schreckliche Geschichte», sagt sie nur, beginnt aber dann doch zu erzählen: «Wir waren bei unserem Freund Polifemo eingeladen. Er ist

Mathematikprofessor an der Universität Catania, ein sehr sympathischer Mensch, auch seine Familie ist wirklich nett.»

Franco ergänzt: «Ich sollte am nächsten Tag einen Vortrag an seinem Institut halten. Eigentlich wollten wir zusammen essen gehen, aber aus irgendwelchen Gründen hatte Mario», so heißt Polifemo mit Vornamen, «an diesem Abend keine Zeit.»

«Also gingen wir allein ins Restaurant. Wir waren zu viert, wir zwei und die Kinder.»

«*A Catania*», sagt Luca; offenbar ein wichtiger Aspekt der Geschichte.

«Wir fanden ein gutes *ristorante*, in einer belebten Gegend, ziemlich voll, aber in der vorderen Hälfte war noch ein Tisch frei. Es sah gut aus.»

Alle hören jetzt der Geschichte zu, der Film muß alleine weiterlaufen. «Wir hatten natürlich keinen Fotoapparat dabei. Zur Sicherheit. Und unsere Taschen trugen wir den ganzen Tag vorne, so daß wir sie mit beiden Händen halten konnten», präzisiert Diana.

«Dann kam der Kellner, erklärte, was es gab, empfahl uns etwas, und wir wählten *il primo ed il secondo*.»

«Er brachte das Brot, zwei Flaschen Wasser und den Wein in einer großen Karaffe.»

«*Una caraffa grande*.» Auch das scheint wichtig zu sein.

«Wir knabberten am Brot herum und warteten auf die *pasta*.»

«*Papà* machte Witze und erzählte lustige Geschichten», erinnert sich Diana.

«*Come sempre*», kommentiert Luca.

Luigia runzelt die Stirn und sieht die Szene genau vor sich: «Plötzlich standen zwei Männer an unserem Tisch. Ich hatte sie nicht kommen sehen. Sie standen einfach da. Junge Kerle. Sie sagten nichts. Sondern zogen ihre Messer und zeigten damit auf unsere Taschen.»

«Ich hatte überhaupt nicht kapiert, was los war», unterbricht Franco, aber Luigia hält das für keine sehr informative Mitteilung.

«Ich bemerkte zwei Dinge. Im ganzen Lokal herrschte Stille. Stell dir das vor: ein italienisches *ristorante*, vollbesetzt.

Und still. Gespenstisch still. Und dann sah ich in meinen Augenwinkeln, daß die Frauen an den Nachbartischen mit unauffälligen Bewegungen ihre Ringe und Ohrklipps abstreiften und unter den Servietten verschwinden ließen.»

«Die Männer sahen aus wie in einem billigen Film.» Diana hat auch in Extremsituationen ein Auge für das Äußere: «Lederjacke, die ganze Kleidung dunkel und einen Strumpf überm Gesicht.»

Luigia interessiert das jetzt so wenig wie damals: «Eine Situation, wie ich sie noch nie erlebt hatte. Schreck. Schock. Panik. Dann wußte ich, was los war.»

«Wahrscheinlich wäre es das beste gewesen, den Männern einfach unsere Handtaschen zu geben; dann wären sie bestimmt weitergegangen», sagt Franco.

Luigia läßt sich aber nicht ablenken: «Da richtete einer der beiden die Spitze seines Messers gegen Dianas Hals und hob damit ganz leicht ihre Halskette an.»

Luca erinnert sich genau: «Der Mann sagte: ‹*Signori*, das ist ein Überfall, machen Sie schnell!›. Aber noch bevor er ausgesprochen hatte, explodierte *Mamma*. Ohne zu überlegen, nahm sie die Weinkaraffe und schleuderte dem, der sich an Diana heranmachte, den Wein ins Gesicht. Die ganzen zwei Liter.»

«Ich hörte nichts und schrie den Typ nur an. Er solle seine Dreckpfoten von meiner Tochter lassen.» Luigia holte tief Luft. «Ich bin tolerant und lasse mir viel gefallen, aber meinen Kindern darf niemand etwas zuleide tun. Ich brüllte und brüllte und brüllte: ‹*Vi rompo la testa, uno lo ammazzo sicuro*! Ich schlag euch den Schädel ein und einen von euch schaff ich bestimmt!› Bewarf sie mit übelsten Schimpfworten und verlor vollkommen die Beherrschung.»

Franco sah die Situation von der anderen Seite, und die war nicht weniger besorgniserregend: «Nun gerieten wir andern erst recht in Panik, denn wir fürchteten, daß die Banditen jetzt gewalttätig würden.»

Luca ergänzt: «Wir alle faßten Luigia an und riefen ‹*calmati, calmati*›, nun beruhige dich doch wieder!»

«Ich nahm nichts mehr wahr und schrie weiter in äußerster Raserei.»

Ich merke, wie sie, selbst jetzt noch, im Abstand von über einem Jahr, erregt ist.

«Und was passierte?» frage ich.

«Ich weiß nicht, ob die beiden schockiert waren oder ob es ihnen einfach zu ungemütlich wurde, jedenfalls steckten sie ihre Messer ein und zogen sich zurück.»

Diana sagt: «Ich bin überzeugt, daß es nur deswegen war, weil eine Frau Widerstand geleistet hat. Frauen haben in deren Gesellschaft nämlich nichts zu sagen. Sie kamen mit dieser Situation einfach nicht klar.»

Nach einer Weile meint Luigia: «Ich fand mein Verhalten selbst schockierend. Normalerweise überlege ich immer. Hier hatte ich keine Sekunde überlegt. Und wenn ich überlegt hätte, hätte ich bestimmt nicht geschrien.»

«Sondern ihnen die Sachen gegeben.»

«*Naturalmente.*»

«Wir haben uns anschließend erkundigt. Das ‹Übliche› wäre gewesen, daß die von Tisch zu Tisch gezogen wären und von jedem kassiert hätten.»

«Als wir am nächsten Tag die Geschichte unserem Freund Polifemo erzählten, erklärte der uns, daß man sich in Catania genau erkundigen müsse, welche *ristoranti* man empfehlen kann.»

«Was heißt ‹empfehlen›?» frage ich.

«Dieses Restaurant bezahlte vermutlich kein Schutzgeld», war die einfache Erklärung.

10

Facciamo due passi!

Heute ist mein Vortrag in Rom. Franco holt mich am Hotel ab, und wir fahren gemeinsam nach San Vittorino. Zeit für einen *caffè* ist immer. Aber unmittelbar danach brechen wir auf. Luigia und Franco scheinen mindestens so aufgeregt zu sein wie ich. Luigia sagt: «Heute ist der 21. März, *l'inizio della primavera*, Frühlingsanfang, ein gutes Zeichen für dich!»

Wir haben uns alle schick angezogen. Für die Italiener ist das nichts Besonderes, aber für mich schon. Ich habe 1969 zu studieren begonnen. Ein Teil der Revolte der Achtundsechziger bestand darin, sich betont schmuddelige Klamotten anzuziehen, den Friseur zu boykottieren und sich nicht zu waschen. Wir müssen damals furchtbar gestunken haben. Ich finde es außerordentlich angenehm, daß wir jedenfalls diesen Teil der Achtundsechzigerbewegung überwunden haben. Trotzdem war es mir auch heute, Anfang der 80er, immer noch unbequem, ein Jackett anzuziehen und mir eine Krawatte umzubinden. Aber ich beugte mich der italienischen Etikette.

Franco fährt, Luigia sitzt neben ihm, ich hinten. Das Wetter ist glänzend; die Sonne blendet und schmilzt den Schnee am Rande der Autobahn, so daß die Fahrbahn naß ist. Eigentlich bin ich die Strecke ja schon mal gefahren – am ersten Tag von Rom nach L'Aquila. Aber damals war es dunkel, und außerdem hatte ich anderes im Kopf, als die Umgebung zu betrachten. Daher ist für mich jetzt fast alles neu.

Wir fahren an grauen Bergdörfern vorüber, deren verschachtelte Häuser an den Berghang geklebt zu sein scheinen; es sieht trostlos aus, als ob sich dort in den letzten Jahrhunderten nichts verändert hätte. Immer wieder verlassene Gehöfte und Häuser, die langsam vor sich hin bröseln.

Aber es gibt auch ganz andere Eindrücke: Fabriken auf

der grünen Wiese, die kaum ein paar Jahre alt sein können, die kühn geschwungene Autobahn, die durch lange Tunnels und über hohe Brücken führt, auf denen es rechts und links tief hinabgeht, und immer wieder die italienischen ‹Antiruinen›, jene Betonkonstruktionen, die man als Struktur für ein Haus erstmal errichtet, um dann so lange zu warten, bis man das Geld für den nächsten Bauabschnitt zusammen hat.

Ist Franco aufgeregt oder nur angeregt? Jedenfalls ist sein Fahrstil so sprunghaft und ungleichmäßig, daß mir schon auf den ersten Kilometern ein bißchen schlecht wird. Vielleicht kommt's mir auch nur so vor, weil ich aufgeregt bin. Denn daß er dicht auffährt, zu spät überholt, dafür dann auf der Überholspur bummelt, gehört zu den hiesigen Fahrgewohnheiten, an die ich mich eigentlich schon gewöhnt habe.

Aber es kommt noch besser. Ich versuche, die Aufschriften der Schilder zu entziffern, und freue mich wie ein Kind, wenn ich rauskriege, was das bedeutet. Unter einem Achtungsschild an der Autobahn lese ich *caduta massi*. Ich kenne schon ‹*caduta sassi*› und weiß, daß das ‹Steinschlag› bedeutet. Daher frage ich – zugegebenermaßen nicht sehr intelligent – «*Cosa significa ‹caduta massi›?*»

Franco läßt es sich nicht nehmen, mir zu erklären: «*Sassi*», und dabei deutet er mit den Händen einen Stein von der Größe eines Fußballs an, «*massi*!» und zeigt mit seinen Händen einen Felsbrocken mit mindestens einem Meter Durchmesser. Daß er dabei das Steuer loslassen muß und dies – bei Tempo 100 – eventuell gefährlich werden könnte, kommt ihm offenbar nicht in den Sinn. Jedenfalls interpretiert er meinen entsetzten Blick nur als Aufforderung, noch einmal mit großer Geste zu wiederholen: «*Massi*!»

Nach fast zwei Stunden, es muß kurz vor Rom sein, steuern wir eine *area servizio*, eine Raststätte, an. Als wir zu dem kleinen Kiosk mit der Aufschrift *Bar Agip* gehen, um dort einen Kaffee zu trinken, werden wir von einem Mann angesprochen, der uns ein Feuerzeug verkaufen will. Luigia und ich gehen weiter, ohne ihn eines Blickes zu würdigen, aber Franco bleibt stehen, kauft tatsächlich ein Feuerzeug und stößt erst wieder zu uns, als wir den *caffè* schon bestellt haben. «Warum hast du ein Feuerzeug gekauft», frage ich, «die sind doch bestimmt gestohlen!»

Franco widerspricht nicht, sondern erklärt mir, dies sei der Preis dafür, daß den Reifen seines Autos auf dieser Raststätte nichts geschehe. Außerdem seien diese Feuerzeuge bestimmt gut, «denn», erklärt er mit entwaffnender italienischer Logik, «sie sind ja gestohlen.»

Nach wenigen Kilometern verlassen wir die Autobahn über die Ausfahrt *Tiburtina*. Der Verkehr wird schlagartig dichter, chaotischer, anstrengender. Dies macht Franco zu schaffen, er versucht es zunächst zu ignorieren, aber ich merke, daß er zusehends emotionaler reagiert.

Als er an einer roten Ampel versehentlich hält, obwohl die Kreuzung frei ist, und hinter uns ein wütendes Gehupe losgeht, ist er zunächst verunsichert, überspielt das aber damit, daß er mir erklärt, es sei gefährlich, an einer roten Ampel stehenzubleiben, denn die Autos hinter einem würden ja erwarten, daß man durchfährt, wenn frei ist.

Luigia will mich beruhigen und führt aus, daß das unablässige Hupen nicht aggressiv gemeint sei und nicht «Platz da!» bedeute, sondern nur heiße «Ich bin hier». Die Autos setzen gewissermaßen ständig eine ‹Geräuschmarke›. Es ist so ähnlich wie bei frischgeborenen Entchen, die während ihrer ersten Ausflüge andauernd schnattern, um ihrer Mutter anzudeuten, daß sie noch da sind.

«Übrigens», sagt Franco, «uns kann gar nichts passieren, denn ich habe einen Freund bei der Polizei.» Das heißt, er würde mit einem eventuellen Strafmandat erst mal seinen Freund besuchen und mit ihm besprechen, was er wirklich machen muß. Ohne einen *amico* funktioniert hier nur wenig.

Für die Sehenswürdigkeiten Roms haben wir kein Auge, da wir auf der verzweifelten Suche nach einem Parkplatz sind. Nach langer Zeit, während der ich die Orientierung vollkommen verliere, finden wir endlich eine Parklücke, in die Franco seinen Audi zwängen kann.

Ich hatte darum gebeten, mir beim Kauf eines italienischen Mathematikbuchs zu helfen, das in Deutschland nicht erhältlich ist. Die Schwierigkeit dabei ist, daß es nicht in einem normalen Verlag, sondern in der italienische Akademie der Wissenschaften, der *Accademia dei Lincei*, erschienen ist. Franco wußte, wo es ganz bestimmt vorrätig ist, und Luigia, wo man es garantiert erhalten kann, wenn es an der ersten Stelle nicht da sein sollte. Wir klapperten beide Büros ab – und natürlich war es nirgends vorrätig, und die Angestellten wußten auch nicht, ob es überhaupt noch erhältlich sei.

Es war inzwischen schon nach eins, und wir suchten uns eine kleine *Trattoria*, wo wir schnell bedient wurden. Es mußte natürlich auch diesmal ein vollständiges *pranzo* sein: *il primo*, *il secondo* und *frutta*, dazu *vino*. Ich achtete aber darauf, von allem nur wenig zu mir zu nehmen, denn für vier war ja mein Vortrag angesetzt.

Nach dem Essen fahren wir – Franco läßt sich das nicht nehmen – zu der Universität. Ihr voller Name ist *Università degli Studi Roma I «La Sapienza»*, und man hört geradezu den Stolz, mit dem jeder Professor dieser Universität diesen Namen – jedesmal in voller Länge – ausspricht und damit die seiner Meinung nach unübersehbare Distanz zur Universität Roma II deutlich macht.

Die Universität befindet sich nahe der *Stazione Termini* und ist in einem noch auftrumpfenderen Stil gebaut. Hier braucht man wirklich nicht zu sagen, daß die Konstruktion aus der Zeit des Faschismus stammt. Franco versucht, durch den Eingang auf das Gelände zu fahren. Es gibt aber kein Durchkommen, die Wachen sind äußerst strikt. Also müssen wir versuchen, auf dem Platz vor der Universität, der *Piazzale Aldo Moro*, einen Parkplatz zu finden. Das ist fast unmöglich, und entsprechend verschlechtert sich Francos Laune zusehends. Schließlich stellt er sein Auto einfach irgendwo hin. Ich kann mir zwar nicht vorstellen, daß eines der zugeparkten Autos je wieder rauskommt, aber das beunruhigt auch Luigia nicht.

Nach einem Umweg über die schmuddelige Bar der Universität sind wir in wenigen Minuten am Mathematischen Institut, das nach dem Mathematiker *Guido Castel-*

nuovo benannt ist. In Italien schmückt sich jedes Institut mit einem berühmten Mathematiker, der irgendwann mal hier gewirkt hat, wohl in der Hoffnung, daß ein bißchen von seinem Glanz auf die heute dort Tätigen abfällt.

Bevor wir irgend jemanden sehen, hören wir die Leute. Es summt wie in einem Bienenschwarm. Im Gang vor dem Hörsaal haben sich schon etwa dreißig Personen versammelt, erstaunlich viele. Einige gestandene Mathematikerinnen und Mathematiker – über die Hälfte Frauen! – und zahlreiche junge Leute, die ich für Studierende halte. Persönlich kenne ich niemanden, obwohl mir sicherlich mancher Name aus den entsprechenden Veröffentlichungen bekannt sein dürfte. Die Leute unterhalten sich angeregt in Gruppen – soweit ich das mitbekomme, vorwiegend über nichtmathematische Themen. Zu dem Summen trägt die Überakustik der Halle bei, in der jeder Laut reflektiert wird und sich untrennbar mit anderen Geräuschen vermischt.

Franco ist wie verwandelt: Nachdem er eben noch kurz davor war, Gift und Galle zu spucken, ist er jetzt die Freundlichkeit in Person. Er und Luigia kümmern sich sofort um irgendwelche Bekannten, und ich stehe mehr oder weniger verlassen rum.

Da entdecke ich plötzlich John, einen Kollegen aus den U. S. A., mit dem ich seit einigen Jahren befreundet bin. Ich weiß, daß er sein Sabbatical, sein Forschungsfreijahr, in Italien verbringt. Er ist extra zu meinem Vortrag nach Rom gekommen.

Ich kenne John seit fünf Jahren. Als ganz junger Assistent war ich zu einer Tagung nach Bologna eingeladen worden, einer Tagung, die ihren Namen wirklich verdiente, denn sie dauerte nur einen Tag. Ich reiste am Vortag des Treffens völlig unschuldig an, konnte wirklich kein Italienisch (ich erinnere mich, daß ein begeisterter Italiener im Zug etwa eine Stunde seines Lebens dafür opferte, mir den Satz «*le donne sono belle*» nahezubringen, wobei er am Ende Zuflucht zu eindeutigen Gesten nehmen mußte), fuhr mit dem Taxi zum Institut (namens «*Ulisse Dini*»), fand zufällig Einlaß (denn es war ein Feiertag, und das Institut war eigentlich geschlossen) und fand auch den veranstaltenden Professor.

Dieser empfing mich außerordentlich freundlich, übergab mich dann aber bald an John, der damals sein Sabbatical in Bologna verbrachte (wann hat er eigentlich kein Sabbatical?).

Mit John verstand ich mich sofort gut, wir entdeckten einen ähnlichen Sinn für Humor, einen ähnlichen Geschmack für Mathematik und eine gute Art und Weise, überall dort, wo wir verschiedene Einstellungen hatten, ohne großes Aufhebens einen vernünftigen Kompromiß zu finden. Auch jetzt verstand ich mich sofort wieder hervorragend mit ihm. Wir erzählten uns unsere jüngsten Erlebnisse, machten unsere Witze über Mathematiker, kamen aber nicht mehr dazu, uns über Mathematik zu unterhalten, denn jetzt trat Professor Fattore auf.

Seine Gestalt beherrscht sofort die Szene, und alle Gesichter wenden sich ihm zu. Er will eine Begrüßungsrunde beginnen, da sieht er mich, geht, ohne nach rechts oder links zu schauen, auf mich zu und begrüßt mich herzlich. Danach begrüßt er doch noch die anderen, redet hier ein bißchen, stellt dort eine Frage und verteilt Komplimente. Dann drücken die Italiener ihre Zigaretten aus, und wir gehen in den Hörsaal.

Es dauert eine Zeitlang, bis sich alle mehr oder weniger geräuschvoll auf ihren Plätzen niedergelassen haben. Jeder wählt seinen Platz mit Bedacht aus: Einige wollen in der Nähe des Meisters gesehen werden, um Punkte zu sammeln, einige ziehen sich zurück, um das Ganze distanzierter betrachten zu können. Fattore setzt sich alleine nach vorne in die dritte Reihe. Vor ihm sitzt niemand – außer John, der sich ungeniert einen Platz in der ersten Reihe sucht; er ist offenbar wirklich an der Mathematik interessiert.

Fattore erhebt sich, sucht die Ankündigung des heutigen Vortrags, findet sie nicht, weist dann zunächst darauf hin, daß in zwei Wochen der nächste Vortrag stattfinden wird. Danach begrüßt er mich nochmals, sozusagen offiziell, wobei er meinen Namen so ausspricht, daß er auch ‹Alberto Einstein› heißen könnte. Jetzt hat er seinen Zettel gefunden, kann den Titel meines Vortrags ansagen, und dann bin ich dran.

Ich beginne meinen Vortrag mit einer auswendig gelernten Begrüßung: «*In primo luogo vorrei ringraziare il professor Fattore per il gentile invito a Roma. Mi dispiace di non poter parlare in Italiano, quindi ho deciso di parlare in Inglese, ma di scrivere in Italiano*, es tut mir leid, daß ich nicht Italienisch sprechen kann; ich werde daher Englisch sprechen, aber Italienisch schreiben.»

Dann, als der eigentliche Vortrag beginnen soll, drehe ich mich wortlos zur Tafel und zeichne die wahrscheinlich allen Anwesenden bekannte kleinste projektive Ebene auf:

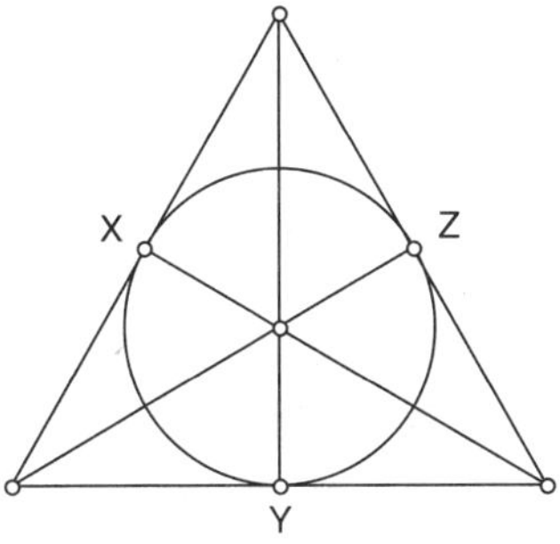

«Wir alle kennen diese Darstellung der projektiven Ebene der Ordnung 2. Sie hat 7 Punkte und 7 Geraden, wobei wir eine Gerade als Kreis zeichnen. Wir sagen immer: ‹Das macht nichts›, denn das ist nur ein Symbol und bedeutet, daß in der abstrakten Struktur die Punkte X, Y, Z auf einer gemeinsamen Geraden liegen.»

Ich fahre in meinem Vortrag fort: «Aber muß das so sein? Kann man diese projektive Ebene vielleicht doch so zeichnen, daß man nur ‹richtige› Geraden verwendet? Vielleicht waren die Mathematiker bisher nur zu dumm dazu?»

Ich warne: «*Non cominciate a disegnare quadri*, denn ich bin sicher, Sie werden es nicht schaffen. *Non perché siete stupidi*, nicht, weil Sie dazu unfähig sind, sondern weil es nicht geht. Es gibt einen allgemeinen Satz, und aus dem folgt, daß man diese Ebene nicht geradlinig zeichnen kann. Übrigens: Nicht nur diese Ebene nicht, auch nicht die Ebene der Ordnung 3, nicht die Ebene der Ordnung 4 usw. Selbst wenn es eine Ebene der Ordnung 10 geben sollte – was heute keine Mensch weiß –, wissen wir bestimmt, daß sich diese nicht geradlinig in die euklidische Ebene einbetten läßt.»

Der Satz, über den ich im ersten Teil meines Vortrags reden möchte, ist die Vermutung von Sylvester: «Der berühmte englische Mathematiker James Joseph Sylvester hat um die Jahrhundertwende folgende Vermutung aufgestellt: Zu jeder endlichen Menge von Punkten, die nicht auf einer gemeinsamen Geraden liegen, gibt es stets eine Gerade, die genau 2 Punkte der Menge enthält.» Ich schreibe an die Tafel:

> *Congettura di Sylvester: Per ogni insieme finito di punti non allineati esiste sempre una retta che contiene solo due punti dell'insieme.*

«Was hat das mit projektiven Ebenen zu tun?» fahre ich fort. «In einer projektiven Ebene sind je zwei Punkte durch eine Gerade verbunden, und jede Gerade hat gleich viele Punkte, nämlich n+1, wobei n die Ordnung der projektiven Ebene ist.»

Nun hält es Professor Fattore nicht mehr auf seinem Stuhl. Er war schon seit einiger Zeit unruhig geworden, seine Augen leuchten, er hatte beifällig gebrummt – aber mir war es bislang gelungen, ihn im Zaum zu halten – vor allem dadurch, daß ich ihn nicht aus den Augen ließ. Aber jetzt war seine Begeisterung nicht mehr zu bremsen: «... da $n \geq 2$ ist, hat jede Gerade mindestens 3 Punkte, und dies widerspricht der Vermutung von Sylvester.»

Ich nehme an, daß dies nur ein Zwischenruf ist, aber jetzt erhebt sich Fattore, dreht sich zum Publikum und instruiert seine Getreuen: «*Capito, ragazzi*?» Das war keine Frage, sondern der Befehl, bei seiner Wiederholung gut aufzupassen: «Die Vermutung von Sylvester sagt, daß jede endliche Punktmenge, die nichtkollinear ist, mindestens eine 2-Gerade enthält, *cioè una retta con precisamente* 2 *punti dell'insieme*. Wir wissen nicht, ob es Geraden mit 3, 4, 5 oder 1000 Punkten gibt, aber mindestens eine mit genau 2 Punkten. *Quindi*», tönt er mit einer Stimme, bei der keiner wagt, unaufmerksam zu sein, «*quindi* kann nicht jede Verbindungsgerade von zwei Punkten n+1 Punkte enthalten, weil n+1 ≥ 3 ist. Also kann keine endliche projektive Ebene in die euklidische Ebene eingebettet werden.»

«*Ma*», und damit dreht er sich wieder zu mir herum und setzt sich, «*ma, è solo una congettura*, das ist ja nur eine Vermutung, *oppure è stata provata*, oder ist das bewiesen worden?»

Die Chance, mit meinem Vortrag fortzufahren, darf ich mir nicht entgehen lassen: «Viele Jahrzehnte lang blieb die Vermutung unbewiesen und drohte schon, vergessen zu werden. Da erinnerte der berühmte ungarische Mathematiker Paul Erdös an diese Vermutung. Und kurz darauf wurde sie von Gallai bewiesen. Ich beweise jetzt die Vermutung, aber nicht mit dem Originalbeweis, sondern mit einem neueren Beweis, einem Beweis durch Widerspruch.

Assumiamo che esiste un insieme finito M *che non contiene una* 2-*retta*. Das bedeutet: Die Menge M besteht aus endlich vielen Punkten mit der Eigenschaft, daß jede Gerade, die (mindestens) zwei Punkte enthält, noch mindestens einen weiteren Punkt von M besitzt.

Wir können jetzt im Prinzip alle Zusammenstellungen von drei Punkten der Menge M betrachten. Unter allen ‹Tripeln› wählen wir ein Tripel A, B, C von Punkten mit folgenden Eigenschaften:

- A, B, C liegen nicht auf einer gemeinsamen Geraden.
- Der Abstand von A zu der Geraden BC ist minimal.»

«*Cioè*», erklärt Fattore den Zuhörern (oder sich selbst?), «wenn der Abstand zum Beispiel 1 cm ist, dann gibt es keine nichtkollinearen Punkte, so daß der Abstand des einen zu der Verbindungsgeraden der anderen kleiner als 1 cm ist.»

«Bravo», sage ich und meine es ironisch, aber das scheint er nicht zu merken.

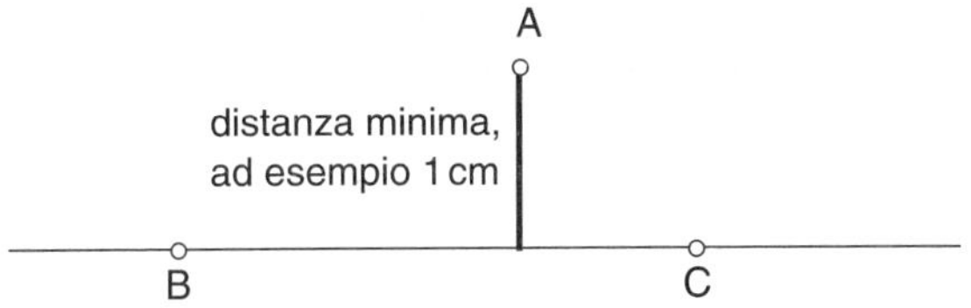

«Die Gerade BC», fahre ich fort, «enthält schon zwei Punkte von M, also gibt es nach unserer Annahme mindestens noch einen Punkt von M auf BC. Nennen wir diesen Punkt D.

Es gibt verschiedene Möglichkeiten, wo D bezüglich der Punkte B und C liegen kann, aber alle Fälle können im Prinzip gleich behandelt werden, und daher betrachte ich nur einen, nämlich den, daß D rechts von C liegt.

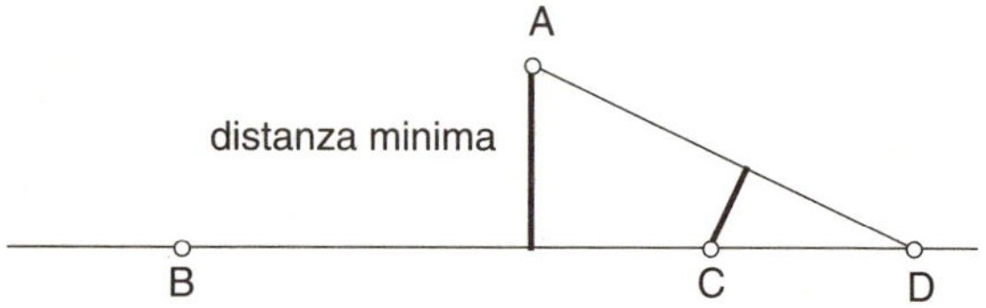

Wir brauchen bloß hinzuschauen und – sehen, daß der Abstand von C zu der Geraden AD kleiner als 1 cm ist. *Contraddizione*!»

Verblüfftes Schweigen! War ich zu schnell? Fattore rettet die Situation, indem er laut nachdenkt: «Und wenn der dritte Punkt der Geraden links von B liegt, dann ...» Ich helfe ihm, indem ich eine neue Figur male:

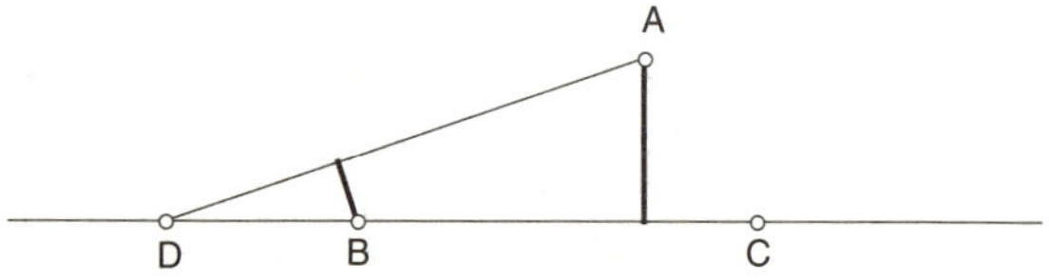

«... dann ist der Abstand von B zur Geraden DA kleiner als 1 cm. *Ancora una contraddizione. Finito*!»

Ich möchte den ersten Teil meines Vortrags mit einer Bemerkung abschließen: «Erinnern Sie sich, Sylvesters Vermutung handelt von endlichen Mengen. Wo haben wir die Endlichkeit benutzt? Als wir das Minimum bildeten. Das können wir prinzipiell nur, wenn wir endlich viele Objekte vergleichen. In unserem Fall vergleichen wir endlich viele Tripel von Punkten.»

«Also können wir den Beweis nicht verallgemeinern», stimmt Fattore zu.

«Aber auch die Vermutung bleibt nicht richtig, wenn wir unendliche Mengen zulassen. Betrachten wir zum Beispiel eine Kreisscheibe. Hier gibt es keine 2-Gerade, denn jede Gerade, die zwei Punkte der Kreisscheibe enthält, besitzt sogar unendlich viele Punkte der Kreisscheibe.»

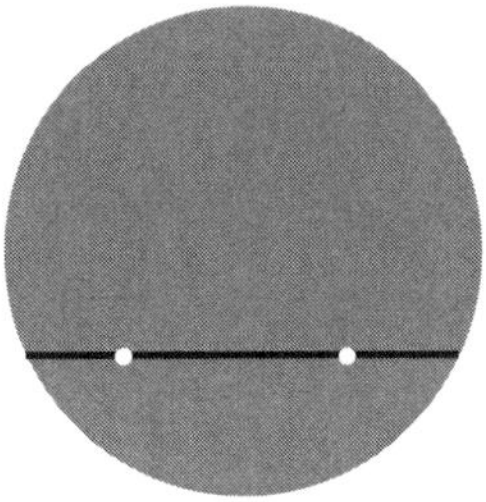

Ich erkläre nochmals: «Jede Gerade hat keinen, einen oder unendlich viele Punkte mit der Kreisscheibe ...»

Noch bevor ich den Satz beendet habe, unterbricht mich Fattore und stellt direkt, ohne nachgedacht zu haben, die Frage: «Gibt es auch Mengen, bei denen jede Verbindungsgerade mehr als zwei, aber nur endlich viele Punkte enthält? Also, zum Beispiel», jetzt beginnt er wieder bewußt zu denken, «daß jede Gerade keinen, genau einen oder genau drei Punkte der Menge enthält.»

Vielleicht habe ich ihn doch unterschätzt. Das ist eine gute Frage, 1:0 für Fattore.

Sogar eine sehr gute Frage. Ist das nicht unser Problem? Es überläuft mich wie eine Welle von Scham. Ich kontere genauso instinktiv und ohne nachzudenken: «Noch radikaler gefragt: Gibt es eine Menge von Punkten, die von jeder Geraden in genau 3 Punkten getroffen wird?»

«Genau 3? Jede Gerade? Das ist schwierig.»

Gut. Das wissen wir auch. Es steht wieder unentschieden. Ich antworte: «Wir haben uns in anderem Zusammenhang gefragt, ob es Mengen gibt, die von jeder Geraden in genau 2 Punkten getroffen werden.»

«Genau 2? *Ancora più difficile.*»

«*Non lo credo.* Das glaube ich nicht. Ich bin überzeugt, wenn das eine Problem gelöst wird, dann auch das andere.»

Eigentlich haben wir jetzt schon über blocking sets gesprochen, aber das weiß außer mir offenbar niemand. Luigia und Franco müßten es eigentlich wissen, aber sie sind mehr damit beschäftigt, die Reaktionen des Publikums zu beobachten, als inhaltlich meinem Vortrag zu folgen.

Also mache ich weiter: «Im zweiten Teil meines Vortrags möchte ich über blocking sets sprechen – ein Thema, das scheinbar nichts mit dem vorherigen zu tun hat; wir werden am Ende aber einem Zusammenhang auf die Spur kommen.»

«Blocking sets», beginne ich, «wurden zuerst um 1940 in der Spieltheorie eingeführt. In dieser Theorie studiert man ja nicht nur irgendwelche Unterhaltungsspiele, sondern versucht, politisches und vor allem wirtschaftliches Verhalten zu beschreiben. Dort wurde der Begriff ‹blocking coalitions› eingeführt, der Zusammenschlüsse von Personen beschreibt, die jede Entscheidung verhindern können. Heute allerdings», rette ich mich schnell in die reine Mathematik, «werden blocking sets vor allem in der Geometrie und dort hauptsächlich in projektiven Ebenen betrachtet.»

Diesem Publikum brauche ich nicht zu erzählen, was eine projektive Ebene ist, Fattore hat mir am Telefon versichert, daß das jedenfalls alle wissen. Eine projektive Ebene hat mit die einfachsten Axiome; sie besteht aus Punkten und Geraden, so daß je zwei Punkte genau eine Verbindungsgerade und, dual dazu, wie die Mathematiker sagen, je zwei Geraden einen eindeutigen Schnittpunkt haben. Insbesondere gibt es in einer projektiven Ebene keine parallelen Geraden.

«Wir betrachten zunächst eine Menge von Punkten einer projektiven Ebene, die jede Gerade ‹blockiert›, d.h. von jeder Geraden mindestens einen Punkt enthält. Das ist einfach zu realisieren: Jede Gerade hat diese Eigenschaft. Klar, denn wenn wir die Punkte einer Geraden rot färben, hat jede Gerade mindestens einen roten Punkt, da die «rote» Gerade nach Definition von jeder anderen getroffen wird.

Um diesen Fall, der uns zu einfach ist, loszuwerden, machen wir die Definition etwas komplexer, indem wir die Situation, die wir gerade hatten, einfach verbieten.» Ich schreibe:

Un blocking set è un insieme di punti di un piano proiettivo tale che valgano le seguenti proprietà:
- *Ogni retta ha almeno un punto in comune con il blocking set.*
- *Ogni retta ha almeno un punto fuori del blocking set.*

«Ein blocking set ist wie eine Wolke: sie berührt alles, aber nichts ist ganz darin verborgen.» Dazu mache ich eine schöne Zeichnung, welche die Definition verdeutlichen soll:

Da meldet sich unüberhörbar mein Freund John zu Wort: «Bevor wir in der Geometrie verschwinden: Kannst du mir das mit den Koalitionen nochmals erklären? Das habe ich nicht verstanden.» Offenbar befürchtet er, daß ich in die Mathematik abgleite, in der alles wie am Schnürchen läuft, wenn man den richtigen Anfang, das heißt die richtigen Axiome, hat.

Fattore runzelt die Stirn, wie kann es jemand außer ihm wagen, eine Frage zu stellen, und dazu noch eine, die ihn nicht interessiert? Bevor es zu Zwistigkeiten kommt, versuche ich zu antworten: «Wir stellen die Personen, die prinzipiell an einer Entscheidung beteiligt sind, als Punkte einer Geometrie dar. Das können zum Beispiel die Abgeordneten eines Parlaments oder die *commissari* bei einem *concorso* sein.»

Hier horcht Fattore auf, ich sehe seinem Gesicht an, was

er denkt: Was will uns dieser Ausländer über unsere *concorsi* erzählen? Das ist doch etwas, was nur wir verstehen!

Ich erzähle unbeeindruckt weiter: «Es gibt Gruppierungen innerhalb dieser Menge von Menschen, die eine Entscheidung herbeiführen können. Normalerweise sind das alle Gruppen, die die Mehrzahl der Stimmen auf sich vereinigen. Aber man kann sich im allgemeinen alles Mögliche vorstellen. In jedem Fall sind diese Gruppierungen dann auch Teilmengen der Punktmenge. In der Spieltheorie heißen sie ‹Koalitionen›, in der Geometrie nennen wir sie einfach ‹Geraden›. Eine ‹blocking coalition› ist dann eine Menge von Personen, für die gilt:

- In jeder Koalition gibt es mindestens ein blockierendes Mitglied, d. h., die blocking coalition kann jede Entscheidung verhindern, wenn ihre Mitglieder grundsätzlich mit Nein stimmen.
- Die blocking coalition selbst kann keine Entscheidung erzwingen.»

«Ich verstehe», sagt John, «nicht nur destruktiv, sondern auch impotent.»

«In jedem Fall entsprechen die blocking coalitions genau den blocking sets in der Geometrie.»

Fattore hat schon mehrfach versucht, John durch Blicke zum Schweigen zu bringen, was ihm aufgrund seiner ungünstigen Position – er sitzt ja zwei Reihen hinter John – nicht gelingen konnte. Der schnelle Schlagabtausch ist offenbar zuviel für ihn, daher beeile ich mich zu versichern: «Und blocking sets in der Geometrie sind nicht nur schöne Strukturen, sondern geben auch zu vielen interessanten Fragen Anlaß.»

Jetzt komme ich wirklich auf die Geometrie zu sprechen und berichte von den grundlegenden Eigenschaften und den wichtigsten Sätzen über blocking sets in projektiven Ebenen. Ich behandle die Ebene der Ordnung 2, dann die Ebene der Ordnung 3, und so wird auch das Geheimnis des Titels ‹6+7 = 13› gelüftet. Alles so, wie wir das in L'Aquila besprochen hatten.

Ich beende meinen Vortrag, indem ich den Zuhörern für ihre Aufmerksamkeit und Geduld danke und – erhalte Applaus. Franco und Luigia strahlen, ich habe meine Sache anscheinend gut gemacht. Fattore dankt mir und drückt seine Anerkennung dadurch aus, daß er sagt: «Du hast zu Beginn schon zwei Sätze auf italienisch gesagt, wir erwarten, daß du im nächsten Jahr wiederkommst und den ganzen Vortrag auf italienisch hältst!» Mit einem nochmaligen Hinweis auf den Vortrag in zwei Wochen ist die Gemeinde entlassen.

Daß mein Vortrag wirklich gut angekommen ist, zeigt sich jetzt. Viele Zuhörer kommen auf mich zu, loben meine *chiarezza* (anscheinend das höchste, was man erreichen kann) und umarmen mich zuhauf. Das habe ich noch nie erlebt.

«*Facciamo due passi!*» Es gilt als große Ehre, wenn Fattore mit einem Vortragenden noch ein bißchen durch Rom spaziert. Offenbar hat ihm mein Vortrag gefallen, vielleicht auch deswegen, weil ich ihn zu Wort kommen ließ.

Die Redewendung «*facciamo due passi*» ist ein Musterbeispiel eines scheinbar menschenfreundlichen, die wahre Botschaft aber verheimlichenden Satzes im Italienischen. Wörtlich übersetzt heißt dies: «Machen wir zwei Schritte» oder, schon etwas wirlichkeitsnäher, «Laßt uns ein paar Schritte machen». Aber auch das vermittelt die falsche Vorstellung. In Wirklichkeit heißt es, wir schlendern jetzt einfach los, und keiner weiß, wie lange das dauern wird. Unter einer halben Stunde geht's garantiert nicht ab, es können aber auch zwei Stunden werden. Übrigens müssen die «*passi*» auch nicht zu Fuß sein, man kann auch dazu sagen: «*Andiamo con la macchina*, nehmen wir das Auto», und dann sind die *due passi* eine Spritztour im Auto.

Wir machen also *due passi*. Zu Fuß. Es ist in jedem Fall lehrreich, mit Fattore unterwegs zu sein. Er weiß viel, macht sich über alles Gedanken und drückt sich klar aus. Er erklärt mir die Geschichte Roms, einzelne Bauwerke, warum Neapel eigentlich die Hauptstadt Italiens sein müßte, den Aufbau seines Instituts und das italienische Universitätssystem und so weiter und so weiter. Zuviel für mich.

In seinen Ansichten erweist er sich als ein überzeugter Süditaliener: Weshalb gibt es in Italien so wenige Hinweisschilder und in den U. S. A. so viele? Ganz einfach: «*Gli Italiani sono intelligenti, gli Americani sono stupidi*, deshalb brauchen sie so viele Hinweise.» Als Beweis führt er Süditalien an. Dort gibt es praktisch keine Hinweistafeln und Wegweiser. Klar: «*Gli italiani del sud sono i più intelligenti*, die Süditaliener sind die Allerschlausten.»

Und noch ein Beweis: Die Norditaliener aus Milano und Torino beklagen sich immer darüber, daß die Süditaliener so wenig arbeiten und bei Rot über die Ampeln fahren. Nur ein Ausdruck ihrer Beschränktheit: Wer arbeitet, wenn er nicht muß, ist genauso blöd wie jemand, der an einer roten Ampel stehenbleibt, obwohl die Kreuzung frei ist. Dies erklärt Fattore ernst, ohne jede Ironie und voll ehrlicher Überzeugung.

11

Era un fascista.

Nach etwa einer Stunde *due passi* begannen Franco und Fattore zu überlegen, ob wir vielleicht gemeinsam irgendwo Essen gehen könnten. Überraschenderweise einigten die beiden sich sehr schnell darauf, daß es nett wäre, und bald fiel ihnen auch ein Restaurant ein, das beiden zusagte.

Das war zwar nicht gerade um die Ecke, aber wir waren ja schon in Übung. Nach einer weiteren Viertelstunde waren wir da. Ein winziges, aber helles Restaurant mit vier Tischen, von denen tatsächlich einer noch frei war.

Wir waren zu fünft, Fattore mit seiner Frau (die auch Mathematikerin ist), Franco, Luigia und ich. Der Tisch bot uns bequem Platz. Jedenfalls solange keine Speisen aufgetragen waren. Das sollte sich jedoch bald ändern.

Als ich mich setzte, merkte ich, wie müde ich war. Ich hätte auf der Stelle einschlafen können. Aber vielleicht wird mir ein bißchen Essen guttun, dachte ich.

Ein bißchen hätte mir gutgetan, aber nicht diese Mengen, die Fattore auffahren ließ. Es begann mit Vorspeisen. Nicht etwa eine, sondern zehn verschiedene: *prosciutto e melone* und *bruschetta* kannte ich schon, es gab aber auch *mozzarelline, sottaceto* (in Essig konservierte Tomaten), *coratella* (Lammleber) und als Höhepunkt *focaccia* (ein riesiges aufgeblähtes Brot, das nur aus einer dünnen Rinde besteht und in zahllose Stücke zerspringt, wenn man sie mit einem Messer zerschlägt). Danach zwei Typen von Pasta und als *secondo* Fleisch und anschließend Fisch.

Dies sollte der Höhepunkt sein. Allerdings hatte ich den strategischen Fehler gemacht, gleich zu Beginn zuviel zu essen und auch viel Wein zu trinken. Nach kurzer Zeit konnte ich nicht mehr und war beim Fisch praktisch bewußtlos. Zum Nachtisch gab's *Macedonia*, was ich aber verweigerte. Das ist nämlich die einzige italienische Speise, die ich wirklich nicht mag: eine lieblose Obstpampe, die in viel zu großen Portionen in Suppentellern serviert wird. Schließlich *caffè* und *grappa*, die wenigstens die letzten mir verbliebenen Lebensgeister wieder aktivierten.

Danach war aber noch nicht Schluß. Meine Kollegen waren richtig in Fahrt gekommen, redeten und rauchten ohne Unterbrechung. Fattore gab seine Theorie des ‹praktisch Unendlichen› zum besten. Die Kombinatorik ist sein Spezialgebiet; dort geht es um Anzahlen: Wie viele Permutationen, wie viele Auswahlen, wie viele Teilmengen gibt es? Die Antwort ist immer eine ganze Zahl. Damit ist die Kombinatorik das Gebiet der Mathematik, das am entschiedensten endlich und ausgesprochen nichtunendlich ist. Fattore führte aus, ein großer Teil des Reizes der Kombinatorik liege darin, daß es zwar um endliche Strukturen gehe, die dabei auftretenden Zahlen aber so gigantisch seien, daß sie praktisch unendlich seien, und zwar sowohl für Menschen als auch für Computer. Die Wissenschaftler hätten es also mit einer Endlichkeit zu tun, die in Wirklichkeit unendlich sei. (Hatte auch er ein bißchen zuviel getrunken?) Wenn man zum Beispiel *in modo sistematico* die Existenz einer Ebene der Ordnung 10 untersuchen wollte, hätte man es mit einer Anzahl von Möglichkeiten zu tun, die weitaus größer ist als die Anzahl der Atome des Universums. Um solche Probleme zu lösen, sei es entscheidend, die richtige Intuition zu haben, die zwar ein Mensch haben kann, aber ein Computer eben nicht.

«Bis jetzt jedenfalls», murmelte seine Frau, ohne daß es von ihm wahrgenommen wurde.

Nachdem wir bezahlt hatten (natürlich hatte Franco *l'onore di pagare*), schlenderten wir zum Auto. Dies dauerte ewig, denn die Damen und Herren, die sich jeweils zu Paaren zusammengefunden hatten, hatten sich noch unendlich viel zu erzählen. Wenn Italiener beim Gehen reden, gehen sie langsam. Das verstehe ich. Sie haben jedoch eine Methode, die für Außenstehende zur Tortur wird: Alle drei oder vier Schritte bleiben sie abrupt stehen. Dann sprechen sie direkt miteinander, schauen sich an, gestikulieren und denken vorerst nicht daran, sich weiterzubewegen. Genauso unvermittelt setzen sie sich dann wieder in Bewegung, aber nach drei oder vier Schritten ... Wie gesagt: eine Tortur, jedenfalls für jemanden, der todmüde ist und viel zuviel gegessen hat.

Ich versuchte, die relativ ruhige Stadt und die kühle Luft so gut wie möglich zu genießen und mein Inneres zu beruhigen. Wir erreichten das Auto erst nach Mitternacht. Nochmals fünf Minuten Verabschiedung, aber dann war es soweit. Die Rückfahrt nach L'Aquila konnte beginnen.

Die Straßen waren leer, und die Fahrt dauerte nur eine gute Stunde. Ich wollte schlafen, aber ich mußte mich wach halten, denn mir war fürchterlich schlecht. Zum Glück saß jetzt Luigia am Steuer, und sie fuhr wesentlich gleichmäßiger als Franco.

Dann war ich doch eingedöst und wachte erst in L'Aquila wieder auf. Das Hotel war abgeschlossen. Ich klingelte. Nichts rührte sich. Es war kalt. Erst nach dem dritten Klingeln hörte ich schlurfende Schritte; ein völlig verschlafener Portier machte das Tor einen Spalt auf, schaute mißtrauisch heraus und ließ mich dann doch ein. Das letzte, was Franco zu mir sagte, war: «Morgen kannst du ausschlafen, ich hole dich erst um eins ab, wenn ich die Kinder aus der Schule hole.»

Ich versuchte, lange zu schlafen, aber um halb zehn wachte ich endgültig auf. Nach meinem obligatorischen *cappuccino* mit *cornetto* in der *Bar al Corso* nutzte ich die Gelegenheit, L'Aquila auf eigene Faust zu erkunden. Das wurde allerdings durch die nach wie vor bittere Kälte behindert. An einen gemütlichen Schaufensterbummel war nicht zu denken. Schon am Ende des *Corso* suchte ich eine Bar auf, um zur Abwechslung einen *caffè* zu trinken – und mich aufzuwärmen.

Die Bar war an der Ecke zur *Piazza del Duomo* gelegen, und auf dem Domplatz war Markt. Dort gab es nicht nur landwirtschaftliche Produkte (in dieser Jahreszeit sowieso nur wenige), sondern auch Kleider, Unterwäsche, Lederwaren und Haushaltsgeräte. Mir kam alles ziemlich billig vor, aber vielleicht habe ich auch einfach kein gutes Auge für diese Dinge.

Ich sah Leute aus dem Dom kommen und hineingehen und dachte, schau auch du mal rein. Im ersten Augenblick wirkte der Innenraum warm. Neben der Temperatur trugen dazu auch die Dunkelheit und das Orgelspiel bei. Es war kein Gottesdienst, der Organist übte nur. Es war nichts Besonderes, kein großes oder virtuoses Orgelstück, sondern Gebrauchsliteratur des 17. Jahrhunderts, aber mich erwischte es. Ich saß einige Minuten hingebungsvoll lauschend auf der harten Bank, bis die Musik abrupt, mitten im Takt, aufhörte. Auch dem Organisten schien es zu kalt geworden zu sein.

Ich bin viel zu früh wieder im Hotel. Daher setze ich mich dick vermummt auf mein Bett und lese noch ein bißchen. Briefe von Monika. Dann ein paar Seiten Fontane. Dann noch einmal Monikas Briefe. Bald ist es Zeit, ich gehe schon mal raus, vertreibe die Zeit, bis Franco kommt, mit einem weiteren *cappuccino.*

Nach dem Mittagessen trifft Luigia eine Feststellung, die ich zwar oberflächlich verstehe, deren tieferer Sinn mir aber erst viel später aufgeht: «In der Geometrie müssen wir oft rechnen.»

Dagegen ist schlechterdings nichts zu sagen.

«Wenn wir die Verbindungsgerade von zwei Punkten bestimmen wollen, müssen wir mit ihren Koordinaten rechnen. Wir müssen addieren, subtrahieren, multiplizieren und – vor allem – dividieren.»

«Natürlich», bestätige ich, «die Formel heißt ‹x_2 minus x_1 geteilt durch …›»

«*Bene*», läßt sie mich nicht ausreden, «das können wir mit den ganzen Zahlen aber nicht machen, denn eine ganze Zahl geteilt durch eine ganze Zahl ist eigentlich nie wieder eine ganze Zahl.»

«Klar, deshalb gehen wir auch zu den rationalen Zahlen

über. Man kann den Übergang von den ganzen Zahlen zu rationalen Zahlen so motivieren, daß man sagt, man möchte ausnahmslos dividieren können. Nur durch Null darf man natürlich nicht teilen.»

«Mit anderen Worten, die sogenannten rationalen Zahlen entstehen aus den ganzen Zahlen, indem man alle Brüche hinzunimmt.»

«Man kann sogar sagen, die rationalen Zahlen sind genau die Brüche $\frac{a}{b}$, wobei a und b ganze Zahlen sind, und $b \neq 0$ ist. Die ganzen Zahlen sind dabei, denn man kann statt a ja auch $\frac{a}{1}$ schreiben. Wenn man die rationalen Zahlen mit **Q** bezeichnet, gilt also

$$\mathbf{Q} = \{\tfrac{a}{b} \mid a, b \in \mathbf{Z}, b \neq 0\}.»$$

«*Bravo*», sagt sie.

Warum? Das wissen wir doch alle. «Sag mal, worauf willst du hinaus?»

«Wir haben uns doch gerade überlegt, daß wir für unsere Geometrie mit unendlich vielen Punkten auf jeden Fall die rationalen Zahlen brauchen.»

«Klar, man kann die Geometrie über den rationalen Zahlen betrachten und die reellen Zahlen außen vor lassen.»

«Vielleicht würde es uns für unser Problem nützen, wenn wir wüßten, wie groß die Menge der rationalen Zahlen ist.»

«Was ...? Ach so, du meinst abzählbar oder überabzählbar oder so was?»

«Ah, *siamo arrivati*, jetzt sind wir da», sagt sie mit leicht ironischem Lächeln und fährt fort: «Ich hab heute morgen darüber gelesen.»

Wie hat sie das gemacht? Luigia? Die sonst nur so schwer aus dem Bett kommt. Und die die ersten beiden Stunden danach nicht für geistige Tätigkeiten zur Verfügung steht? Und das nach gestern?

«Wie ist es?» fordert sie mich heraus.

Nicht so einfach. Einerseits kann man die rationalen Zahlen bestimmt nicht der Größe nach anordnen, es gibt keine kleinste rationale Zahl, denn zum Beispiel findet man unter den Zahlen 1/2, 1/3, 1/4, 1/5, ... beliebig kleine Zahlen. Das spräche vielleicht dafür, daß die rationalen Zahlen nicht abzählbar sind. Andererseits muß man, um zu beweisen, daß die rationalen Zahlen abzählbar sind, diese nur irgendwie anordnen. In jedem Fall ist beim Umgang mit unendlichen Mengen Vorsicht geboten.

Ich versuche Zeit zu gewinnen: «Vielleicht wäre es gut, wenn wir uns zunächst noch einmal klarmachen, was rationale Zahlen sind und wie man sie darstellen kann.»

Luigia unterbricht mich nicht, und ich fahre fort: «Es sind die Brüche aus ganzen Zahlen, zum Beispiel 1/2, –5/3, 1982/1983 usw. Keine rationalen Zahlen sind etwa der Goldene Schnitt, $\sqrt{2}$, π usw.»

«Dies sind die irrationalen Zahlen», sagt Luigia wenig hilfreich.

Ich überlege weiter: «Vielleicht nützt es uns, wenn wir die Dezimalbruchdarstellung der rationalen Zahlen betrachten. Rationale Zahlen haben endliche Dezimalbrüche, also etwa 7,5 oder 0,13829 usw.»

«... oder periodische Dezimalbrüche wie 0,333 ... oder 0,12777 ...», warnt Luigia und kommentiert: «Ich glaube nicht, daß das Problem dadurch einfacher wird.»

Ich gestehe, daß ich keinen Ansatzpunkt habe und mit der Stange im Nebel stochere und eigentlich schon jetzt weiß, daß das nichts werden wird.

Luigia tröstet mich: «Wäre auch ein Wunder. Man braucht dazu wieder einen teuflisch genial-einfachen Trick des Kollegen Cantor.» Sie drückt die Zigarette aus: «Es geht, wie du richtig gesagt hast, nicht darum, eine bestimmte Anordnung zu finden, sondern um irgendeine ...»

«... wenn die rationalen Zahlen überhaupt abzählbar sind; vielleicht gibt's ja auch so einen E.-T.-Trick», meine ich widerspenstig.

«Man kann sich schon an der Größe orientieren, allerdings nicht an der Größe des Bruchs, sondern an der Größe von Zähler und Nenner.» Mit diesen etwas mysteriösen Worten nimmt sie einen Stift und schreibt folgendes Schema auf:

$$\frac{1}{1}$$

$$\frac{1}{2} \qquad \frac{2}{1}$$

$$\frac{1}{3} \qquad \frac{2}{2} \qquad \frac{3}{1}$$

$$\frac{1}{4} \qquad \frac{2}{3} \qquad \frac{3}{2} \qquad \frac{4}{1}$$

$$\frac{1}{5} \qquad \frac{2}{4} \qquad \frac{3}{3} \qquad \frac{4}{2} \qquad \frac{5}{1}$$

$$\frac{1}{6} \qquad \frac{2}{5} \qquad \frac{3}{4} \qquad \frac{4}{3} \qquad \frac{5}{2} \qquad \frac{6}{1}$$

«Eine Art Pascalsches Dreieck», meine ich unschuldig, als Luigia drei Zeilen geschrieben hat.

«*Il triangolo di Tartaglia?* Nein, damit hat es höchstens äußerliche Ähnlichkeit.»

Dann wird mir aber schnell klar, daß dies ein Schema ist, mit dem man tatsächlich alle rationalen Zahlen systematisch erfassen kann: «In jeder Zeile wird der Zähler immer größer und der Nenner immer kleiner.»

Luigia sieht mich leicht mitleidig an, sie ist von mir präzisere Aussagen gewöhnt. So sagt sie: «In jeder Zeile stehen diejenigen Brüche, bei denen die Summe aus Zähler und Nenner konstant ist. In der ersten Zeile ist diese Summe 2, in der zweiten Zeile 3, in der nächsten Zeile ist die Summe 4, und da haben wir schon drei Brüche, nämlich 1/3, 2/2 und 3/1.»

«Jetzt verstehe ich! In der sechsten Zeile, der letzten, die du aufgeschrieben hast, stehen alle die Brüche, bei denen Zähler plus Nenner gleich 7 ist.»

Luigia traut mir heute nicht sehr, deshalb fragt sie mich: «Wo steht denn die Zahl 7/13 ?»

«Dort, wo die Brüche mit Zähler plus Nenner gleich 20 stehen, also in der 19. Zeile, und dort an der 7. Stelle.»

«Ja, mit dieser *metodo ingenuo*, dieser genialen Methode werden alle Brüche erfaßt, und jeder hat seine Stelle. Also kann man die rationalen Zahlen abzählen!»

«Darf ich noch eine Frage stellen?»

«Klar.»

«Genauer gesagt, zwei Fragen.»

«*Prego*!»

«Manche Zahlen kommen doppelt oder noch öfter vor, zum Beispiel 1/1, 2/2, 3/3 usw. Alle diese stellen dieselbe Zahl dar, bekommen aber innerhalb unseres Schemas verschiedene Nummern. Was macht man damit?»

«Das ist nur ein Scheinproblem. Du kannst es auf mindestens zwei Weisen lösen. Entweder, indem du einfach die Zahlen ab ihrem zweiten Auftreten wegläßt. Dann ergibt sich trotzdem ein Schema, in dem jede rationale Zahl ihre Stelle hat. Man kann die Stelle nicht mehr so einfach im voraus berechnen, aber das macht nichts. Oder du beweist ganz allgemein, daß jede Teilmenge einer abzählbaren Menge ebenfalls abzählbar ist.»

«Oder endlich.»

Luigia kommentiert diesen Einwand nicht einmal: «Zweite Frage?»

«Wo sind die negativen Zahlen?»

«Auch das ist einfach zu reparieren. Du kannst das Schema leicht so modifizieren, daß auch die negativen Zahlen dabei sind, zum Beispiel so, daß du direkt hinter jede Zahl die negative schreibst.»

Sie faßt die Überlegungen zusammen: «Wir sehen, daß die rationalen Zahlen ‹nur› abzählbar sind. Wir wissen aber schon, daß alle ‹reellen› Zahlen überabzählbar sind. Also ist die Menge der nichtrationalen Zahlen auch überabzählbar.»

«Das heißt, daß es viel mehr irrationale als rationale Zahlen gibt?»

«Man kann das noch dramatischer ausdrücken: Praktisch alle Zahlen sind irrational. Wenn du zufällig eine Zahl wählen würdest, so würdest du hundertprozentig eine irrationale Zahl treffen.»

«Aber ...»

«Das Problem ist nur, wie wir Menschen ‹zufällig› eine Zahl auswählen können.»

Franco stößt wieder zu uns (was hat er inzwischen gemacht?), hat unsere letzten Stichworte mitbekommen und schaltet sich ungeniert in unser Gespräch ein.

«Ihr sprecht über irrationale Zahlen? Man kann auch die irrationalen Zahlen in gutartige und wilde unterteilen.» Er ist nicht zu stoppen: «Die gutartigen sind solche, für die es eine Gleichung gibt. Zum Beispiel ist $\sqrt{2}$ eine gutartige Zahl, denn diese Zahl erfüllt eine Gleichung.»

«Klar, die Gleichung $x^2 = 2$.»

«Ja, $\sqrt{2}$ ist eine Lösung dieser Gleichung. Jede Wurzel, auch z. B. $\sqrt[17]{254788}$ ist in diesem Sinne gutartig.»

«Die Gleichung ist etwas schwieriger, aber $x^{17} = 254788$ müßte es sein.»

«Jede Wurzel, auch jede Kombination von Wurzeln, also z. B. die Summe oder das Produkt von Wurzeln, sind gutartig. Statt ‹gutartig› sagen die Mathematiker ‹algebraisch›; das sind genau die Zahlen, die einer algebraischen Bedingung genügen, nämlich einer Gleichung.»

Ich habe den Eindruck, daß Franco ein bestimmtes Ziel ansteuert, ich weiß bloß noch nicht, welches.

«Viel interessanter als die algebraischen Zahlen sind die bösartigen, diejenigen, die sich jeder algebraischen Eigenschaft verweigern; man nennt sie vornehm die ‹transzendenten› Zahlen.»

Luigia macht ein Gesicht, als wüßte sie Bescheid. Im Gegensatz zu Franco kann sie aber Geheimnisse bewahren.

Franco erzählt: «Ich habe die Geschichte der transzendenten Zahlen nachgelesen. Es gibt zwei ...», hier macht er eine Pause, ich denke schon, daß er völlig falsch liegt, aber er fährt fort: «zwei besonders prominente, nämlich e und π. Die Zahl π hat in der Mathematik von Anfang an eine entscheidende Rolle gespielt. Definiert wurde π als Verhältnis von Umfang und Durchmesser eines Kreises. Aus der Bibel kann man den Wert $\pi = 3$ herauslesen, aber schon damals waren viel bessere Näherungen bekannt.»

«Heute weiß jedes Schulkind, daß $\pi = 3{,}14$ ist.»

«Auch das ist nur eine Näherung; die Dezimalbruchentwicklung von π hört nie auf und wiederholt sich nie.»

«Ich erinnere mich an Archimedes. Er war der erste, der – mindestens implizit – konstatiert hat, daß man π nicht genau angeben kann. Daher hat er ‹nur› Schranken angegeben, diese aber exakt bewiesen. Ich glaube, seine Abschätzungen sind:

$$3\,\frac{10}{71} < \pi < 3\,\frac{10}{70}\,.$$»

Franco muß sein Wissen loswerden: «So unschön und merkwürdig π als Bruch ist, so schöne Reihen gibt es für π. Zum Beispiel:

$$\pi = 4\left(1 - \frac{1}{3} + \frac{1}{5} - \frac{1}{7} + \frac{1}{9} - \ldots\right).$$

Diese unendliche Reihe ist wunderschön, allerdings ist sie für eine Berechnung von π völlig unbrauchbar.»

«Uns interessiert doch vor allem, ob π algebraisch oder transzendent ist», sage ich.

«Zunächst hat man bewiesen, daß π jedenfalls irrational ist. Erst 1882 gelang es Ferdinand Lindemann, Mathematikprofessor in Königsberg und München, zu beweisen, daß π tatsächlich transzendent ist, daß es also keine Gleichung mit rationalen Koeffizienten gibt, die π als Lösung hat. Dies löst dann auch das Problem *della rettificazione della circonferenza*, der Quadratur des Kreises. Seit 1882 wissen wir, daß dies unmöglich ist.»

«Und was ist mit der Zahl e?» fragt Luigia.

«Die Eulersche Zahl, die etwa 2,718 ist. Eine ähnlich lange Geschichte, bis man *finalmente* bewiesen hat, daß auch e transzendent ist. Der Beweis wurde von dem französischen Mathematiker Hermite erbracht, und das gelang ihm sogar noch etwa 10 Jahre vor dem Nachweis der Transzendenz von π.»

Aha, Franco scheint doch Ahnung von der Sache zu haben; vielleicht muß ich ihm Abbitte leisten. Aber ich merke, Luigia will auf etwas anderes hinaus.

«Das waren Erkenntnisse, bevor die Theorie der unendlichen Mengen entwickelt worden war», wirft sie einen Stein ins Wasser.

«Was meinst du damit?»

«Die Theorie von Cantor kümmert sich nicht um einzelne Zahlen wie π oder e, sondern studiert jeweils unendliche Mengen solcher Elemente.»

«Das ist aber viel schwieriger.»

«Wenn die Überlegungen mit unendlichen Mengen grundsätzlich funktionieren, dann muß es prinzipiell leichter gehen», sagt sie rätselhaft. «Stell dir die Mühe, die Anstrengung, die vergeblichen Versuche, die Inspiration vor, die man brauchte, um die Transzendenz von π nachzuweisen. Und das unendlich oft multipliziert. So geht es bestimmt nicht!» Sie hat ja recht, aber ihr Beitrag hilft uns nicht gerade viel.

Aber sie hat sich vorbereitet und bestimmt jetzt die Szene: «*Un altro trucco del nostro amico Cantor*! Cantor geht die Sache systematisch an. Um die algebraischen Zahlen, also die Lösungen von Gleichungen, zu untersuchen, ordnet er die Gleichungen systematisch.»

Bevor wir fragen können, was das heißen soll, erklärt uns Luigia schon: «Die Gleichungen ersten Grades, wie etwa $3x = 7$, *sono banali*, sind trivial. Denn ihre Lösungen sind genau die rationalen Zahlen.»

Mindestens das können wir verifizieren, Franco sagt auch: «Zum Beispiel hat die obige Gleichung die Lösung $x = 7/3$.»

Dafür erhalten wir von Luigia noch kein Lob: «Interessanter sind die Gleichungen 2. Grades ...»

«... die sogenannten quadratischen Gleichungen», versucht Franco das Tempo herauszunehmen.

«Wie viele Lösungen hat eine quadratische Gleichung?»

«*Dipende*, manchmal zwei, manchmal eine und manchmal keine. Das kann man daran erkennen, ob die Diskriminante ...»

Aber Luigia läßt ihn nicht ausreden: «Das interessiert uns hier nicht; wir müssen nur wissen, daß eine Gleichung 2. Grades höchstens zwei Lösungen hat.»

Das war einfach, aber die nächste Frage hat's in sich: «Wie viele Gleichungen 2. Grades gibt es?»

Franco unterschätzt die Frage: «Klar, unendlich viele.»

«Etwas genauer möchte ich das schon wissen.»

Wir wissen nicht, was Luigia damit meint, und sind auch nicht sicher, ob sie nicht die Orientierung verloren hat.

«Stellt euch nicht so blöd an. Die Frage ist doch offensichtlich ...» Luigia spannt uns auf die Folter. Sie greift sich ihr Zigarettenpäckchen, pult eine Zigarette heraus, will sie anzünden, sie bringt das Streichholz nicht an, endlich gibt ihr Franco Feuer, sie macht einen langen Zug und fährt dann fort: «... ob es abzählbar viele oder überabzählbar viele Gleichungen gibt.»

Damit sind wir nicht viel schlauer. Aber sie hilft uns: «Wie sieht eine quadratische Gleichung im allgemeinen aus?»

«Zum Beispiel $5x^2 + 3x - 7 = 0$», sagt Franco.

«Ich meinte ‹im allgemeinen›», kritisiert Luigia schon wieder leicht ungeduldig, weil wir ihrer Geschwindigkeit nicht folgen können.

«Mit beliebigen Koeffizienten?»

«*Eh*?» sagt sie nur.

«Also $ax^2 + bx + c = 0$ ...»

«... wobei», ergänze ich, «die Koeffizienten a, b, c rationale Zahlen sind.»

«*Bene*. Also haben wir das Problem, wie viele quadratische Gleichungen es gibt, zurückgeführt auf die Frage, auf wie viele Weisen man die Koeffizienten a, b, c wählen kann.»

«Da a, b und c rationale Zahlen sind, gibt es für a, b und c jeweils nur abzählbar viele Möglichkeiten, nämlich die rationalen Zahlen», versuche ich mich einer Lösung anzunähern.

Luigia nimmt das auf: «Gut. Und mit einer Art Diagonalverfahren kann man zeigen, daß es auch nur abzählbar viele Kombinationen (a, b, c) gibt.»

Sie spricht und schreibt gleichzeitig: Wir ordnen die Koeffizienten zeilenweise an. In die erste Zeile schreiben wir all diejenigen Tripel, deren Summe 1 ist, in die zweite alle die, deren Summe 2 ist, dann die, bei denen $a+b+c = 3$ ist usw. Das bedeutet:

riga no.	*coefficienti*	*equazioni (polinomi)*
1	001, 010, 100	$1, x, x^2$
2	002, 020, 200, 011, 101, 110	$2, 2x, 2x^2, x+1, x^2+1, x^2+x$
3	003, 030, 300, 012, 021, 120, 210, 102, 201, 111	$3, 3x, 3x^2, x+2, 2x+1, x^2+2x, 2x^2+x, x^2+2, x^2+x+1$
4	...	...

«*Allora*?» fragt Franco noch immer orientierungslos.

«Wir müssen jetzt nur noch unsere Informationen zusammensetzen.» Luigia erklärt es uns langsam: «Es gibt abzählbar viele Kombinationen (a, b, c) der Koeffizienten. Also gibt es auch nur abzählbar viele Gleichungen des Typs $ax^2+bx+c = 0$. Da jede dieser Gleichungen höchstens zwei Lösungen hat, gibt es also auch nur abzählbar viele Lösungen von Gleichungen zweiten Grades.»

Luigia machte eine Pause und beobachtet uns. Sie merkt, daß wir gerade dabei sind zu verstehen. Genauer gesagt, ist es das Gefühl, daß ‹es in uns kapiert›.

«*Eccetera*», sagt Franco nach einer Weile zögernd.

«Genauer gesagt: Es gibt auch nur abzählbar viele Lösungen von Gleichungen 3. Grades und nur abzählbar viele Lösungen 4. Grades ...»

«*Eccetera*», bestätigt Franco jetzt schon etwas sicherer.

«Das heißt», hilft uns Luigia noch ein bißchen, «jede algebraische Zahl ist Lösung einer Gleichung, einer Gleichung eines bestimmten Grades. Für jeden Grad gibt es nur abzählbar viele Lösungen, und es gibt nur abzählbar viele Grade.»

«Nämlich Grad 1, Grad 2, Grad 3 usw.», unterbreche ich. «Das heißt, die algebraischen Zahlen sind eine Vereinigung abzählbarer Mengen, und zwar von abzählbar vielen.»

«Und diese sind wieder abzählbar», triumphiert Luigia.

«Sicher wieder ein Trick *del tuo amico Cantor*», sagt Franco mit säuerlicher Ironie.

Das muß Luigia sofort zurechtrücken: «*Non è il ‹mio› amico*, er ist nicht ‹mein› Freund, und außerdem: Was wir manchmal ‹Trick› nennen, ist nur ein Wort, das uns diese wahrhaft genialen Ideen näherbringen soll. Statt ‹Trick› kannst du auch ‹Methode›, ‹Einfall› oder ‹Inspiration› sagen. Aber in der Tat wurde das von Cantor bewiesen.»

Luigia hat den Beweis sorgfältig aufgeschrieben und erläutert ihn uns.

Behauptung: Die Vereinigung von abzählbar vielen abzählbaren Mengen ist wieder eine abzählbare Menge. Wir betrachten dazu abzählbare Mengen M_i, und zwar abzählbar viele. Unsere Mengen sind also M_1, M_2, M_3, ...

In jeder Menge sind nur abzählbar viele Elemente, es gibt also ein erstes, ein zweites usw. Jedes Element, das in einer der Mengen M_i auftritt, hat also zwei Nummern: eine, die angibt, in welcher Menge es liegt (Nummer i für die Menge M_i), und eine Nummer, die angibt, das wievielte Element es in M_i ist.

Wir bezeichnen das Element mit m_{ij}, falls es in der Menge M_i liegt und dort an der j-ten Stelle steht.

Das klingt komplizierter, als es ist. Die Menge M_1 besteht aus den Elementen $m_{1,1}$, $m_{1,2}$, $m_{1,3}$, ..., die Menge M_2 aus den Elementen $m_{2,1}$, $m_{2,2}$, $m_{2,3}$, ... Das Element $m_{1024,65537}$ liegt in der Menge Nr. 1024 und dort an der 65537ten Stelle.

Nun ist es einfach, alle Elemente abzuzählen, das heißt, sie insgesamt in einer Reihenfolge anzuordnen:

$$
\begin{array}{ccccccc}
 & & & m_{1,1} & & & \\
 & & m_{2,1} & & m_{1,2} & & \\
 & m_{3,1} & & m_{2,2} & & m_{1,3} & \\
m_{4,1} & & m_{3,2} & & m_{2,3} & & m_{1,4}
\end{array}
$$

Die Reihenfolge ist also $m_{1,1}$, $m_{2,1}$, $m_{1,2}$, $m_{3,1}$, $m_{2,2}$, $m_{1,3}$, $m_{4,1}$, $m_{3,2}$, $m_{2,3}$, $m_{1,4}$, $m_{5,1}$, $m_{4,2}$, ... Dabei werden alle Elemente, die in den Mengen M_1, M_2, M_3, ... vorkommen, erfaßt. Mit anderen Worten: Die Vereinigungsmenge $M_1 \cup M_2 \cup M_3 \cup \ldots$ ist abzählbar.

«So ähnlich wie die Abzählbarkeit der rationalen Zahlen», sagt Franco.

Luigia stimmt zu und fügt hinzu: «Es ist klar, daß das auch für endlich viele Mengen funktioniert: Auch die Vereinigungsmenge von endlich vielen abzählbaren Mengen ist abzählbar.»

Mich interessiert die Mathematik im Augenblick mehr als das Fingerhakeln von Franco und Luigia. Deshalb versuche ich, das Thema zu Ende zu führen: «Wir haben also gesehen, daß die algebraischen Zahlen abzählbar sind. Was bedeutet das für die anderen Zahlen, die transzendenten wie π und e?»

«*Quelle bestie strane*, diese merkwürdigen Gestalten.»

«Lieber Franco, *non sono strane per niente*, sie sind keineswegs merkwürdig. Du selbst hast sie vorher als interessant bezeichnet, und aus den Überlegungen ergibt sich, daß die transzendenten Zahlen überabzählbar sind, daß es also größenordnungsmäßig viel mehr transzendente Zahlen als algebraische gibt.»

Und ich bestätige: «100% aller Zahlen sind transzendent.»

Luigia liefert den Beweis: «Angenommen, die Menge der transzendenten Zahlen wäre abzählbar, so wäre auch die Menge aller reellen Zahlen abzählbar, denn sie wäre dann die Vereinigung der algebraischen und transzendenten Zahlen, also von zwei abzählbaren Mengen. Wir wissen aber, daß die reellen Zahlen nicht abzählbar sind.»

«Das war der E.-T.-Trick», resigniert Franco.

Ich versuche, ihn von der Bedeutung der Sache zu überzeugen: «Das heißt, wenn ich eine Zahl zufällig wähle, dann ist diese mit ziemlicher Sicherheit transzendent.»

«Mit anderen Worten», sagt Franco, «es war harte mathematische Arbeit nachzuweisen, daß π oder e transzendent sind. Vorher war unklar, ob es so etwas überhaupt gibt. Und Cantor hat dann mit einem Schlag unendlich viele präsentiert.»

«Na, ‹präsentiert› ist zuviel gesagt. Er hat gezeigt, daß es unendlich viele gibt. Und in der Tat», dabei blickt Luigia Franco an, «wurde diese neue Methode zunächst sehr argwöhnisch betrachtet, und manche wollten sie als eine Art Taschenspielertrick disqualifizieren. Aber heute weiß man, daß die Kollegen damals nur die Bedeutung nicht gesehen haben. Heute sind wir überzeugt, daß die Entwicklung dieser Theorie eine der größten Leistungen der menschlichen Kultur ist.»

Damit ist das Thema für sie bis auf weiteres beendet.

Aber ich sollte heute noch das Begriffspaar rational-irrational auf einer ganz anderen Ebene erfahren.

Nach dem Abendessen bin ich nur dazu fähig, vor dem Fernsehapparat zu sitzen. Dort läuft der zweite Teil von *Il padrino*. Als wir uns auf dem Sofa niederlassen, kommen wir gerade zu der Szene hinzu, in der zwei junge Mafiosi aus einem Zahlhäuschen an einer Autobahnausfahrt heraus mit ihren Maschinengewehren die Insassen eines Autos niedermähen.

Was hat Franco da gesagt? Irgend etwas an den brutalen Morden, denen wir auf die Sofas geflätzt gelangweilt zuschauen, muß ihn zu seiner Frage angeregt haben, und wie üblich fragt er, ohne lange nachzudenken. Zur Vorsicht frage ich nochmals nach: «*Come? Non ho capito.*»

«*Sono stati uccisi come i vostri terroristi, il Baader e la Meinhof*, die sind ermordet worden wie eure Terroristen», und Luigia fragt sofort differenzierter, aber unausweichlicher nach: «Was glaubst denn du: Sind die ermordet worden?»

Sch ...! Gerade ist in Deutschland die Diskussion darüber eingeschlafen (eingeschläfert worden?), und man hat sich die offizielle Version zu eigen gemacht, daß Andreas Baader, Gudrun Ensslin und Ulrike Meinhof sich selbst umgebracht haben, und alle dagegen sprechenden Indizien verdrängt, vergessen oder erklärt. Da komm' ich hierher und merke, hier herrscht die unreflektierte, aber um so gewissere Meinung vor, daß sie umgebracht worden seien.

Ich versuche, einer klaren Antwort auszuweichen, indem ich den Diskussionsstand von vor ein paar Jahren wiedergebe: «Viele glaubten zunächst, daß sie umgebracht worden sein müßten, der Staat hat aber von Anfang an die These vom Selbstmord vertreten.»

Bei Luigia zählen keine Ausreden: «*Cosa pensi tu*? – Und was glaubst du?»

Ich versuche zu erklären, daß mir beide Theorien, die des Mordes und die des kollektiven Selbstmordes so unglaublich vorkommen, daß ich mich keiner anschließen kann. Aber natürlich stellt das Luigia nicht zufrieden.

Ich wollte heute früh ins Bett, aber nun ist es doch spät geworden. Franco fährt mich ins Hotel. Die Straße kenne ich jetzt schon gut. Ich hänge meinen Gedanken nach. Franco beginnt von seiner Familie zu erzählen, seinen Eltern, seinem Bruder und dessen Hund.

Da sagt er wieder einen solchen Satz. Ich weiß noch genau, wo es war. In einer Rechtskurve, wo man meiner Meinung nach immer aufpassen mußte, denn die entgegenkommenden Autos schnitten zur Abkürzung die Kurve. Franco paßt aber nicht besonders auf, sondern berichtet ganz beiläufig über seinen Bruder und dessen Jugendsünden: «*Era un fascista – ma un buono.*»

Wie bitte? Ich weiß, daß der italienische Faschismus nicht so schlimm war wie der deutsche, daß die italienischen Faschisten nicht an eine Endlösung glaubten, daß es auch heute in Italien eine im Parlament vertretene Partei gibt, die von ihren Gegnern ungestraft ‹neofaschistisch› genannt wird – aber ‹*un fascista, ma un buono*, ein Faschist, aber ein guter›, das ist doch zu stark. Gerade haben wir noch über Baader und Meinhof gesprochen, und Franco und Luigia distanzierten sich keineswegs so klar wie wir Deutschen. Und jetzt das.

Aber es sollte noch besser kommen: «Lange Zeit hatte er», also Francos Bruder, «in seinem Zimmer ein Bild von *zio Adolf*, von Onkel Adolf, hängen.» Zum Glück sind wir da, ich kann aussteigen und tief durchatmen. Für heute Abend reichen mir die Bekenntnisse.

12

Lieder di Franz Schubert

Mein Hunger nach differenzierter Kommunikation und Kultur im allgemeinen war groß geworden. Das entsprechende Angebot war allerdings auch äußerst mager.

Franco und Luigia hatten keine Zeitung abonniert, nur ab und zu kaufte Franco am Kiosk eine Programmzeitschrift fürs Fernsehen. Aber unabhängig von einer genauen Inspektion des Programms lief der Fernseher ab dem späteren Nachmittag bis zum Insbettgehen. Die Kinder durften alles sehen, mußten nicht einmal fragen. Sie liebten vor allem Zeichentrickfilme mit primitivst gezeichneten Figuren. Grausam.

Ansonsten liefen jeden Menge Shows, mit denen das Privatfernsehen Deutschland erst Jahre später beglücken sollte – und die dann wörtlich übernommen wurden: *Il prezzo è giusto* (‹Der Preis ist heiß›), *La ruota della fortuna* (‹Glücksrad›) und das berühmte *Colpo grosso* (‹Tutti Frutti›), eine Sendung, die spätabends lief und die sich manche italienischen Männer nur heimlich anzuschauen trauten.

Ich hatte nur wenige Refugien: vor allem Monikas Briefe, die voller Gefühle von zu Hause, von ihr und unseren beiden Kindern erzählten. Wir schrieben uns wöchentlich zwei- bis dreimal. Das war damals die einzige verläßliche Kommunikationsform, an Fax oder E-Mail dachte noch niemand.

Ein paarmal hatte Franco im Auto eine Musikkassette eingelegt. (Er war stolzer Besitzer eines neuen, großen Audi, der sogar ein Radio und einen Kassettenspieler hatte.) Obwohl ich diese Art von populärer Musik sonst kaum höre, spürte ich: So was tut dir gut.

Häufig las ich in den Briefen Theodor Fontanes. Ich hatte am letzten Tag vor meiner Abreise eigentlich eher zufällig einen Band der Briefe meines Lieblingsschriftstellers eingepackt. Das war die richtige Wahl. Fontane beschreibt auch banalste Erlebnisse so, daß sie an sich für einen heutigen Leser zwar völlig unwichtig sind, aber dennoch irgendwie guttun. Außerdem konnte ich mich mit Fontanes allerdings viel dramatischeren Situation identifizieren, der als junger, mittel- und erfolgloser Schriftsteller versuchte, in London Fuß zu fassen, während seine Frau in Berlin saß, dort die Kinder gebar und aufzog.

Es hatte sich so ergeben, daß ich jeden Morgen, wenn ich auf Franco wartete, mich in den Ledersessel im Gang des Hotels setzte und ein paar Briefe las. In der kulturellen Diaspora wirkt jedes Stück guter Literatur stark.

Aber sonst: keine Lektüre, die mir etwas gab. Kein guter Film, bei dem ich mehr als die platte Story mitbekommen konnte. Und obwohl wir uns auf Italienisch gut verständigen konnten, war es klar, daß ich mich nicht differenziert auszudrücken verstand, daß zum gegenseitigen Verstehen guter Wille auf beiden Seiten vorhanden sein mußte. Ich fühlte mich sprachlich oft hilflos, auf der Ebene eines Vorschulkindes.

In dieser Situation fiel mir das Plakat ins Auge. Als ich vorgestern von meinem Frühstück ins Hotel zurückging, sah ich plötzlich neben den Todesanzeigen (die in Italien auf Plakaten veröffentlicht werden), den Ankündigungen des L'Aquila-Rugby und dem Auftreten von Wunderheilern den Namen Franz Schubert. Ein Konzert mit Liedern, ein *concerto per soprano e pianoforte nel castello cinquecentesco*, im Schloß, das aus dem 16. Jahrhundert stammt.

Ich beschloß, dieses Konzert zu besuchen. Natürlich hätte ich mich von diesem Liederabend distanzieren können, indem ich ihn mit arrogantem Spott überzog: Wenn eine italienische Sopranistin deutsch singt, wird's furchtbar, wenn sie italienisch singt, komisch, und von der deutschen Romantik versteht sie sowieso nichts. So hätte ich vielleicht zu Hause reagiert. Aber hier kam mir der Gedanke gar nicht. Ich war leer. Mir kamen meine Eltern in den Sinn, die mir oft über den unstillbaren Hunger nach Kultur berichtet hatten, den die Menschen unmittelbar nach dem Krieg verspürten.

Das Konzert begann um 20 Uhr. Der Weg dorthin war einfach: den *Corso* in die andere Richtung, dann bei der *Fontana Luminosa* rechts zum *castello* hinauf. Die *Fontana Luminosa* ist auch bei Dunkelheit, vielmehr gerade dann, nicht zu verfehlen: ein großer, runder Platz, der sowohl als mehrspurige Straße als auch als Pkw- und Busparkplatz benutzt wird, ein Platz voller Leben, Lärm, Gestank und Bewegung. In der Mitte dieses Platzes befindet sich die eigentliche *Fontana Luminosa:* Ein großer Brunnen, in dessen Mitte sich auf einem hohen Podest zwei überlebensgroße nackte Frauengestalten aus Bronze erheben, die in einer artifiziellen Drehbewegung gemeinsam eine Schale Wasser über ihren Köpfen ausgießen. Das Ganze gleißend beleuchtet. Baujahr 1934. Unübersehbar.

Sobald ich die *Fontana Luminosa* verlassen habe, wird es dunkel und still. Der Weg zum Schloß hinauf ist ungeteert. Unten ist der Weg abgesperrt, so daß kein Auto fahren kann. Ich höre meine Schritte im Kies knirschen. Das *castello* besticht durch seine klare, schnörkellose Architektur, die auf einem perfekt quadratischen Grundriß basiert. Die hellen Mauern sind angestrahlt und zeigen auch heute noch die Macht seines Erbauers, des *imperatore Carlo V*. Ein frühes Beispiel der Devise *form follows function*.

Nach wenigen Minuten bin ich oben angelangt, aber an der Rückseite des Schlosses. Ich gehe außen herum, dann betrete ich über die Brücke den Innenhof. Hier ist es wieder dunkel, und nur an der rechten Seite sehe ich beleuchtete Fenster und eine offene Tür. Das muß es sein.

Tatsächlich sehe ich dort Plakate des Konzerts, und es gibt auch einen Tisch, an dem ich eine Eintrittskarte und einen Programmzettel erstehen kann. Auch hier steht nur *Lieder di Franz Schubert*; alle werden es nicht sein, denn Schubert hat über 600 geschrieben. Ich vermute, daß es die bekannten Schlager sind, vielleicht sind aber auch ein paar unbekannte dabei.

Aus dem Programm geht immerhin hervor, daß das Konzert mit einer Abteilung Lieder beginnt. Dann folgen Solostücke des Pianisten, einige Impromptus von Schubert; es ist also kein reiner Liederabend. Nach der Pause ist es umgekehrt: Es beginnt mit Impromptus und endet mit einem zweiten Liederblock. Ein reinrassiges Schubert-Programm.

Ich bin nun doch gespannt. Ich habe lange Jahre Klavierunterricht genossen und irgendwann natürlich auch Impromptus von Schubert gespielt, c-moll, B-dur, As-dur. Noch frischer ist meine Erinnerung an die Lieder. Wir haben nämlich die beiden vergangenen Sommerferien gemeinsam mit einer befreundeten Familie verbracht, und ich habe mit meinem Freund jeweils ein Programm mit Liedern von Schubert eingeübt. Die schöne Müllerin und die Winterreise. Nicht gerade das ideale Sommerprogramm, aber es hat uns viel Spaß gemacht.

Ich gebe meinen Mantel an der Garderobe ab und betrete den Saal. Ich habe einen kleinen Raum erwartet, in dem sich ein paar Leute verlieren. Aber der Saal ist groß – und voll. Zwar sitzt niemand auf seinem Stuhl, aber es ist voll. Die Menschen stehen in Gruppen zusammen und reden miteinander. Nein, es handelt sich nicht um den gepflegten Small talk, der bei uns vor einem Konzert und in der Pause gepflegt wird, sondern ich höre ein wahres Geschnatter.

Das Publikum ist gepflegt gekleidet, zum Teil haben sich die Frauen richtig herausgeputzt. Es gibt einige Jüngere, aber im wesentlichen ist es – mindestens dem äußeren Anschein nach – ein traditionell bürgerliches Publikum. Frauen mit Handtaschen am Arm und mit ihren Männern im Schlepptau. Das ist wie bei uns. Aber die ‹Musik› ist anders. Es ist weder Flüstern noch Raunen, sondern mindestens ein Brausen, man könnte auch sagen, es ist einfach laut. Menschen begrüßen sich über eine Distanz von zwanzig Metern, indem sie, ihre Namen schreiend, aufeinander zustürzen, Gruppen stehen zusammen und tauschen den jüngsten Klatsch aus, manche erzählen sich auch einfach Witze.

Grundsätzlich ist die Geselligkeit in Italien viel direkter und intensiver als bei uns. Die Menschen freuen sich, wenn sie unter Freunden sind, und versuchen, die *allegria*, diese Freude, zu vermehren. Man trifft sich abends auf dem *Corso*, um miteinander zu schwätzen, wie zum Beispiel die seltsame Menschenmenge, die ich am ersten Abend bei der Ankunft des Busses gesehen hatte.

Vor ein paar Tagen hatten Luigia und Franco abends Freunde eingeladen. Wir waren insgesamt etwa zwölf Personen, davon acht Frauen, die meisten über vierzig. Das Essen begann um acht. Luigia hatte sich alle Mühe gegeben und eine wunderbare *Lasagne* bereitet. Auch die Gäste hatten etwas mitgebracht: Russischen Salat, *Melanzane* und vor allem Nachspeisen: Kuchen, Torten, Pralinen. Es war wunderbar, und wir alle aßen viel zuviel.

Am beeindruckendsten aber war der Lärm. Oberflächlich betrachtet, könnte man das Ganze als ein vielstündiges Geschrei bezeichnen. Alle sprachen laut, bewußt laut, sie erzählten, lachten, machten Witze, man mußte darum kämpfen, zu Wort zu kommen, keiner ließ den anderen aussprechen, jeder schrie dazwischen ... (Ich hatte überhaupt keine Chance mitzureden.) Und allen, inklusive mir, gefiel es sehr gut.

So schlimm ist es vor dem Konzert nicht, aber eine innere Einstimmung auf die Seelenqualen eines verliebten armen Müllergesellen ist es auch nicht.

Ein enthusiastischer älterer Mann, offenbar der Organisator und die Seele des Ganzen, wieselt im Saal herum. Jeder begrüßt ihn, und wer ihn nicht begrüßt, den begrüßt er selbst.

Natürlich beginnt das Konzert nicht pünktlich. Der Begriff der Pünktlichkeit existiert hier nicht. Aber mit der Zeit bewegt sich doch jeder in Richtung seines Platzes, trifft unterwegs noch jemanden, steht noch ein bißchen rum, setzt sich, steht noch mal auf, um einen Bekannten zu begrüßen, setzt sich wieder, spricht ein bißchen leiser, und dann stellt sich doch noch so etwas wie erwartungsvolle Stimmung (nicht Stille) ein. Der Enthusiast geht hinter die Bühne, nicht ohne auf dem Weg noch zwei Leute begrüßt zu haben, und die Eingeweihten wissen: Gleich geht's los.

Das Plakat habe ich offensichtlich nicht genau gelesen, denn auf dem Programmzettel steht, daß die Sängerin und ihr Begleiter keine Italiener sind, sondern Engländer aus

Birmingham, die schon mehrfach in L'Aquila gastiert haben. Ich vermutete daher, daß die Lieder auf deutsch gesungen werden.

Auftritt der Sängerin. Sie trägt ein langes Abendkleid und ist für eine Sängerin erstaunlich schlank. Man merkt sofort: Sie hat hier Fans, der Beifall ist weit mehr als eine freundliche Begrüßung. Sie beginnt mit *Das Wandern ist des Müllers Lust*, dem Lied aller Lieder. Danach folgen viele alte Bekannte: ein paar Lieder aus der ‹Schönen Müllerin›, dann das *Heidenröslein*, *Gretchen am Spinnrad* usw. Ich bin glücklich, sie hier zu treffen, und genieße das Konzert vorbehaltlos. Die Sängerin singt tatsächlich auf deutsch und muß, damit die Italiener überhaupt eine Verstehenschance haben, besonders klare Akzente setzen, so daß jedenfalls die Gefühle deutlich werden. Das bekommt auch der Interpretation.

Nach dem ersten Lied klatschen einige Begeisterte laut los, aber das geschulte ältere Publikum macht den jugendlichen Heißspornen klar, daß man erst am Ende applaudiert. Auch das ist also wie bei uns.

Nach etwa zehn Liedern ist das Publikum aber nicht mehr zu halten. Langanhaltender Beifall, Bravarufe, das Publikum ist nicht nur von der Schönheit und Eleganz der Sängerin angetan, sondern die Musik ist angekommen.

Die anschließenden Klavierstücke benutzen die meisten Zuhörer zur Entspannung von dem intensiven Erlebnis. Auch ich schaue mich jetzt mal im Publikum um.

Es gibt viele bemerkenswerte Gestalten, aber eine Gruppe ist besonders eindrucksvoll. Rechts vor mir, etwa fünf Reihen entfernt, sitzen zwei Damen, die schon optisch Aufmerksamkeit erregen müssen, da sie gegensätzlicher nicht zu denken sind: Die eine versucht, die euklidische Definition einer Geraden (‹eine breitenlose Länge›) zu realisieren, während ihre Nachbarin danach trachtet, in voller Dreidimensionalität den Raum auszufüllen. Beide perfekt aufeinander eingespielt wie ein altes Ehepaar.

Bald kommen auch akustische Signale von dort. Die Eindimensionale hat plötzlich eine Idee: Sie konzentriert sich, klickt ihre Handtasche auf, die die ganze Zeit auf ihrem Schoß balancierte, stöbert dann ausführlich darin herum, holt zwei Bonbons heraus, bietet der Dreidimensionalen diese zur Wahl an, gibt das gewählte ab, knistert ihres auf, steckt das Bonbon in den Mund, faltet das Papierchen zusammen, fordert das ihrer Nachbarin, faltet dieses ebenfalls, steckt beide in die Handtasche, klickt ihre Handtasche wieder zu, stellt sie wieder sorgfältig auf ihren Schoß und sieht nach getaner Arbeit außerordentlich zufrieden aus.

Die Impromptus sind noch nicht zu Ende. Die berühmten himmlischen Längen ... Man fängt an, süß zu träumen, es könnte immer so weitergehen. Auch ich bin in Gefahr wegzudösen. Mir kommen die Lieder von vorhin wieder in den Sinn. *Oh Wandern, Wandern meine Lust, oh Wandern. Frau Meister und Frau Meisterin, laßt mich in Frieden weiter ziehn. Und wandern.*

Unendlich weiter. Immer weiter.

Das unablässige Schnurren der Klavierbegleitung bei ‹Gretchen am Spinnrad›.

Morgen entschwinde mit schimmerndem Flügel wieder wie gestern und heute die Zeit ... Ein Text, der fast keine Information transportiert, der aber durch Klang und die unendliche Wiederholung betört. *Ach, auf der Freude sanft schimmernde Wellen gleitet die Seele dahin wie ein Kahn.*

Und so weiter.

Wie bitte? Unendlich? Davon komme ich selbst hier wohl nicht los. ‹Mit diesem Trunk im Leibe siehst du Helenen in jedem Weibe.› Genauso sehe ich offenbar überall Unendlichkeiten.

Eine traurige Unendlichkeit: Der arme Müllergesell dreht sich in seiner unglücklichen Liebe, von der seine Angebetete vermutlich nichts ahnt, zunehmend nur um sich selbst, in immer engeren Kreisen. Bis er ganz am Ende zur endgültigen Ruhe kommt und dann nicht mehr das Immer-Weiter des Wanderns erlebt, sondern die räumliche Unendlichkeit: *Der Vollmond steigt, der Nebel weicht, und der Himmel da oben – wie ist er so weit!* Fast kitschig. Ohne Musik kaum erträglich.

Ganz leise will sich die Zeile ‹Ein Mops ging in die Küche› Gehör verschaffen; das wird aber in dieser Umgebung nicht geduldet.

Ist das die Unendlichkeit? Immer das Gleiche? *Nur weiter denn, nur weiter, mein treuer Wanderstab.* Die Wiederkehr des ewig Gleichen. Sisyphus. Eine Endlosschleife. Eine ungeheuer pessimistische Unendlichkeit. Gibt es auch eine optimistische?

Ich werde aus meinen Gedanken durch das Ende der Klavierstücke und den einsetzenden Applaus geweckt.

Nachdem sich der Pianist dreimal verbeugt hat, hört das Klatschen auf, und sofort setzen die Gespräche ein. Zunächst noch in normaler Lautstärke, bald aber so intensiv wie in den Minuten vor dem Konzert.

Nach der Pause beantwortet das Konzert auch die Frage, an die ich vor der Pause dachte. Im zweiten Teil singt die Sängerin Lieder aus dem ‹Schwanengesang›. Einige meiner Lieblinge höre ich dabei ganz neu.

‹Der Abschied›: *Nun reit ich am silbernen Strom entlang, weit schallend ertönet mein Abschiedsgesang; nie habt ihr ein trauriges Lied gehört, so wird euch auch keines zum Abschied beschert.* Das Klavier zeigt das unablässige, gleichmäßige, ein bißchen ungeduldige Scharren des Pferds. Traurig, aber auch Aufbruchsstimmung. Es geht weiter. *Wie sonst, so grüß ich und schaue mich um, doch nimmer wend ich mein Rößlein um.*

Klar: Wandern! Nicht das zyklische Ablaufen eines ausgeschilderten Rundweges. Sondern das Wandern in die freie Natur hinaus. Das ist positiv und lebensbejahend. Es geht immer weiter. Ich gehe zwar schrittweise vorwärts, aber bei jedem Schritt sehe ich etwas Neues. Hinter jeder Wegbiegung beginnt ein neuer Roman.

Den Abschluß des Konzerts bildet die beschwingte ‹Taubenpost›. Ein nicht ganz so unglücklich Verliebter kommuniziert mit seiner Liebsten mittels einer Brieftaube. Diese gibt nicht nur seine *Grüße scherzend ab und nimmt die ihren mit,* sondern sie ist ein Medium direkter Kommunikation: *Kein Briefchen brauch ich zu schreiben mehr, die Tränen selbst geb ich ihr.* Die Brieftaube pendelt ohne Unterlaß zwischen ihm und ihr hin und her.

Ich sende sie viel tausendmal
auf Kundschaft täglich hinaus,
vorbei an manchem lieben Ort,
bis zu der Liebsten Haus.

Bei Tag, bei Nacht, im Wachen, im Traum,
ihr gilt das alles gleich,
wenn sie nur wandern, wandern kann,
dann ist sie überreich.

Sie wird nicht müd, sie wird nicht matt,
der Weg ist stets ihr neu;
sie braucht nicht Lockung, braucht nicht Lohn,
die Taub ist so mir treu.

Die perfekte, positive Unendlichkeit.

Im tosenden Applaus löst sich die emotionale Spannung des Publikums. Blumen für die Sängerin und ihren Begleiter. Umarmungen und Küsse.

Am liebsten würde ich noch ein bißchen sitzen bleiben und der Musik und den Texten nachhängen. Ich habe das Gefühl, eine neue Dimension dieser Musik erlebt zu haben, die Dimension der Unendlichkeit. Beschwingt und erfüllt gehe ich um das Schloß herum und nach unten in Richtung Stadt.

Die Wege in der Dunkelheit innerhalb der Schloßanlage sind gut und ruhig. An der *Fontana Luminosa* beginnt wieder die Stadt mit ihren Vespas, den Bars, dem Lärm, dem realen Leben. So unromantisch wie nur möglich.

Eigentlich bin ich nicht hungrig. Aber die Gewohnheit des späten *pranzo*, das oft erst um neun Uhr abends beginnt und sich dann bis weit nach zehn hinzieht, erzeugt einen Pawlowschen Reflex, der es fast notwendig macht, ein Abendessen einzunehmen.

Während ich mir noch überlege, ob ich soll oder nicht, schlendere ich den *Corso* entlang. Auf der Höhe der *Piazza Duomo* sehe ich in einer Gasse, die ich bislang nicht wahrgenommen hatte, ein beleuchtetes Schild mit der Aufschrift *Pizzeria.* Ja, eine Pizza ist ein vernünftiger Kompromiß. Die echte italienische Pizza, ursprünglich ein Essen für die arme neapolitanische Bevölkerung, hat einen sehr dünnen Boden und ganz wenig Belag. Kein Vergleich mit unseren Pizzen oder gar den amerikanischen, auf denen sich die verschiedenen Zutaten zentimeterdick häufen.

Ich gehe die enge Gasse nach unten, kann jetzt das ganze Schild lesen *Trattoria Pizzeria Stella Alpina*, bleibe kurz vor der Tür stehen und steige die drei Stufen in den Raum hinab. Ich bin in einen Gewölbekeller eingetreten, in dem etwa zehn gedeckte Tische stehen, in dem sich aber nur ein Gast befindet, der in ein Gespräch mit dem Wirt vertieft zu sein scheint. Dieser nimmt mich aber sofort wahr, begrüßt mich, bietet mir einen Platz an. Die Beredsamkeit des Wirtes ist unwiderstehlich. Es gibt kein Entkommen.

Nach kurzer Zeit kommt er mit einer Flasche Wasser und fragt nicht etwa nach meinen Wünschen, sondern schlägt mir etwas vor. Daß es keine Speisekarte gibt, weiß ich schon. In Italien macht der Wirt oder der Kellner Vorschläge, und häufig nimmt man diese an. Der Wirt will für seine Gäste das Beste – natürlich will er ihnen auch das Beste verkaufen. Deutsche glauben in der Regel, er würde sie betrügen wollen, indem er ihnen minderwertiges Zeug zu überhöhten Preisen andreht. Aber so ist es hier nicht.

Ich verstehe aber fast kein Wort, daher nehme ich mein ganzes Italienisch zusammen und sage «*Vorrei una pizza*, ich hätte gerne eine Pizza.»

Die Reaktion ist eindeutig: «*La pizza non c'è*, Pizza gibt's heute nicht.»

Und wieder überschüttet mich der Wirt mit seinen Vorschlägen für *antipasti*, *primi* und *secondi*.

Ich versuche, mich zu wehren: «*Vorrei solo una piccola cosa*, ich möchte nur eine Kleinigkeit.»

Er überlegt und sagt dann mit großer Überzeugungskraft: «*Abbiamo zuppa di mare.*» Also vermutlich so was wie Suppe mit Meeresfrüchten. Und nur, damit er mich in Ruhe läßt und die Sache endlich in Gang kommt, sage ich ja. «*Vino*?» Ich mache eine entsprechende Handbewegung, worauf er bestätigt: «*Mezzo litro vino bianco.*»

Den Wein bringt er sofort und einen Korb mit Brot, das

in Italien ein unverzichtbarer Bestandteil jedes Essens (mit Ausnahme des Frühstücks) ist. Ich mache gute Miene und laß es mir erstmal gutgehen. Nach einiger Zeit bringt der Wirt etwas, was wohl die *zuppa di mare* sein muß. Kein Teller, sondern eine mindestens 10 cm hohe Schüssel voll mit Brühe – und allen möglichen festen Bestandteilen: Muscheln, Krebsen, Fischstücken usw. Am nächsten Tag würde ich das Luigia und Franco beschreiben als «*tutte le cose che sono nel mare*, das Zeug, das man im Meer findet».

Ein bißchen unheimlich wird mir's schon, zumal ich die meisten Bestandteile nicht eindeutig identifizieren kann. Aber nach dem Motto meines schwäbischen Großvaters «s' Dicke hat's Geld koscht» mache ich mich mutig an die Arbeit. Es ist nicht einfach: Die Muscheln müssen geöffnet werden, manche Fischteile haben Gräten, und eine *piccola cosa* ist das auch nicht. Es ist eine Riesenportion, die ich nur mit einer ordentlichen Menge Wein (ich bestelle ohne Gewissensbisse nach) runterspülen kann.

Anschließend bin ich aber gegen alle Verführungskünste des Wirtes immun, ich bleibe gegenüber den Verlockungen von *gelato*, *macedonia*, *grappa* und ähnlichen Kalorienbomben hart. Nur einen *caffè* genehmige ich mir.

Es ist spät geworden, ich sollte zurück ins Hotel. Zahlen: «*Prego il conto.*» Betont freundlich kommt der Wirt und präsentiert mir auf einem kleinen Teller die Rechnung, auf der eine Zufallszahl steht. Da ich diese sowieso nicht kontrollieren kann, lege ich das entsprechende Geld auf den Teller, stehe auf, nehme meinen Mantel, sage *arrivederci* und gehe hinaus.

Draußen ist es inzwischen ganz dunkel geworden. Fast ein bißchen unheimlich. Straßenbeleuchtung gibt's hier unten nicht. Daher gehe ich schnell das Gäßchen hinauf bis zum *Corso*. Das Essen und der Wein haben mich erhitzt, und ich gehe zügig mit offenem Mantel den *Corso* hinab bis zum Hotel.

13

Tutte le cose che sono nel mare

Schon als ich das Hotel betrat, hörte ich laute Stimmen. Die ganzen Wochen hatte das Hotel Italia bei mir einen eher leeren, ja ausgestorbenen Eindruck hinterlassen. Manchmal sah ich jemand leise die dunkle Treppe hinunter- oder hinaufgehen, aber oft hatte ich den Eindruck, ich sei der einzige Gast.

Als ich die Treppe zu meinem Zimmer hochging, sah ich eine unübersehbare Menge junger Leute, Jungen und Mädchen, etwa im Alter von 20, die das Hotel regelrecht besetzt hatten. Sie stürmten aus den offenstehenden Türen der Zimmer, liefen zwischen den Zimmern hin und her, treppauf und treppab, saßen gruppenweise in den Zimmern zusammen. Sie lachten, riefen sich etwas zu und erzählten Witze. Taschen wurden geworfen, Leute rempelten sich gegenseitig an, Türen knallten.

Meiner Einschätzung nach waren das viel mehr Leute, als das Hotel faßte. Die meisten hatten bunte Trainingsanzüge an, überall lagen Sporttaschen rum, aus deren Aufschriften hervorging, daß die Besetzer eine Rugbymannschaft und deren Anhänger waren.

L'Aquila war eine Hochburg des Rugby.

Natürlich ist der Fußball, *il calcio*, der Nationalsport Italiens. In einem Ausmaß, wie ich mir das vorher nicht vorstellen konnte: Es gibt täglich erscheinende Sportzeitungen, in denen über Stars, Spiele und Skandale berichtet wird. Wichtige Spiele werden nicht nur im Fernsehen, sondern auch in ausgewählten Kinos übertragen!

In L'Aquila spielt der Fußball aber nur eine bescheidene Rolle. Dafür aber der *Pallaovale*, das Spiel mit dem Ei. Tatsächlich hat L'Aquila in den letzten Jahren mehrfach die nationale Rugbymeisterschaft gewonnen. Die männlichen Jugendlichen kennen nichts Größeres, als in der ersten

Mannschaft von L'Aquila Rugby zu spielen oder jedenfalls bei den Spielen dabeizusein und diese fachmännisch zu kommentieren. Dadurch sind sie sich auch der Anerkennung der Mädchen sicher.

Im Hotel Italia sind die Gastmannschaft und ein Teil ihrer Anhänger untergebracht. Ob sie gewonnen oder verloren haben, ist an der Art des Lärms nicht mehr festzustellen. Sie haben den Zustand, in dem das eine Rolle spielt, schon längst hinter sich gelassen.

Ich komme unbehelligt in mein Zimmer, lege mich schnell ins Bett und versuche, zur Ruhe zu kommen. Das ist aber nicht leicht. Obwohl ich normalerweise einschlafe, sobald ich mich ins Bett lege, brauche ich diesmal sehr lange, bis ich den Lärm so weit verdrängt habe, daß ich ihn nicht mehr höre.

Als ich aufwache, ist es draußen still. Ich fühle mich furchtbar. Im nachhinein erinnere ich mich an schreckliche Träume. Ich wandere auf Eisenbahnschienen von mir weg, werde dabei aber nicht immer kleiner, sondern merkwürdigerweise immer größer.

Ich bin zu Hause, in Träumen ist das immer mein Elternhaus, sehe im Klo aus dem Fenster, wobei ich auf den Toilettendeckel stehen muß, falle aus dem Fenster, falle lautlos immer weiter, ins Bodenlose, Hunderte von Metern, lautlos, bis ich in einem Gully verschwinde.

Ich sehe ineinander verwobene verschiedenfarbige Kreise, die sich unabhängig voneinander drehen und dabei einen kreischenden Höllenlärm produzieren. Irgendwie weiß ich: Das sind blocking sets, obwohl ich gleichzeitig auch weiß, daß es keine sein können. Die Geschwindigkeit wird schneller, die Töne immer höher, der Lärm noch ohrenbetäubender – und plötzlich bin ich wach. Alles ist wie weggeblasen, ich merke nur: Mir ist ganz furchtbar schlecht, und in wenigen Augenblicken werde ich mich übergeben.

Ich erhebe mich rasch, aber mit möglichst gleichförmigen Bewegungen aus dem Bett, gehe zur Tür, versuche, diese leise zu öffnen, husche über den dunklen, einsamen Gang, halte kurz inne, um meine gesamte Konzentration auf meinen Magen zu richten, erreiche die Toilette – keine Sekunde zu früh. Ich sitze auf dem Boden, umklammere die kalte Schüssel. In mir explodiert etwas, in großen, sauren Schüben wird mein Inneres in die Schüssel geschleudert. *Zuppa di mare.*

Der erste Akt ist geschafft. Schweiß steht mir auf der Stirn, mein Herz tobt. Das ganze Haus muß von dem Lärm wach geworden sein, aber alles ist ruhig. Leider. Denn das sind die Situationen, in denen ich wirklich Beistand brauche.

Ich bleibe ganz ruhig sitzen, hoffe, daß alles vorbei ist. Aber ich fürchte, daß es eine Fortsetzung geben wird. Der Magen gibt noch keine Ruhe. Beim dritten Mal kommt nur noch Galle, und ich frage mich, womit ich das verdient habe. Nachdem sich mein rasendes Herz einigermaßen beruhigt hat, gehe ich ganz vorsichtig in mein Zimmer zurück. Ich wasche mir den Schweiß von der Stirn und spüle den Mund aus.

Dann lege ich mich ganz gerade auf den Rücken, die rechte Hand auf dem Bauch. Diesen Trick habe ich als kleiner Junge von meinem Vater gelernt. Das würde gegen jede Art von ‹Bauchweh› helfen. Auch jetzt stellt sich bei mir das kindliche Geborgenheitsgefühl ein, und nach wenigen Minuten drehe ich mich auf die Seite und schlafe ein.

14

Più semplice possibile, ma non di più!

Nichts deutete darauf hin, daß dieser Tag die Entscheidung bringen würde. Ich hatte – in der zweiten Hälfte der Nacht – überraschend gut geschlafen, wachte aber wie gerädert auf. Ich bewegte mich vorsichtig und bestellte in der *Bar al Corso* nicht meinen üblichen *cappuccino*, sondern zur Vorsicht nur *una camomilla*, eine große Tasse heißen Kamillentee. Diesen hatte ich in kleinen Schlucken geschlürft und war dann, immer noch vorsichtig, zum Hotel zurückgegangen, hatte mich in den bequemen Ledersessel im Flur gesetzt und eine Viertelstunde Fontane gelesen: ... *so laß Dir sagen, daß es mir gut geht, wenigstens um vieles besser, als ich's vor Jahren erwartet hätte. Ich muß mich barbarisch quälen und habe dabei nicht nur das Gefühl, daß es oftmals meine physischen, sondern viel häufiger noch meine geistigen Kräfte, richtiger das Maaß meines Wissens, übersteigt. Aber der alte fromme Spruch, daß Gott Einen stärker macht als man eigentlich ist, wenn er sieht, daß sich das arme Vieh erbärmlich aber ehrlich quält, ist doch eine Wahrheit.*

Franco hatte mich abgeholt, wir waren nach San Vittorino gefahren, Luigia hatte uns einen *caffè* gemacht. Ich ließ mir nichts anmerken und trank auch einen.

Wir hatten ein bißchen geschwätzt. Dann waren wir ins Wohnzimmer gegangen und hatten uns an den großen Tisch gesetzt. Jeder hatte einen Stapel unbeschriebener Blätter vor sich. Wir dachten nach, indem wir die Blätter vollkritzelten. Wie immer. Fast.

Zwei Dinge waren anders. Franco hatte die Zeit, bevor er mich abholte, genutzt und war beim Frisör gewesen. Seine wilde Erscheinung mit ungepflegter Mähne und struppigem Bart war in eine elegante, jugendliche Erscheinung verwandelt worden.

Und das Wetter hatte sich geändert. Ein Föhnsturm jagte die Wolken vor sich her und warf phantastische Gebilde an den Himmel. Noch lag überall Schnee, aber es war deutlich wärmer geworden, und man spürte: Selbst in diesem Kältezentrum Italiens wird es Frühling werden. Kein zarter Frühling (‹horch, von fern ein leiser Harfenton›), sondern ein gewaltiger, der Schnee und Kälte mit Macht hinwegfegen würde.

Bei Föhnwetter geht es mir subjektiv immer sehr gut. Ich fühle mich wohl, bin guter Dinge und habe hochfliegende Ideen. Allerdings gehen meiner Umgebung, für mich völlig unverständlich, meine Ideen, mein Gequassel und – mein Fahrstil auf die Nerven.

Wir wollen einen weiteren Versuch machen, unser Blocking-set-Problem zu lösen. Wie immer.

Viel Zeit haben wir nicht mehr, denn in einer guten Woche muß ich wieder nach Hause. Vielleicht war die ganze Zeit, die wir mit diesem Problem verbrachten, vertane Zeit, und wir hätten besser etwas anderes gemacht?

«Laßt uns das Problem noch einmal ganz von vorne betrachten, vielleicht denken wir ja zu kompliziert», versucht Franco uns aufzumuntern.

In Ermangelung von Alternativen beginne ich, das Problem ganz langsam zu schildern, so wie man es einem begriffsstutzigen Kind erzählen würde: «Wir suchen eine Menge von Punkten ...»

«... *punti rossi*, rote Punkte», wirft Franco ein, und ich fahre fort: «... mit der Eigenschaft, daß jede Gerade genau zwei rote Punkte enthält.»

«*Esatto*. Aber wir wissen immer noch nicht, ob es eine solche Menge gibt», resümiert Franco. «Es könnte sein, daß es eine solche Menge gibt – und wir zu blöd sind, diese zu finden. Oder es könnte sein, daß es so was nicht gibt – und wir bloß zu ungeschickt sind, das zu beweisen.» Nicht sehr aufmunternd.

«Wir betrachten dabei zwei schwierig zu erfüllende Eigenschaften.» Auch Luigia läßt sich darauf ein, ganz vorsichtig und naiv zu fragen. «Zum einen soll die Eigenschaft *für alle Geraden* gelten, ohne jede Ausnahme, *senza eccezione*.»

Klar, wenn man die Bedingung, genau zwei rote Punkte zu enthalten, nicht für alle Geraden fordern würde, könnte man vielleicht eine Menge direkt angeben.

«Zum Beispiel die Punkte auf zwei parallelen Geraden. Wenn wir alle diese Punkte rot färben, hätte immerhin jede Gerade, die nicht zu diesen ‹roten Geraden› parallel ist, genau zwei rote Punkte denn sie trifft ja beide roten Geraden in je einem Punkt.» Franco versucht, optimistisch zu wirken. Er hofft wahrscheinlich wieder mal, daß dieses Beispiel endlich die Lösung ist. Aber richtig dran glauben tut er nicht. Zu oft ist bei solchen Versuchen etwas schiefgegangen. Genauer gesagt: immer.

Und Luigia hat auch schon den schwachen Punkt entdeckt: «Die roten Geraden haben natürlich unendlich viele rote Punkte, und nicht nur zwei. Und die Geraden, die parallel zu den roten sind, haben keinen einzigen roten Punkt.»

Auch Franco sieht, daß dies nicht die Lösung ist: «Und wenn man Punkte hinzufügt, wird's noch schlimmer, denn dann gibt es plötzlich Geraden mit drei und mehr roten Punkten.»

Das Beispiel führt zu nichts. Keiner ist überrascht. Wir haben es gewußt. War ja auch zu erwarten.

«Was soll denn die zweite schwierig zu erfüllende Bedingung sein?» frage ich Luigia. Ich bin heute noch etwas langsam.

«Daß jede Gerade *genau zwei* rote Punkte enthalten muß.»

«Wie bitte?»

Na ja, wenn man zum Beispiel nur fordern würde, daß jede Gerade *höchstens* zwei rote Punkte enthalten soll, dann wär's viel einfacher.

«*Circonferenza*», bestätigt Franco knapp. Damit meint er, daß die Punkte eines Kreises natürlich die Eigenschaft haben, daß jede Gerade höchstens zwei davon enthält. Aber wir alle wissen, daß uns dieses Beispiel einer Lösung des Problems nicht näher bringt. Das brauchen wir nicht mal zu sagen.

«*Troppo semplice*, zu einfach», ist Francos Kommentar. Die

Bedingung wurde unzulässig vereinfacht, so daß das Problem zu einer Banalität wurde. «*Più semplice possibile, ma non di più*, so einfach wie möglich, aber nicht zu einfach», erklärt er uns.

Das klingt altklug und ist nicht dazu angetan, unsere Laune, die sich langsam, aber sicher Richtung Keller bewegt, zu verbessern. Wir sind kurz davor, das Problem aufzugeben. «*Faccio un caffè*», rettet Franco die Situation jedenfalls für den Moment.

Wir schlürfen unseren Kaffee betont langsam. Ich bin heute sowieso vorsichtig. Franco rührt noch länger als sonst. Dann trinkt er einen winzigen Schluck, rührt nochmals. Lange. Trinkt wieder nur einen kleinen Schluck. Und erst nachdem er ein letztes Mal besonders lange umgerührt hat, trinkt er den Rest. Unglaublich. Alle spielen auf Zeit. Klar: An Beispielen rumbasteln, von denen man von vornherein überzeugt ist, daß ihre Erfolgschancen minimal sind, ist nicht sehr attraktiv.

Franco ist mit einer optimistischen Grundausstattung seines Charakters gesegnet. Was seine Umgebung manchmal als aufgesetzte Verrücktheiten wahrnimmt, wirkt sich jetzt positiv aus. Er gibt nicht auf. Er versucht's noch einmal. Und diesmal ist es eine neue Idee: «*Consideriamo solo i razionali.*»

Weiß er, was er sagt? Er meint, wir sollten nur die rationalen Zahlen betrachten. Da wir an geometrischen Objekten interessiert sind, meint er sicher die Punkte mit rationalen Koordinaten, also etwa die Punkte mit den Koordinaten (5, –1), (1/2, 5/7) usw., aber nicht ($\sqrt{2}$, 5) oder ($-\pi$, $\sqrt{5}$). Eine Geometrie wird dies, wenn man dazu noch die Geraden betrachtet, die diese ‹rationalen› Punkte verbinden. Man nennt diese Geometrie auch die ‹rationale Ebene›.

Luigia ist sicher, daß auch diese Idee eine Fata Morgana ist, die sich beim Näherkommen in nichts auflöst. Man muß nur genau hinschauen. Daher macht sie sich die Definition noch einmal ganz präsent: «Die *Punkte* der rationalen Ebene sind die Punkte der euklidischen Ebene mit rationalen

Koordinaten. Das heißt: Jeder Punkt wird mit einem Paar (a,b) identifiziert, wobei a und b rationale Zahlen, also ganze Zahlen oder Brüche, sind. Die *Geraden* der rationalen Ebene sind Geraden mit den Gleichungen y = mx+b oder x = c, wobei m, b und c rationale Zahlen sind.»

Ich bestätige: «Mit anderen Worten: Aus der euklidischen Ebene, in der Punkte reelle Koordinaten und Geraden reelle Parameter haben, wird eine kleine Menge von Punkten ausgewählt. »

Und Franco weiß: «Auch für diese Struktur gelten die grundlegenden Eigenschaften der euklidischen Ebene, *è più o meno lo stesso*: Durch je zwei rationale Punkte geht genau eine rationale Gerade. *Inoltre*: Wenn P ein rationaler Punkt außerhalb einer rationalen Geraden g ist, dann gibt es genau eine rationale Gerade durch P, die parallel zu g ist, *la retta parallela a* g *passante per il punto* P.»

Das ist richtig, denke ich, aber Luigia bleibt skeptisch: «Du veränderst zwar jetzt nicht das Problem, aber die zugrundeliegende Geometrie. Vielleicht ist das auch *troppo semplice*. Was hast du denn davon, daß du nur die rationalen Punkte betrachtest?»

Franco antwortet schlafwandlerisch: «Man kann die Punkte abzählen. Man kann diese rationalen Punkte in einer Liste aufschreiben. *C'è un primo punto, un secondo, un terzo ecc.*, es gibt einen ersten, einen zweiten, einen dritten Punkt usw. P_1, P_2, P_3, ...»

Franco weiß das, und Luigia kann es beweisen: «Jeder Punkt hat zwei Koordinaten, man kann also die rationalen Punkte mit den Paaren aus rationalen Zahlen identifizieren. Da die Menge der rationalen Zahlen abzählbar ist, ist auch die Menge der Paare rationaler Zahlen abzählbar, also auch die Menge der rationalen Punkte. Wir können dann *infatti* schreiben P_1, P_2, P_3, ...» Das ist völlig richtig. Aber sie fragt provozierend weiter: «Und?»

Franco hat keine Chance zu antworten.

«Wir können auch die Geraden abzählen!» platzt es aus mir heraus.

Ich erinnere mich noch heute an die Situation. Ich weiß noch genau, wo jeder von uns saß. Ich lümmelte auf einem der Stühle mit den unbequemen Lehnen, mit dem Rücken zum Fenster, den Stuhl wie üblich schräg zum Tisch gestellt. Franco und Luigia waren auf der anderen Seite des Tischs, Franco stand links, Luigia saß rechts und schrieb gerade was.

Ich erinnere mich an den Geruch des Zimmers und an die glatte Oberfläche des großen Tischs. Und an mein Gefühl: Ich bekomme eine Gänsehaut auf dem Rücken, plötzlich ist der Durchblick da, ich sehe die Lösung auf einen Blick. Jetzt dranbleiben, auch nicht den kleinsten Gedanken mißachten! Es kommt!

«Ich glaube, es geht», sage ich nur leise. Ich rede einfach los, teilweise auf deutsch, damit es schneller geht, und schreibe gleichzeitig mit, damit möglichst kein Gedankensplitter verlorengeht, damit ich alles, auch aus meiner unleserlichen Schrift, wieder rekonstruieren kann. So gute Gedanken habe ich selten, ich muß sie festhalten.

«Die Geraden zählen wir irgendwie ab, eine erste, eine zweite, eine dritte, g_1, g_2, g_3, ... und dann konstruieren wir schrittweise die roten Punkte.»

«Was?» fragt Franco unschuldig. Ich glaube, sie haben die Dramatik noch nicht erkannt, aber ich kann darauf keine Rücksicht nehmen.

«Wir starten mit der ersten Geraden und wählen zwei beliebige Punkte auf der ersten Geraden.» Ich male großzügig eine Gerade aufs Blatt und zwei dicke Punkte drauf.

«Dann kommt die Gerade Nr. 2 dran. Auch diese soll zwei rote Punkte bekommen, aber – *attenzione!* – es könnte sein, daß diese Gerade die erste in einem der beiden schon zuvor gewählten roten Punkte trifft.»

Ich mache eine Pause und merke, daß beide jetzt schon aufpassen, vielleicht auch nur, weil ich so aufgeregt bin.

«Um so besser», sage ich, «dann braucht diese Gerade nur einen zusätzlichen roten Punkt.»

«Jetzt betrachten wir die dritte Gerade.»

Franco und Luigia schauen mich mit einer Mischung aus Interesse und Entsetzen an: Ist er jetzt endgültig übergeschnappt? Aber das beeindruckt mich wenig, bei Föhn schauen mich die Leute immer so an.

Ich hab's im Gefühl: Wenn ich diese Gerade noch schaffe, dann hab ich's verstanden, dann sind wir durch: «Hier kann noch ein Phänomen auftreten. Natürlich könnte die dritte Gerade g_3 eine der beiden ersten Geraden, oder beide, in einem schon konstruierten roten Punkt treffen. Das ist der Effekt, den wir schon hatten. In diesem Fall bekommt g_3 nur einen oder eventuell gar keinen neuen Punkt. *Nessun problema.*

Aber es könnte auch sein, daß wir einen Punkt auf g_3 wählen und dieser zufällig mit zwei schon vorher gewählten roten Punkten auf einer Geraden liegt. Dann hätte diese Gerade, die vielleicht erst viel später dran ist, weil sie eine hohe Nummer hat, jetzt schon drei Punkte. Dann würden wir so nie eine Menge mit unserer ersehnten Eigenschaft erhalten.»

«*Ancora niente*? Wieder nichts?» fragt Luigia enttäuscht. Ich habe den Eindruck, es täte ihr vor allem leid, wenn ich enttäuscht wäre.

Aber ich lasse mich nicht beirren. Ich weiß, wie's geht: «Das verbieten wir einfach!»

«*Come?*» Ich erwarte nicht, daß sie mich verstehen. Aber ich muß meinen Gedanken zu Ende bringen.

«Wir können es uns leisten, großzügig zu sein! Die bisher gewählten maximal vier Punkte haben nur sechs Verbindungsgeraden. Diese schneiden die Gerade g_3 in höchstens sechs verschiedenen Punkten.» Ich male dazu ein Bild.

Dann erkläre ich: «Das sind genau die Punkte, die wir nicht wählen dürfen, weil wir sonst eine Gerade mit drei Punkten erhalten. Also verbieten wir diese Punkte. Es gibt ja unendlich viele Punkte auf g_3. Daher können wir ohne weiteres

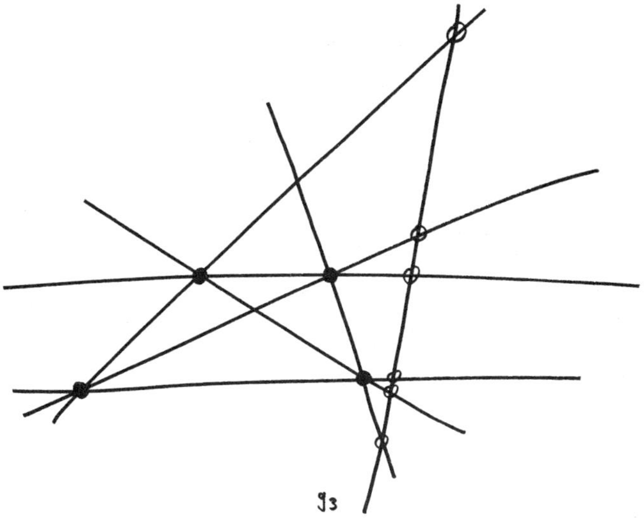

Punkte wählen, die verschieden von den sechs verbotenen sind.»

«*Sì, c'è posto*», stellt Franco lapidar fest.

Gut. Ich verstehe jetzt, wie's geht.

Ich bin einmal durch, und kann also nochmals von vorne anfangen: «Wir konstruieren schrittweise eine Menge von ‹roten› Punkten, und zwar so, daß wir im n-ten Schritt folgendes erreicht haben:

> Keine Gerade enthält mehr als zwei rote Punkte.
> Jede der Geraden Nr. 1, 2, ..., n enthält genau zwei rote Punkte.

Diese Sätze rahme ich ein. Sie sind der Schlüssel. Der Durchbruch ist geschafft.

Ich werde wieder etwas ruhiger. Ich bin sicher, alles Wesentliche notiert zu haben, so daß ich eventuell verlorengegangene Gedanken auch wiederfinden kann. Jetzt dürfen auch die anderen wieder zu Wort kommen. «Wie funktioniert denn der Schritt von n auf n+1?» fragt Franco. Berechtigte Frage, denn das haben wir noch nicht diskutiert. Nur im Spezialfall der dritten Geraden. Dort steckt zwar schon alles drin, aber wir müssen das natürlich explizit machen.

«Ganz einfach», sage ich daher überzeugt, muß dann aber doch scharf nachdenken, um es präzise hinzubekommen. «Angenommen, n = 1000. Dann haben wir bereits eine Menge von roten Punkten konstruiert, so daß einerseits jede Gerade, egal, welche, höchstens zwei Punkte der Menge enthält und die ersten 1000 Geraden schon genau zwei dieser Punkte.»

«Und jetzt kommt die Gerade Nr. 1001 dran?»

«Genau. Diese enthält wegen der ersten Bedingung höchstens zwei rote Punkte.» «Ja, weil *jede* Gerade höchstens zwei rote Punkte besitzt.»

«Wenn sie schon zwei rote Punkte hat, sind wir fertig», meint Franco wenig hilfreich. «Aber wenn sie nur einen oder gar keinen der bislang konstruierten Punkte besitzt, müssen wir einen oder zwei Punkte zu unserer Menge hinzufügen.»

«Und dabei müssen wir aufpassen», ich glaube, Luigia beginnt zu verstehen, «daß wir keine unserer Bedingungen zerstören.»

«Welche Bedingungen?» fragt Franco offenbar noch ahnungslos.

«Vor allem die erste, daß keine Gerade mehr als zwei rote Punkte enthalten darf.»

Die Lösung ist, im Grunde, nicht schwer: «Wir haben bisher schon mindestens 1000 Geraden, die genau zwei rote Punkte tragen; auf diesen dürfen wir keinen weiteren Punkt wählen.»

«Wie soll das gehen?»

«Ganz einfach», triumphiere ich: «Bisher haben wir nur endlich viele Punkte gewählt.»

«Wie viele denn?»

«Ist eigentlich nicht wichtig, aber höchstens 2000, mit denen wir die Geraden 1, 2, ..., 1000 bedient haben. Und diese Punkte haben nur endlich viele Verbindungsgeraden.»

«Wie viele?» will Franco wieder wissen, gibt sich aber selbst die Antwort: Mit 2000 Punkten kann man genau $2000 \cdot 1999/2$ Paare bilden. Also bestimmen diese Punkte auch $2000 \cdot 1999/2$ Verbindungsgeraden, also nur 1.999.000.»

«Gigantisch viele!» Luigia ist entsetzt.

«Nein, verschwindend wenige», behaupte ich.

«Wie meinst du das?»

«Ist doch klar: Auf der 1001ten Geraden dürfen wir keinen Punkt wählen, der auf einer dieser höchstens 1.999.000 Geraden liegt. Von den unendlich vielen Punkten dieser Geraden sind also gerade mal knapp zwei Millionen ausgeschlossen. Nur endlich viele. Kein Problem. Die neuen Punkte wählen wir einfach außerhalb dieser verbotenen Menge.»

«Dabei müssen wir gut aufpassen.»

«Nein, eigentlich gar nicht. Denn in Anbetracht von unendlich vielen möglichen Punkten sind die verbotenen immer noch nur 0%. In jedem Fall bleiben noch unendlich viele nicht verbotene Punkte übrig, und von denen können wir einen oder zwei wählen.»

Luigia traut dem Frieden noch nicht und möchte ganz sichergehen: «Und jetzt kommt die Gerade 1002?» Eigentlich ist jetzt alles klar, denn statt 1000 und 1001 könnten wir auch ‹n› und ‹n+1› schreiben und hätten dann einen formalen Beweis.

«Ja, auch diese enthält höchstens zwei rote Punkte, und es gibt nur endlich viele verbotene Punkte.»

«*Quindi* können wir auch auf dieser Punkte wählen, so daß sie genau zwei rote Punkte enthält.»

«*E così via*?» fragt sie.

«Ja, so geht's. Wenn wir die Menge der roten Punkte so wachsen lassen, erreichen wir, daß jede Gerade schließlich genau zwei rote Punkte enthält.»

«Jede?»

«Ja, jede. Zum Beispiel die Gerade 1.573.817? – Diese hat in jedem Wachstumszustand der Menge der roten Punkte höchstens zwei rote Punkte, nach dem 1.573.817ten

Schritt genau zwei, und erhält später nie mehr einen dazu.»

«So erfassen wir alle Geraden?»

«Da die Menge der Geraden abzählbar ist, hat jede eine endliche Nummer, also kommt jede mal dran. Jede Gerade erhält irgendwann zwei rote Punkte und dann keinen mehr. Daher hat die Menge der roten Punkte insgesamt die Eigenschaft, daß jede Gerade genau zwei rote Punkte enthält.»

Stille. Ungläubiges Staunen. Deutlich zu fühlen: Unsere Erkenntnis hat sich erweitert. Wir wissen mehr als noch vor einer Stunde. Und: Was wir jetzt wissen, hat vor uns niemand gewußt. Wir sind die ersten, die diese Gedanken gedacht haben.

«*Quindi*», sagt Franco und wagt sich jetzt wieder, eine Zigarette anzuzünden, «*la soluzione del nostro problema.* Ich glaube, wir haben unser Ziel erreicht.»

Wir haben das gefunden, wonach wir seit Wochen gesucht haben. Viel einfacher, als wir uns das vorzustellen gewagt haben. Uns fehlte der Mut, das Problem so radikal zu betrachten. Die Lösung lag vor unseren Füßen, und wir sahen sie nicht, weil wir zu nahe dran waren.

Jetzt kommen Luigia und Franco wieder zu Bewußtsein und reagieren mit den üblichen mathematischen Reflexen: «Können wir das verallgemeinern?» «Bisher haben wir das nur für die rationale Ebene bewiesen, geht das auch für die übliche reelle Ebene?»

Es gibt viele Verhaltensmöglichkeiten für die Stunde danach. Die Menschen und auch die Mathematiker unterscheiden sich auch darin, welche Bedürfnisse sie für die Zeit nach dem emotionalen Sturm haben. Manche wollen noch mehr und hoffen auf einen weiteren Musenkuß. Manche wollen sofort darüber reflektieren in der Hoffnung, die Situation nochmals genießen zu können. Manche haben das Bedürfnis, ihre Erkenntnisse sofort in Reinschrift zu fixieren. Ich habe diese Bedürfnisse nicht. Ich brauche keine Aktivität. Ich bin glücklich und zufrieden und mache anschließend was ganz anderes. Ich habe jetzt keine Hemmungen, mich auf das Sofa zu setzen und ein bißchen zu lesen (Fontane ist immer dabei). Luigia und Franco müssen sich fügen.

Manchmal setze ich mich – nach Ansicht meiner Familie – zu früh zur Ruhe. Ich bin jedenfalls schon zufrieden, wenn ich zu Hause ein Zimmer halb aufgeräumt habe, und bin geneigt, dies bereits als gelungene Tat anzuerkennen, während meine Frau genau die gegenteilige Meinung hat und eher meint: «Jetzt machen wir das vollends fertig!»

Meine Mutter hat mir erst vor wenigen Jahren gestanden, daß sie mich in der Zeit des Heranwachsens mit Sorge betrachtet habe, da ich sämtliche Projekte zwar kühn plante und ‹im Kopf› auch alles funktionierte, aber in der Realität sei ich immer auf halber Strecke gescheitert. Heute ist das ganz anders – jedenfalls sehe ich das so.

Später setze ich mich an den Kamin und schaue ins Feuer, das mich immer fasziniert. Luigia hat schon heute früh den Kamin gesäubert und achtet darauf, daß nur Holz verbrannt wurde, in auffälligem Gegensatz zu dem üblichen Umgang. Normalerweise fliegt alles in den Kamin, von Papierservietten und Essensresten wie Brot und Orangenschalen, über Papiertaschentücher und Verpackungsmaterial bis zu Kronkorken und Plastiktüten. Kurz: alles, was für brennbar gehalten wird. Ich empfinde das als schockierend, weil wir in Deutschland gerade, mitunter widerwillig, gelernt haben, daß man das nicht tut, weil es der Umwelt schadet.

Der kleine Rest Müll, der auch beim besten Willen nicht durch das Feuer kleinzukriegen ist, wird in Plastiktüten gesammelt, die ins Auto gestellt und tagelang spazierengefahren werden. Irgendwann ruft Luigia unvermittelt «stop!», steigt aus, nimmt die Tüten, wirft sie schwungvoll in eine große, graue Mülltonne, steigt wieder ein, und wir fahren weiter, als ob nichts gewesen wäre. Als ich einmal fragte, ob dies eine offizielle Mülltonne sei, meinte sie nur, das würden alle so machen.

Der Grund für die Sauberkeit des Kamins ist, daß heute am Kamin gekocht wird. Als *secondo* gibt es *carne alla brace.*

Das Fleisch wird über der Glut gebraten. Luigia stellt schon mal das Gestell, eine Art großer Zange, an die richtige Stelle. Darunter muß eine gute Glut sein. Dann geht alles sehr schnell. Ich wundere mich immer, wie sie das macht: Kaum ist das Wasser für die *pasta* im Topf, ruft sie auch schon «*è pronto*». Auf dieses Kommando hin kommen alle sofort in die Küche. Ich sehe gerade noch, wie der *sugo* unter die *pasta* gemischt wird, dann können wir essen. Und genau in dem Moment, in dem wir mit der *pasta* fertig sind, ist auch der zweite Gang bereit. Heute das Fleisch aus dem Kamin. Es schmeckt herrlich.

Die Italiener glauben beim Essen an die Dinge selbst. Sie essen die einzelnen Bestandteile einer Mahlzeit getrennt: erst die *pasta*, dann das Fleisch, dann den Salat oder die Beilagen. Sie glauben daran, daß die Dinge an sich gut sind beziehungsweise sein müssen. Die Vorstellung, daß auf ein Stück Fleisch noch Schinken und Käse und Obst gepackt und alles noch mit einer dicken Soße übergossen wird, ist ihnen ein Graus.

Heute erlebe ich ein Musterbeispiel der italienischen Essensphilosophie. Im Grunde ist es ganz einfach. Und es schmeckt wunderbar. Ein Festessen. Es war sicher nicht so geplant, aber es paßt ideal zu unserem mathematischen Durchbruch.

15

Qui, Quo e Qua

Schon an den ersten Tagen meines Aufenthalts in L'Aquila, als wir uns über den *codice fiscale* unterhielten, kam die Sprache auf *codici segreti*, die Geheimcodes. Nach Luca sind das die *codici veri*, die echten Codes, und er wußte, wie für alles, auch hier sofort ein Beispiel: «*La lingua farfallina*», sagte er und war nicht mehr zu bremsen: «*Lafa fifinefestrafa efe afapefertafa*, dabas Febensteber ibist oboffeben.»

Nicht viel erhellender steuerte Franco bei: «*C'è il codice di Morse e pure un codice di Giulio Cesare.*» Davon hatte auch Luca gehört, und er machte sich auf, um solche Codes im *Manuale di Qui, Quo e Qua*, im Buch von Tick, Trick und Track, den Neffen von Donald Duck, zu suchen.

«Hast du in deiner Vorlesung im letzten Semester auch über Geheimcodes gesprochen?» fragt Luigia jetzt. Ich erkläre, daß ich in der Tat auch Verschlüsselungstechniken behandelt habe, und zwar neben den klassischen Verfahren auch ganz neue, völlig andersartige Methoden der Verschlüsselung, die erst vor wenigen Jahren erfunden wurden.

Franco war sofort Feuer und Flamme: «*È difficile*? Ist das schwierig?»

«Nein, die Idee ist genial, aber wie jede wirklich geniale Idee auch genial einfach. Für den Algorithmus braucht man nur ein bißchen elementare Zahlentheorie.»

Franco sagt erst mal gar nichts, sondern zündet sich eine Zigarette an: «*Io penso una cosa*, ich habe da eine Idee», er nimmt einen langen Zug und bläst den Rauch dann konzentriert aus, «ich habe die Idee, daß Albrecht davon meinen Studenten in einer Vorlesung erzählt.»

Ich war perplex. Daß Franco mir schlechterdings alles zutraut, wußte ich – aber das war doch zuviel. Auch Luigia gebot Einhalt: «*No, non credo che questo sia una buona idea.*»

Aber Franco denkt nicht nur an das Ziel, sondern auch an den Weg: «Wir bereiten alles hier gründlich vor. Sowohl die Mathematik – dabei lernen auch wir etwas – als auch die Formulierungen, so daß du dann sicher bist. Im Zweifelsfall kann ich dann immer noch eingreifen. Aber ich glaube nicht, daß das notwendig ist.»

«Falls Albrecht einverstanden ist, könnten wir das jedenfalls mal probieren, denn auch mich interessiert diese Sache sehr», ergänzt Luigia.

«*Allora cominciamo*», war Franco sofort bei der Sache, aber Luigia sagte: «*Il caffè è obbligatorio*, Kaffee brauchen wir in jedem Fall.»

«*Io non so nulla*, ich weiß gar nichts», forderte Franco mich danach heraus.

«Das einfachste Modell ist das folgende. Zwei Personen, die wir nüchtern A und B nennen, wollen miteinander kommunizieren, und zwar stellen wir uns vor, daß A eine Nachricht an B schicken will. In der Kryptographie, wie dieser Zweig der Mathematik heißt, geht es um folgendes Problem: Die Nachricht soll so übermittelt werden, daß niemand außer B diese lesen kann.»

«In der Kryptographie versucht man also, Nachrichten geheimzuhalten.»

«Genauer gesagt: geheimzumachen!»

Luigia sitzt immer noch vor einem leeren Blatt: «Die Wissenschaft heißt *crittografia*?»

«Oder Kryptologie. Beides kommt aus dem Griechischen; ‹κρυπτός› heißt geheim, ‹λόγος› das Wort, die Lehre, und ‹γράφειν› bedeutet schreiben.»

Luigia schreibt als Überschrift CRITTOGRAFIA und fragt: «Wie macht man nun Nachrichten geheim?»

«Wir untersuchen Klartexte und Geheimtexte und deren Verhältnis.»

«Ah, *testi chiari e testi segreti.*»

«Der Sender verwandelt Klartexte in Geheimtexte, und der Empfänger macht das Umgekehrte, *trasforma testi segreti in testi chiari.*»

«Gut. Das habe ich verstanden», sagt Franco befriedigt.

Luigia ist aber noch nicht zufrieden: «Wie geschieht diese Transformation? Das ist bislang ja nur ein Wort!»

«Der Sender muß die Nachricht so transformieren, daß der Empfänger leicht dechiffrieren kann, aber der Angreifer keine Chance hat.»

«Ein Angreifer? Wo?» Sobald auch nur eine Spur einer Geschichte zu sehen ist, ist Franco unwiderstehlich.

«Für ein realistisches Bild dürfen wir nicht nur die beiden ‹guten› Personen A und B betrachten, sondern müssen auch mit der Existenz eines ‹bösen› Angreifers rechnen.»

«*Chiamiamolo il Signor X*, nennen wir ihn Mr. X», schlägt Franco vor.

«*A proposito*», frage ich, «wie nennt man solche Typen wie Mr. X?» Sie verstehen nicht. Da frage ich direkter: «*Come chiamate Ronald Reagan*?» Die Antwort kommt wie aus einem Mund: «*Un bandito*!»

Es ist ihnen einfach herausgefahren. Und gerade das ist ihnen furchtbar peinlich. Denn im Grunde denken sie zwar so, aber sie hätten das nie sagen wollen. Es wird deutlich, daß viele Italiener den Anfang der 80er Jahre amtierenden amerikanischen Präsidenten nicht nur für politisch unerwünscht halten, sondern ihn – aus welchen Gründen auch immer – instinktiv in die Kategorie der Verbrecher einordnen.

Nach einem tiefen Zug aus ihrer Zigarette kehrt Luigia wieder zur wissenschaftlichen Ebene zurück: «Die Frage ist also: Warum kann B die Nachricht entschlüsseln, aber nicht dieser ... Mr. X?»

«Wenn das überhaupt funktionieren soll», nehme ich den

Faden auf, «muß B etwas können oder etwas wissen, was *il Signor X* nicht kann oder nicht weiß. B hat ein Geheimnis, das X nicht kennt, und mit diesem Geheimnis kann er den Geheimtext entschlüsseln. Wir nennen dieses Geheimnis den ‹geheimen Schlüssel› von B.»

«Ich verstehe das im Augenblick so», versucht Luigia sich die Sache klarzumachen, «daß die Verschlüsselung ein Algorithmus ist, der zwei Variablen hat, den Klartext und den Schlüssel. Der Algorithmus transformiert Klartext m in Geheimtext c.» Die Bezeichnungen m und c sind gut gewählt; m steht für *messaggio* und c für *testo cifrato*.

«Beim Entschlüsseln passiert das gleiche. Nur umgekehrt», sagt Franco, «der Algorithmus transformiert den Geheimtext c unter dem Schlüssel wieder in den Klartext.»

Ich fasse zusammen: «Man kann diese Sorte von Algorithmen so beschreiben, daß Sender und Empfänger einen gemeinsamen geheimen Schlüssel haben. Dieser ist ihr exklusives Geheimnis, und mit diesem schützen sie sich vor allen andern.»

«*Una bella teoria! Ma ci sono esempi?*»

«Viele klassische Algorithmen sind einfach zu beschreiben. *Siamo in Italia e quindi* beginnen wir mit dem Algorithmus von Cäsar.»

«*Giulio Cesare*? Das hab ich dir schon zu Beginn gesagt!»

«Es gibt viele Väter der Kryptographie, viele Personen, von denen man sagen kann: ‹Mit ihm hat die Kryptographie angefangen›, aber Cäsar ist der erste Vater der Kryptographie.»

«Und warum?»

«Cäsar hat zwar einen schlechten Algorithmus benutzt, aber dabei immerhin zwei für die Kryptographie wichtige Entscheidungen getroffen. Die erste Entscheidung ist ganz klar: Er hat keine Geheimzeichen benutzt ...»

«*Peccato*!» kommentiert Franco und setzt nach, «aber in Umberto Ecos *Il nome della rosa* kommen Geheimzeichen vor!»

Ich bleibe bei der Sache: «Die Entscheidung war aber gut, denn solche Geheimzeichen geben keine echte Sicherheit, sondern gaukeln einem schlimmstenfalls Sicherheit nur vor.»

«Und die zweite Entscheidung?» fragt Luigia.

«Bei dieser ist nicht völlig klar, ob Cäsar diese so getroffen hat, man muß ein bißchen interpretieren. Jemand, der einen Geheimcode benutzt, hat immer das Problem, daß dieser verraten wird oder geknackt wird oder irgendwie in die Hände des Gegners fällt.»

«Dann muß er einen neuen entwickeln», schlägt Franco vor.

«Genau das wollte Cäsar vermeiden. In seinem Code ist eine Variabilität eingebaut, die es erlaubt, von einer Verschlüsselung zu einer anderen zu wechseln, ohne ein neues Verfahren entwickeln zu müssen.»

«*Ora siamo proprio curiosi*, jetzt hast du uns aber wirklich neugierig gemacht.»

«Der Code von Cäsar ist ganz einfach. Wir schreiben zunächst das normale Alphabet auf. Bei uns sind das die 26 Buchstaben A, B, ..., Z.»

«*Ma l'alfabeto italiano ha solo 21 lettere,* das italienische Alphabet hat nur 21 Buchstaben, es fehlen J, K, W, X und Y, *e credo che gli antichi romani non ne avessero di più*, und die alten Römer werden auch nicht mehr gehabt haben», wirft Franco ein.

«Das weiß ich zwar nicht genau, aber das macht nichts, denn hier kommt es nur aufs Prinzip an», weist ihn Luigia zurecht.

«Unter das Alphabet schreiben wir nochmals das Alphabet in natürlicher Reihenfolge, aber um einige Stellen verschoben.»

«*Facciamo un esempio*», schlägt Franco vor.

Luigia schreibt als Überschrift IL CODICE DI CESARE und darunter:

alfabeto in chiaro:
A B C D E F G H I J K L M N O P Q R S T U V W X Y Z

alfabeto cifrato:
D E F G H I J K L M N O P Q R S T U V W X Y Z A B C

«Verschlüsselt wird, indem ein Klartextbuchstabe durch den Buchstaben ersetzt wird, der direkt darunter steht. Aus A wird D, aus B wird E usw.»

Franco ist begeistert: «*Cifriamo la parola LUIGIA*; wir verschlüsseln mal das Wort LUIGIA.» Er probiert und schreibt dann: OXLJLD.

Er versucht, diese Buchstabenfolge auszusprechen: «*Ti chiami OXLJLD*?», bekommt einen Lachanfall und will alle möglichen Namen ausprobieren.

Luigia hält aber nichts davon und stellt fest: «Der Empfänger einer Geheimnachricht entschlüsselt, indem er von unten nach oben liest, das heißt einen Buchstaben des Geheimtexts durch den unmittelbar darüberstehenden ersetzt.»

«So wird aus OXLJLD wie durch ein Wunder wieder LUIGIA», probiert Franco aus.

«Das funktioniert aber nur, wenn der Empfänger auch dieses Schema hat.» Luigia ist wie immer vorsichtig.

«Das ist ein wichtiger Punkt», stelle ich fest, «denn man kann das Geheimtextalphabet um eine beliebige Anzahl von Stellen verschieben: Eine, zwei, drei usw.»

«Mehr als 26 gibt keinen Sinn, denn dann ist man wieder beim Originalalphabet», stellt Franco lapidar fest.

«Es ist klar, daß auch der Empfänger wissen muß, um wie viele Stellen das Alphabet verschoben wurde. Er braucht also zwei Informationen: Welches Verfahren benutzt wurde, in unserem Fall also das Verfahren von Cäsar, und die Spezialisierung, die bei dem Cäsar-Code durch die Anzahl der Stellen angegeben wird, um welche das Alphabet verschoben wurde. Diese Information nennt man den Schlüssel.»

«Mit anderen Worten, Sender und Empfänger brauchen den gleichen Schlüssel, der eine zum Verschlüsseln, der andere zum Entschlüsseln.»

«Mindestens genauso wichtig ist aber, daß niemand anderes den Schlüssel kennt.»

«Klar, sonst könnte der ja auch entschlüsseln, das heißt den Geheimtext lesen.»

Inzwischen war Luca wieder aufgetaucht. Er hatte das *Manuale di Qui, Quo e Qua* schon längst gefunden, hatte darin aber so viele andere interessante Sachen entdeckt, daß er die Geheimcodes zwischenzeitlich vergessen hatte. Franco will jetzt natürlich die Codes von *Qui, Quo e Qua* sehen. Neben dem *codice segreto dei Samurai* ist dort tatsächlich das Verfahren von Cäsar beschrieben, zu Francos großer Befriedigung mit den 21 Buchstaben des italienischen Alphabets. Die beiden verschlüsseln LUIGIA zu GRFDFU und amüsieren sich kindlich.

Luigia hat in der Zwischenzeit ihre Aufzeichnungen durchgelesen und fragt mich: «Warum soll das Verfahren von Cäsar schlecht sein?»

Eine gute Frage. «Wir haben bisher nur zwei Personen betrachtet, A und B, Sender und Empfänger, *trasmettitore e ricevitore*.»

«*Abbiamo dimenticato il bandito – cioè*», korrigiert sie sich, «*il Signor X*.»

«Eben. Zu einem kryptographischen System gehört auch der Angreifer.»

«In welchem Sinne?»

«Wir müssen uns überlegen, welche Chancen *il Signor X* hat.»

«Das heißt», Luigia überlegt sorgfältig, aber richtig, «er kennt den Schlüssel nicht, möchte aber dennoch den Geheimtext entziffern.»

«Genau. Wenn ihm das gelingt, ist der Code nicht gut. Wenn er es aber nicht schafft oder, noch besser, wenn es kein denkbarer Angreifer schafft, dann können wir das Verfahren wirklich zur Geheimhaltung benutzen.»

«Daher ist die Sicherheit des Verfahrens direkt gekoppelt an die Möglichkeiten eines Angreifers.»

«*E viceversa*.» Damit meint Franco, daß ein Algorithmus um so besser ist, je mehr Arbeit ein Angreifer investieren muß.

Ich warne aber: «Wenn ein Verfahren einmal gebrochen ist, ist es unbrauchbar, unabhängig davon, wieviel Mühe es dem Angreifer anfänglich bereitet hat.»

Franco macht einen Sprung: «Heute benutzt man Computer.»

Ich weiß nicht, ob das eine Feststellung oder eine Frage ist. «Heute sind die Algorithmen so kompliziert, daß sie kein Mensch ausführen kann, sondern dazu braucht man Computer. Diese operieren natürlich nicht auf Buchstaben, sondern transformieren Bits in Bits oder Bytes in Bytes.»

«*E la chiave?*»

«Auch der Schlüssel ist eine Folge von Bits. Ein Algorithmus, der seit einigen Jahren viel benutzt wird, ist der DES, ein amerikanisches Verfahren, das ‹Data Encryption Standard› heißt. Der Schlüssel für diesen Algorithmus hat 56 Bits.»

«Das bedeutet, daß Sender und Empfänger vor einer Kommunikation sich auf 56 Bits, also eine Folge von 56 Nullen und Einsen, einigen müssen.»

«Und jeder, der diese paar Bits rät, kann die Geheimtexte entziffern.»

«Im Prinzip hast du recht, aber die Vorstellung, daß das nur ein paar Bits sind, ist falsch.»

«Wie meinst du das?» fragt auch Luigia.

«Wie viele Schlüssel gibt es?» frage ich zurück.

«Es gibt 56 Bits, die wir wählen müssen, das heißt 56mal haben wir eine Wahl zwischen Null und Eins. Wir müssen sozusagen 56mal eine Münze werfen», das hat er sehr schön gesagt, «also gibt es genau $2 \cdot 2 \cdot 2 \cdot \ldots \cdot 2 = 2^{56}$ verschiedene Schlüssel.»

«Eine endliche Zahl. Daher ist die Wahrscheinlichkeit, den richtigen Schlüssel zu raten, positiv. Die Wahrscheinlichkeit mag sehr klein sein, aber sie ist da.» Auch Luigia denkt zwar konsequent, aber in eine falsche Richtung.

«Einerseits habt ihr recht», versuche ich, die Dinge geradezurücken, «wenn man den Algorithmus knacken möchte, muß man nur diese Schlüssel systematisch durchprobieren.»

«*Metodo esaustivo.*»

«Es gibt aber 2^{56} Schlüssel, das sind über 10^{17}, und das will erst einmal gemacht sein. Selbst die schnellsten Computer der Welt können das nicht und werden es auch in den nächsten Jahren nicht schaffen. 10^{17} ist eine riesige Zahl, schon in der Nähe der Naturkonstanten, die bei 10^{23} beginnen. In jedem Fall», ich suche einen Vergleich, «ist diese Zahl größer als unser gemeinsames Lebensgehalt, auch wenn wir jetzt sofort *professori ordinari* werden und unser Gehalt in Lire ausbezahlt wird.» Dieses Argument überzeugt.

Franco sagt daher auch: «*Questo algoritmo non si può rompere, almeno per molti anni*, dieser Algorithmus wird nicht gebrochen werden, jedenfalls viele Jahre lang nicht.»

Und Luigia erinnert sich: «Das müssen wir Fattore erzählen. Ein gutes Beispiel für seine Theorie des praktisch Unendlichen.»

Beim anschließenden *caffè* sagt Franco: «Ich glaube, daß die Studenten das wunderbar finden werden. Und ich bin überzeugt, daß du das auch gut erklären kannst.» Ich selbst würde Überzeugung und Glauben anders verteilen.

Aber auch Luigia ist nicht mehr skeptisch: «Ich schlage vor, daß du meine Notizen nimmst und diese als Basis für den Tafelanschrieb benutzt.»

Ich bin noch ein bißchen unsicher. «Wir diskutieren erst noch die moderne Kryptographie, dann sehen wir weiter.» Aber im Grunde wußte ich schon: Das will ich machen, und das schaffe ich auch. Bloß zugeben tu ich's noch nicht.

Franco beginnt beiläufig zu erzählen: «Es gibt übrigens jemanden in Italien, der sich professionell mit Kryptographie beschäftigt. *Un vero esperto*, nämlich», er blickt zu Luigia, «*il comandante* d'Oro».

«*Ah, sì, può essere*», stimmt Luigia zu.

Dieser *comandante* d'Oro scheint eine Abteilung des italienischen Heeres zu leiten, deren Aufgaben die Ver- und Entschlüsselung und insbesondere kryptographische Maschinen sind.

«Ich muß den *comandante* einmal nach Kryptographie fragen, bisher haben wir nämlich nur auf anderen Gebieten miteinander zu tun gehabt. Seine Behörde hat einmal eine Tagung finanziell unterstützt, die ich organisiert habe. Dabei scheint er Zutrauen zu mir gefaßt haben, und eines Tages erhielt ich ein dickes Manuskript, über 200 Seiten, das den schlichten Titel *L'ultimo teorema di Fermat* trug.»

Oh je! Der sogenannte letzte Satz von Fermat zieht seit

Jahrzehnten insbesondere Hobbymathematiker in seinen Bann. Auch ich hatte schon Manuskripte erhalten und wußte, daß sich die Diskussionen mit den Verfassern zwar unfruchtbar, aber äußerst langwierig gestalten können.

Der ‹letzte Satz von Fermat› ist eine Vermutung, die bis damals, Anfang der 80er Jahre, niemand bewiesen hatte – außer vielleicht Pierre de Fermat (1601–1665). Dieser war ein wirklich genialer Hobbymathematiker. Bei seiner Lektüre der Werke des antiken Mathematikers Diophant stellte er seine berühmte Vermutung auf:

Die Gleichung $x^n + y^n = z^n$ hat für keine Zahl $n > 2$ eine Lösung in positiven ganzen Zahlen x, y, z.

Besonders anziehend wirkt offenbar die Bemerkung Fermats: «Ich habe einen wahrhaft wunderbaren Beweis dafür entdeckt, allein der Rand des Buches ist zu schmal, ihn zu fassen.»

Große Teile der Zahlentheorie des 19. und 20. Jahrhunderts wurden vor allem deswegen entwickelt, um eine Lösung dieses Problems zu finden.

«Bis heute hat niemand eine Lösung gefunden. Ich halte dieses Problem für eines der schwierigsten der ganzen Mathematik. Vielleicht hat es aber auch eine ganz einfach Lösung», meint Franco.

«Vielleicht braucht man zur Lösung aber auch mathematische Methoden, von denen wir heute noch nichts ahnen», sagt Luigia hellseherisch.

Die meisten Einsendungen von Laien sind leider auch so, daß der Rand sie nicht zu fassen vermag. So auch das Manuskript des *comandante* d'Oro.

«Was hast du damit gemacht?» frage ich neugierig.

«Zunächst habe ich mal darin gelesen. Die ersten 50 Seiten. Das war harte Arbeit, aber ich habe keinen ernsthaften Fehler gefunden. *Senza dubbio* ist der *comandante* ein guter Mathematiker», stellt Franco fest.

«Und dann?»

«Hm, *un problema.*» Franco hebt die Hände, um seine Ohnmacht zu zeigen: «Einerseits konnte ich nicht behaupten, daß es richtig ist, denn ich hatte nicht alles gelesen und würde auch nicht alles lesen. Andererseits konnte ich auch nicht behaupten, daß es falsch ist, weil ich keinen Fehler gefunden habe. *E sopratutto* konnte ich d'Oro als möglichen künftigen Sponsor unserer Aktivitäten nicht verärgern.»

«Also?»

«Am Ende hatte ich die ideale Idee. Ich schlug ihm vor, das Ganze als Sonderband in seiner behördeninternen Zeitschrift zu publizieren. So hatte er eine wunderschöne Veröffentlichung, hervorragend gesetzt, auf feinstem Papier gedruckt und perfekt gebunden. Und andererseits ist nichts davon an die mathematische Öffentlichkeit gedrungen.»

Schon zwei Tage später gingen Franco und ich wieder gemeinsam in die Vorlesung, aber auch Luigia ließ es sich nicht nehmen, mich zu begleiten. Franco hatte angekündigt, daß ich die heutige Stunde halten würde. Die Studenten waren gespannt, was man schon daran merkte, daß sie schon auf ihren Stühlen saßen, als wir – pünktlich – die Aula betraten.

Ich begrüße die Studenten mit «*Buon giorno*» und beginne dann zu erzählen, indem ich im wesentlichen mein Manuskript vortrage: «*La crittografia è un'arte antica e una scienza moderna*, die Kryptographie ist eine alte Kunst und eine moderne Wissenschaft ...» Nachdem ich die erste Nervosität abgelegt habe, läuft alles viel besser als gedacht. Ich erzähle von Cäsar, beschreibe das Prinzip eines Verschlüsselungsverfahrens und berichte auch über moderne Algorithmen, die von Computern benutzt werden. Genau so, wie wir das vorbereitet hatten.

Dann mache ich eine kurze Pause, denn nun beginnt ein neuer Abschnitt. Ich mache dies dadurch deutlich, daß ich die Tafel gründlich abwische, um Platz für den zweiten Teil zu haben. Zunächst rekapituliere ich: «Wir haben gesehen, daß man verschlüsselt, indem man sich zunächst einen gemeinsamen geheimen Schlüssel verschafft, mit welchem dann der Sender ver- und der Empfänger entschlüsselt. Man kann das negativ und positiv sehen: Einerseits kann man sagen: Man führt die geheime Übertragung einer (langen) Nachricht auf die geheime Übertragung einer kurzen

Nachricht (nämlich des Schlüssels) zurück. Andererseits ist das wirklich die Methode, die sich seit Tausenden von Jahren zur Geheimhaltung bewährt hat. Sie ist allen anderen Verfahren, wie Geheimtinte oder dem Versprechen, nie etwas zu verraten, haushoch überlegen.»

Jetzt mache ich noch mal eine Pause, schaue in das Auditorium, ignoriere aber Franco und Luigia, denn jetzt kommt etwas, was ich nicht vorher mit ihnen besprochen habe. Ich frage: «Könnt ihr euch vorstellen, was euer Professor machen würde, wenn jetzt einer von euch sagt: ‹Eigentlich wäre es viel besser, wenn man ohne gemeinsamen geheimen Schlüssel verschlüsseln könnte?›»

Die Studenten zögern, wissen vielleicht nicht, ob sie einfach so antworten dürfen. Aber dann höre ich von mehreren Seiten: «*Via!*» Das bedeutet, der Professor würde den Studenten ohne Zögern an die frische Luft setzen.

Das ist durchaus ernst zu nehmen. Die hiesigen Professoren, so umgänglich und freundlich sie sonst sind, achten sehr darauf, daß ihnen von seiten der Studierenden der nötige Respekt entgegengebracht wird. Franco erzählte mal, ein Student sei zu ihm in die Prüfung gekommen, habe sich einfach auf den Stuhl geflegelt und sich nur ein cooles *ciao* abgerungen (statt, wie es sich gehört, ihm ein höfliches *buon giorno* zu entbieten). Ansatzlos schrie Franco *Via*! Raus!, und der so Rausgeworfene konnte sich ein halbes Jahr später wieder zur Prüfung anstellen.

«*Via!*» nehme ich den Faden auf, «wahrscheinlich hätte euer Professor recht. Denn vermutlich würde der Student einfach nicht aufgepaßt haben.» Keiner weiß, worauf ich hinaus will. «Aber er könnte auch ein Genie sein.

Denn vor etwa sechs Jahren haben zwei junge Amerikaner die sich natürlich, wie alle jungen Männer, für Genies hielten genau die Frage, ob man sich Geheimnachrichten zuschicken kann, ohne vorher einen Schlüssel ausgetauscht zu haben, gestellt und sie ernst genommen.

Sie fanden keine befriedigende Antwort. Heute wissen wir nicht nur warum, sondern wir wissen auch, daß die Antwort ja heißt. *Si può fare*, es geht. Man kann geheim kommunizieren, ohne vorher einen geheimen Schlüssel ausgetauscht zu haben.

Das wußten die beiden Amerikaner, Whitfield Diffie und Martin Hellman, aber nicht. Sie waren aber so kühn, die Möglichkeit, was wäre, wenn, in Betracht zu ziehen. Das war ihr wirklicher Geniestreich! Sie haben einer Sache, an die niemand geglaubt hat, die Möglichkeit der Existenz eingeräumt.

Dann war es einfach. Wenn man weiß, wie es geht, ist es immer einfach.»

Ich fahre laut fort: «Wir wissen schon: Der Empfänger B braucht bestimmt ein Geheimnis. Das ist das einzige, was wir sicher wissen, und daher wollen wir auch nichts Weiteres annehmen. Das Geheimnis von B nennen wir seinen privaten Schlüssel. *Ad esempio, il vostro Professore* erhält den geheimen Schlüssel D. Dieser wird mit D bezeichnet, weil er zum Dechiffrieren benutzt wird. Es gibt aber auch noch einen zugehörigen öffentlichen Schlüssel, *una chiave pubblica*, und diesen nennen wir E.

Die Verschlüsselung funktioniert jetzt prinzipiell sehr einfach. Um eurem Professor eine geheime Nachricht zu schreiben, müßt ihr die Nachricht m mit seinem öffentlichen Schlüssel E verschlüsseln.» Ich schreibe:

Cifrare: m → E(m), *dove* E *è la chiave pubblica del ricevitore.*

«Verschlüsselt wird mit dem öffentlichen Schlüssel des Empfängers. Nur dieser kann mit seinem privaten Schlüssel entschlüsseln»:

Decifrare: c → D(c), *dove* D *è la chiave privata del ricevitore.*

«Damit dies funktioniert, müssen öffentlicher und privater Schlüssel folgende Eigenschaften haben:»

Proprietà della chiave pubblica: Conoscendo la chiave pubblica E, *è impossibile calcolare la chiave privata* D. Wenn man E kennt, darf man den privaten Schlüssel D nicht berechnen können.

«Das bedeutet eigentlich nur», fahre ich fort, «daß die Begriffe öffentlich und privat richtig benutzt werden. Denn wenn man eine private Information aus öffentlichen Daten bestimmen könnte, dann dürfte entweder das Öffentliche nicht öffentlich sein, oder das Private wäre in Wirklichkeit nicht privat. *In altre parole*: Der öffentliche und der private Schlüssel sollen sowenig wie möglich miteinander zu tun haben. Die zweite Eigenschaft scheint der ersten zu widersprechen und sagt, daß die beiden Schlüssel sehr eng verwandt sind.» Ich schreibe:

Proprietà del cifrare e decifrare: Per ogni messaggio m *si ha*:
D(E(m)) = m.

«Für jede Nachricht m gilt: Wenn man zunächst E anwendet, also verschlüsselt, und auf das Ergebnis dann D anwendet, also entschlüsselt, dann erhält man wieder die Originalnachricht. Dies ist nicht mehr als recht und billig, denn durch das Entschlüsseln will man ja die Nachricht zurückgewinnen.»

Ein Student rechts vorne, der mir schon vorher durch seinen offenen Blick und seine wißbegierigen Augen aufgefallen ist, meldet sich.

Was soll ich tun? Übersehen? Werde ich überhaupt verstehen, was er sagt? Ohne daß ich ihn speziell aufrufe, beginnt er zu reden: «Die zweite Eigenschaft sagt, daß E und D *in un certo senso* inverse Funktionen sind. Dies widerspricht doch aber der ersten Eigenschaft. *Un paradosso*! Ein Paradox!»

Meine Angst war unnötig, denn dieser Einwand ist nicht nur berechtigt, er paßt wunderbar. Ich merke, daß Franco mindestens so besorgt war wie ich. Er war bereit einzugreifen, die Frage selbst zu beantworten oder, wenn er das nicht kann, den Studenten auf die nächste Stunde zu vertrösten, in jedem Fall, ihn ruhigzustellen. Aber als er merkt, daß ich zu antworten versuche, hält er inne, bleibt aber auf dem Sprung.

Zunächst danke ich dem Studenten: «*Molte grazie, è una domanda veramente buona*. Eine sehr gute Frage. So gut, daß ich darauf zwei Antworten geben muß. Der erste Teil der Frage gab eine völlig richtige Argumentation wieder. Es ist absolut richtig, daß die Verschlüsselung und Entschlüsselung inverse Funktionen sind; die zweite macht die Wirkung der ersten rückgängig. Damit kann man die erste Bedingung, die *proprietà della chiave pubblica*, so ausdrücken: Es wird eine Funktion E veröffentlicht, von der alle wissen, daß sie invertierbar ist, aber keiner die Umkehrfunktion bestimmen kann.»

«*Se esiste, si può trovare*, wenn es existiert, kann man es auch finden», kommt eine Stimme von links.

Ich kann den Sprecher nicht lokalisieren, da ich zu sehr mit meiner Antwort beschäftigt bin. Franco will sich wie ein Löwe auf ihn stürzen und ihn zum Schweigen bringen, ich komme ihm gerade noch zuvor: «*Vero*, richtig. Man muß genauer sagen: Es ist praktisch unmöglich, die Inverse zu finden. Praktisch unmöglich bedeutet dabei zum Beispiel, daß alle Computer der Welt zusammen über hundert Jahre brauchen würden.»

Jetzt sagt keiner mehr was, aber ich habe den Eindruck: Überzeugt sind sie noch nicht. Wie auch?

Questo è lo stato nell'anno 1976, so stand es im Jahre 1976. Die Amerikaner Diffie und Hellman veröffentlichten ihre Idee, hatten aber keine Ahnung, ob so etwas wirklich geht oder ob das nur ein Hirngespinst ist. Erst zwei Jahre später wurde ein Algorithmus gefunden, der erste Algorithmus *a chiave pubblica*. Ich zeige euch aber zuerst ein Beispiel, das beweist, daß Public-Key-Kryptographie schön längst vor 1976 existierte, das aber nur niemand gemerkt hat.

Immaginate un insieme di cassette delle lettere. Stellen wir uns eine Reihe von Briefkästen vor. *Sono cassette delle lettere matematiche*, diese mathematischen Briefkästen haben folgende Eigenschaften:

- *Ogni cassetta porta il nome del suo possessore*. An jedem Briefkasten befindet sich ein Namensschild.
- *Tutti possono inviare una lettera ad una qualsiasi cassetta*. Jeder kann einen Brief in einen beliebigen Briefkasten einwerfen.

- *Solo il possessore di una cassetta può aprire la cassetta con la sua propria chiave.* Aber nur der Besitzer eines Briefkastens kann diesen mit seinem Schlüssel öffnen.

  Ich male ein Bild an die Tafel:

«Wenn ich mit diesen Mitteln meinem Freund Franco eine geheime Nachricht zukommen lassen will» – darf ich Franco vor den Studenten eigentlich so nennen? Na ja, jetzt ist es ohnedies zu spät –, «dann schreibe ich die Nachricht auf ein Blatt Papier und werfe dies in den Briefkasten mit seinem Namen. Dies entspricht der Verschlüsselung, keiner kann die Nachricht lesen, nicht einmal mehr ich.»

«Und», wende ich mich in die Richtung des Studenten links, «obwohl wir wissen, daß der Briefkasten geöffnet, also die Operation rückgängig gemacht werden kann, haben wir keine Ahnung, wie die Umkehrfunktion aussieht. Wir wissen zum Beispiel nicht, welche Form der Schlüssel hat.

Die Nachricht lesen, das heißt sie dechiffrieren, kann nur der Besitzer des Briefkastens, der diesen aufschließt und die Nachricht ohne Mühe entziffert.»

Cifrare: Inviare la lettera nella cassetta (tutti lo possono fare).

«Verschlüsseln heißt nichts anderes, als den Brief in den Briefkasten einzuwerfen, und das kann jeder.»

Decifrare: aprire la cassetta (solo il possessore lo può fare).

«Entschlüsseln bedeutet Öffnen des Briefkasten, und das kann nur dessen Besitzer.»

Ich merke, jetzt haben es die Studenten verstanden. Sie sind begeistert, denn wie alle Italiener haben sie eine unwiderstehliche Liebe zu theatralischen Szenen. Das Beispiel ist aber auch wirklich schön, unter anderem deswegen, weil man sich daran leicht die Funktion der Schlüssel merken kann: Welchen Schlüssel brauche ich zum Verschlüsseln? Natürlich den des Empfängers, weil ich den Brief in seinen Briefkasten werfen muß!

Jetzt muß ich den Studenten aber noch sagen, daß es auch richtige Public-Key-Verfahren gibt: «Erst zwei Jahre später haben drei andere junge Männer, Ron Rivest, Adi Shamir und Len Adleman, einen Algorithmus gefunden, den man mit dem Computer benutzen kann. Übrigens waren sich die drei gar nicht sicher, daß sie etwas finden würden. Sie versuchten abwechselnd, und manchmal auch gleichzeitig, zu beweisen, daß es so was gibt und daß es so was nicht geben kann. *Fortunatamente* haben sie am Ende dann doch einen Algorithmus gefunden. Die ganze Welt nennt dieses Verfahren heute RSA-Algorithmus, zu Ehren der drei Erfinder.»

Ein bißchen konkreter sollte ich noch werden: «Dieser Algorithmus ist ohne Mathematik nicht vorstellbar. Denn er arbeitet mit Zahlen, und die Grundlage für alles sind die Sorte von Zahlen, die ihr vor einiger Zeit studiert habt, die Primzahlen. Aber wir brauchen nicht die kleinen Primzahlen, die jeder kennt, wie 11, 13 oder 17, sondern wirklich große Primzahlen, Zahlen mit etwa 100 Stellen. Wenn ich eine solche Primzahl an die Tafel schreiben würde, bräuchte ich die ganze Breite von etwa drei Metern.» In Deutschland würde ich nie so theatralisch agieren, aber Italien steckt an.

«Der Algorithmus funktioniert wirklich ganz wunderbar», ich bin fast so enthusiastisch wie Franco, «und ich werde euch jetzt noch, obwohl die Stunde fast zu Ende ist, den RSA-Algorithmus erklären. Wenn ihr weitergehende Fragen dazu habt, kann sie bestimmt euer Professor in der nächsten Stunde erklären.» Damit habe ich Franco den Schwarzen Peter zugeschoben.

Als Überschrift schreibe ich *L'algoritmo RSA* und erkläre dann, daß man bei jedem Public-Key-Verfahren zwei Phasen unterscheiden muß, die Schlüsselerzeugung und die eigentliche Anwendung.

«Bei der Schlüsselerzeugung werden für jeden, der geheime Nachrichten empfangen will, ein öffentlicher und ein privater Schlüssel erzeugt. Diese werden wie folgt berechnet:

Man wählt zwei verschieden große Primzahlen p und q und bildet deren Produkt n = pq. Ferner bildet man die Zahl φ(n) = (p–1)(q–1). *Si chiama* φ *la funzione di Eulero.* (Der Name von Euler, einem der größten Mathematiker aller Zeiten, wird italianisiert und E-u-léro ausgesprochen.)

Schließlich wählt man eine natürliche Zahl e, die als größten gemeinsamen Teiler mit φ(n) nur 1 hat, und berechnet die Zahl d so, daß ed –1 ein Vielfaches von φ(n) ist.

Alle diese Operationen sind einfach auszuführen.

Die Zahl n ist öffentlich und bildet zusammen mit e den öffentlichen Schlüssel, die Zahl d ist der geheime Schlüssel.

Die Sicherheit des RSA-Algorithmus ist eng mit der Schwierigkeit der Faktorisierung von n verbunden: Wenn ein Angreifer n faktorisieren kann, dann kann er auch d berechnen.

In der Anwendungsphase geht es um Verschlüsseln und Entschlüsseln.

Die Nachricht sei in Form einer natürlichen Zahl m dargestellt. Der Sender benutzt den öffentlichen Schlüssel, also das Paar (e, n) des Empfängers. Er berechnet:

$$c = m^e \bmod n.$$

Der Empfänger benutzt seinen geheimen Schlüssel d, um zu dechiffrieren:

$$m = c^d \bmod n.$$

Die Tatsache, daß sich dabei wieder m ergibt, *è basato sul teorema di Eulero*, ist eine Folgerung des Satzes von Euler.»

Ich danke den Studenten für die Aufmerksamkeit und Geduld und erhalte großen Applaus. Offenbar hat es ihnen gefallen.

Aber noch sind wir nicht ganz am Ende. Franco ergreift das Wort: «*Un'ultima cosa! Silenzio ragazzi*! Jetzt erhalten die Entdecker des Geheimnisses des *codice fiscale* ihre Preise!»

Franco ruft die drei Studenten auf, die herausgefunden haben, wie die Prüfziffer beim *codice fiscale* berechnet wird. Es stellt sich heraus, daß dies eine unglaublich umständliche Methode ist. Franco überreicht eine Colabüchse und zwei Schokoladentafeln. Die Studierenden dürfen ihren Preis aber erst in Besitz nehmen, nachdem sie die Kontrollziffer des Strichcodes verifiziert haben.

Die übrigen Studenten applaudieren ihren Kollegen enthusiastisch, und so endet diese Vorlesungsstunde, die für alle, am meisten natürlich für mich, ein Novum war.

16

Alla garibaldina!

In Italien endet alles gut. Das liegt nicht daran, daß staatlicherseits alles perfekt organisiert wäre. Im Gegenteil. Es liegt auch nicht daran, daß die Italiener konsequent für ihre Sache arbeiten. Fast im Gegenteil. Und es liegt auch nicht daran, daß sie einfach Glück haben. Jedenfalls nicht ausschließlich. Italien ist, so empfinde ich es, wie eine Ouvertüre von Rossini; schon beim ersten Ton weiß man: Es wird gut enden.

Natürlich geht nicht alles von vornherein glatt. Oft gibt es Ärger. Aber wenn etwas gutgehen kann, dann geht es auch gut. Dazu hat man Freunde.

Eines Tages hielt Franco bei unserer Fahrt zur *Facoltà* beim Bahnhof an. Wir gingen zum Kiosk, Franco stellte mich dem Besitzer des Kiosks vor und erklärte mir: «Das ist mein *amico*; wenn du irgendwelche Probleme hast, kannst du jederzeit zu ihm gehen, er wird dir helfen.»

Manchmal ist es fast pervers: Die italienische Verwaltung ist nach Ansicht von Luigia und Franco wirklich so schlecht wie ihr Ruf. Auf dem offiziellen Weg funktioniert gar nichts. Trotzdem hat eigentlich kein Italiener Probleme mit den Ämtern. Er hat dort nämlich einen Freund.

Dies und die Freude an intensiven zwischenmenschlichen Kontakten, Konversation zu treiben, wann und wo immer es geht, Freunde einzuladen oder auch einfach nur eine Zigarette zu rauchen oder gemeinsam einen *caffè* zu trinken, das ist das italienische *amico*-Prinzip. Das Leben funktioniert nur durch das Netzwerk der *amici*.

Italiener fühlen sich in Gesellschaft wohl. *Stare con gli amici* ist das Höchste. Dann ist das Leben für sie in Ordnung. Immer wieder fällt mir der enge körperliche Kontakt der Italiener untereinander auf. Umarmungen zur Begrüßung sind normal. Zwischen Männern und Frauen, Frauen und Frauen, Männern und Männern. Die Gestik beim Sprechen ist so intensiv, daß sie auch den Partner einbezieht: Ich werde am Arm gepackt, auf die Brust geklopft, oder mir wird ein Arm um die Schulter gelegt. Das demonstriert Nähe, Wärme und Zuneigung, hat aber für die Italiener nichts mit Erotik zu tun.

Vor ein paar Tagen gab es eine Szene, die mich zunächst sehr befremdete. Wir waren zu dritt in der Stadt, Luigia mußte noch etwas einkaufen und verschwand in einem Kaufhaus. Franco und ich blieben draußen und redeten. Plötzlich hakte mich Franco unter und ging mit mir Arm in Arm die Straße auf und ab. Diese Geste war mir völlig fremd. Erinnerung an ungelenke Bewegungen in der Tanzstunde. Und meine Großmutter liebte es, untergehakt zu werden. Aber hier Franco? War er schwul? Nein, ich merkte, das war der angemessene Ausdruck von Freundschaft.

In Italien geht alles gut. Nicht nur, wenn es gutgehen müßte, wenn die richtigen Vorbereitungen getroffen wurden, wenn die richtigen Leute zusammenarbeiten, sondern immer. Es ist zwar meist *un miracolo*, ein Wunder, darauf sind die Italiener sogar stolz, aber es klappt.

Vor drei Tagen hatten wir den Satz bewiesen, den wir wochenlang nicht zu fassen bekommen hatten, der sich uns immer wieder entzogen hatte. Der Satz über blocking sets. Wir wissen alle, was wir bewiesen haben: Es gibt eine Menge von Punkten, so daß jede Gerade genau zwei Punkte dieser Menge enthält. Darüber brauchen wir uns nicht mehr zu unterhalten. Das wissen wir.

Wir sitzen zusammen und haben das Gefühl, bald nichts mehr zu tun zu haben. Der Durchbruch ist geschafft, wir werden das Ergebnis aufschreiben, und dann sind wir fertig. Es scheint, daß mein Aufenthalt in Italien nicht nur äußerlich, sondern auch innerlich zum Abschluß kommt.

Aber Francos erste Frage macht deutlich, daß diese Einschätzung völlig falsch ist: «Geht das auch mit 3?»

Jede Antwort auf eine Frage gebiert zahlreiche neue Fragen.

«Wie bitte?»

«Ich meine die Frage von Fattore.»

Ich verstehe noch immer nicht. Aber Luigia hat begriffen und erklärt mir: «Wir haben eine Punktmenge konstruiert, die von jeder Geraden genau zwei Punkte enthält. Gibt es auch eine Punktmenge, die von jeder Geraden in genau drei Punkten geschnitten wird?»

«Oder vier? Oder fünf? Oder einer Million?» Franco ist mutig.

Das ist eine gute Idee. Sogar eine sehr gute. Denn es ist klar, wie man diese Fragen beantworten kann: «Wir müssen einfach den Beweis nochmals durchgehen und überlegen, ob wir an jeder Stelle die Zahl 2 durch die Zahl 3 ersetzen können.»

«Oder durch eine Million.»

«*Facciamo*, laß uns das machen», sagt Luigia.

«Wie haben wir das bei dem Satz mit ‹zwei Punkten pro Gerade› gemacht?» frage ich.

Franco erinnert sich: «Der Anfang war ganz einfach. Wir konnten Punkte *praticamente* wählen, wie wir wollten.»

«Was heißt *praticamente*?» widerspricht Luigia, «ich erinnere mich daran, daß man den Erweiterungsprozeß, den Prozeß des Hinzufügens eines Punktes, sehr sorgfältig planen mußte. Es darf nichts passieren.»

«Was heißt denn das schon wieder? Es darf nichts passieren?» fragt mich Franco.

«Zukunftsvorsorge», sage ich, «man muß in jedem Augenblick so handeln, daß man sich die Zukunft nicht verbaut.» Kategorischer Imperativ. Typisch deutsch. Aber in diesem Fall richtig.

«Wie soll das gehen?» fragt Luigia, und Franco weiß die Antwort: «Wir hoffen einfach, daß alles gutgeht.»

«Das ist für die Mathematik zuwenig», muß ich ihn enttäuschen. «In der Mathematik können wir, nein: müssen wir garantieren, daß auch in Zukunft nichts schiefgeht. Entweder wir bekommen raus, daß es kein Restrisiko gibt – oder wir haben gar nichts in den Händen, und uns bleibt nichts anderes übrig, als von vorne anzufangen!»

Luigia ist skeptisch und hält nichts von unseren philosophischen Diskursen. Sie will wieder Bodenhaftung haben: «Dann fangen wir doch einfach an!»

Ich versuche, eine Situation darzustellen, die möglichst konkret aussieht, in der aber das Allgemeine dicht unter der Oberfläche liegt: «Nehmen wir mal an, wir wollen eine Menge von Punkten konstruieren, so daß jede Gerade genau 100 dieser Punkte enthält. Keinen mehr und keinen weniger. In Worten: genau einhundert.»

«Rote Punkte, *punti alla bolognese*», versucht Franco, sich die Anforderung noch präsenter zu machen.

Luigia macht den ersten Schritt: «Wir konstruieren diese Menge schrittweise, indem wir die Geraden der Reihe nach mit exakt 100 Punkten auffüllen.»

«Das bedeutet, daß am Ende auf jeder Geraden genau 100 Punkte rot markiert sind.»

Nun geht's los. Luigia entwirft eine Beweisstrategie: «Dazu müssen wir so vorgehen: In einem gewissen Stadium ...»

«... sagen wir nach n Schritten», helfe ich,

«... haben die Geraden Nr. 1 bis n jeweils genau 100 rote Punkte, und alle anderen Geraden haben höchstens 100 Punkte.»

«Die andern, das sind doch unendlich viele?» Franco ist plötzlich unsicher geworden.

«Im nächsten Schritt müssen wir dann die nächste Gerade ...»

«... *cioè la retta* (n+1)*esima*, also die (n+1)te, auffüllen ...»

«... auf 100 Punkte ...»,

«... so daß bei den ersten n Geraden kein neuer Punkt hinzukommt ...»

«... und auch keine der unendlich vielen Geraden Nummer n+2, n+3, ... mehr als 100 rote Punkte hat», schließe ich.

«Das müssen wir erreichen. Das ist das Ziel.» Luigia macht eine Pause. Ein Aufleuchten ihrer Augen zeigt, daß sie die nächste Wegstrecke überblickt: «Die Methode besteht – wenn ich mich richtig erinnere – darin, daß wir nachweisen, daß auf der (n+1)ten Geraden nur endlich viele Punkte verboten sind.» Sie blickt durch. Klarer kann man die Strategie kaum darstellen.

«Und aus den verbleibenden unendlich vielen Punkten wählen wir dann ganz lässig einen aus.» Das macht dann Franco.

Ich versuche, die Beweisführung dadurch voranzutreiben, daß ich eine behutsame Konzentration auf einen Aspekt vorschlage: «Wir füllen auch die (n+1)te Gerade schrittweise auf. In kleinen Schritten. Einen Punkt nach dem anderen. Wir wollen jetzt also nur einen einzigen Punkt hinzufügen.» Ich versuche, die richtigen sokratischen Fragen zu stellen: «Welche Punkte sind denn verboten? Welche dürfen wir auf keinen Fall rot färben?»

«Die auf den ersten n Geraden», sagt Franco.

«Ja, das sind n Schnittpunkte mit der (n+1)ten Geraden. Eine endliche Zahl.»

«Müssen wir nicht auch die Schnittpunkte mit den unendlich vielen anderen Geraden betrachten?» Bei der Planung war Luigia alles klar, aber jetzt verläßt sie kurzzeitig der Mut. Vielleicht will sie aber auch nur geführt werden.

«Das wäre furchtbar», stimme ich zu. «Aber zum Glück müssen wir nur einige von diesen Geraden betrachten. Nämlich diejenigen, die zufällig schon 100 Punkte haben. Auf den anderen Geraden dürfen wir ohne weiteres einen roten Punkt markieren.»

«Das ist richtig», sagt Luigia mit einem Seufzer der Erleichterung, «die Frage ist also, wie viele Geraden mit 100 roten Punkten es in diesem Stadium gibt.»

«Das ist nicht schwer: Schlimmstenfalls haben wir auf jeder der ersten n Geraden jeweils 100 Punkte gefärbt. Also haben wir maximal 100 mal n Punkte rot gefärbt. Eine endliche Zahl.»

«Also gibt es auch nur endlich viele Geraden mit 100 Punkten, und ...», Franco läßt sich jetzt den Trumpf nicht mehr aus der Hand nehmen, «und also auch nur endlich viele verbotene Punkte auf der (n+1)ten Geraden.»

«Wir wählen uns einen der unendlich vielen nicht verbotenen Punkte. Und das machen wir so lange, bis diese Gerade ihre 100 roten Punkte hat.»

«Dann kommt die (n+2)te Gerade dran. Und dann die (n+3)te. So konstruieren wir eine Menge, von der schließlich jede Gerade genau 100 Punkte trägt.»

«Und was für 100 recht ist, ist für jede andere Zahl billig. *Quattro, o cinque, o un milione.*

Wir sind zufrieden. Stolz und glücklich. Wir haben das Gefühl, die Grenze unserer Erkenntnis ein gutes Stück vorgeschoben zu haben. Ein weißer Flecken auf der mathematischen Landkarte weniger.

In der Mathematik gilt eine Erkenntnis für immer. Ein Satz wird nie falsch. Im Gegensatz zu allen anderen Wissenschaften werden in der Mathematik die Erkenntnisse akkumuliert. Der Satz des Pythagoras gilt damals wie heute.

Es kann natürlich sein, daß man sich für gewisse Sätze nicht mehr interessiert, daß manche Resultate vergessen werden. Aber die einzige Möglichkeit, wie eine mathematische Erkenntnis prinzipiell obsolet werden kann, ist die, daß das Ergebnis verallgemeinert wird. Dann wird in dem kollektiven mathematischen Gedächtnis nur noch die Verallgemeinerung gespeichert.

Es ist unmöglich, daß ein Satz, der einmal richtig bewiesen wurde, sich aus späterer Sicht als falsch herausstellt. Jeder Satz ist für die Ewigkeit. Auch unserer.

Einen *caffè* haben wir uns jetzt verdient. Ich spreche wenig. Zum Teil, um das schöne Gefühl nicht zu verlieren. Zum Teil aber auch, um die Erkenntnis ganz präsent zu halten.

Franco reagiert anders. Er hat das Bedürfnis zu quasseln. Er wird mutig, sogar übermütig: «Können wir auch verschiedene Zahlen haben? Zwei Sorten von Geraden: blasse mit wenig Punkten und kräftige mit vielen?» Offensichtlich hat Franco eine gute Spürnase. Er will dranbleiben, solange das Eisen heiß ist. Manchmal unterschätze ich ihn noch immer.

Ohne nachzudenken, nehme ich den Faden auf und sage: «Ich habe eine ganz verrückte Idee. Wir sind immer noch zu vorsichtig, zu ängstlich. Politik der kleinen Schritte, nichts für Ungeduldige.»

«Wie bitte? Wir bewegen uns im Reich der Unendlichkeiten, und ich gestehe, daß ich immer noch nicht schwindelfrei bin!» Luigia möchte den festen Boden unter den Füßen behalten.

Ich nehme ihren Einwand nicht wahr: «Doch. Wir denken an eine feste Zahl von roten Punkten pro Gerade und wagen uns grade mal zu denken, daß es vielleicht auch zwei Zahlen sein könnten. Seien wir doch großzügig!»

Franco will mitgehen, «Du meinst ... unendlich viele?» fragt er zögernd.

«Ja, und zwar noch genauer: Jede Gerade erhält eine Zahl zugeordnet. Zum Beispiel sollen auf der ersten Geraden genau 3, auf der zweiten 25, auf der dritten zehn Billionen, auf der vierten nur zwei rote Punkte liegen usw.» Ich sag's noch vermenschlicht: «Jede Gerade wünscht sich eine Zahl und bekommt genau das, was sie möchte. Genauso viele rote Punkte, wie sie sich gewünscht hat.»

«*Alla garibaldina*!» Luigia hofft, daß unser Sturm und Drang vorübergehen wird.

‹*Alla garibaldina*› bedeutet wörtlich ‹in der Art von Giuseppe Garibaldi›. Der Ausdruck bezeichnet ein waghalsiges, ja tollkühnes Vorgehen. Die Italiener benutzen diese Redewendung in ausgesprochen positivem Sinn. Wenn Luigia das über mich sagt, meint sie damit, daß ich mich durch vermeintliche oder tatsächliche Schwierigkeiten nicht beirren lasse, ja sie eigentlich nicht einmal wahrnehme.

«*Funziona*», bin ich mir sicher.

«Jede Gerade ihre Wunschzahl? Du meinst, das geht?» Ihre Stimme sagt etwas anderes. Ihrer Meinung nach bin ich jetzt endgültig übers Ziel hinausgeschossen.

«Klar!»

«Vielleicht ist es richtig, aber schwer zu beweisen», meint Franco kompromißlerisch.

«Glaube ich nicht, das geht genauso wie vorher.»

Ich habe nicht den Eindruck, daß ich noch sonderlich viel Kredit habe. «Vielleicht ein paar technische Schwierigkeiten», gebe ich zu.

«Gibt es denn irgendeine Einschränkung für die Wunschzahlen?» Luigia drückt auf die Bremse, sie setzt alles dran, daß wir nicht abheben.

Das ist ein wirklicher Einwand. Ärgerlich. «Ich glaube, es sollten sich nicht zu viele Geraden die Zahlen 0 oder 1 wünschen.»

Das ist zu vage. Nach wie vor betrachtet mich Luigia äußerst aufmerksam – um nicht zu sagen, vorsichtig.

«Zum Beispiel ...», ich versuche, Zeit zu gewinnen und im Kopf die allgemeine Regel zu finden, aber das gelingt mir nicht, daher sage ich langsam: «... zum Beispiel: Die erste Gerade wünscht sich die Zahl 1, alle anderen die Zahl 0.»

Es ist klar, daß das nicht funktionieren kann. Franco hat's verstanden: «Das bedeutet, die erste Gerade müßte einen roten Punkt kriegen, aber keine andere Gerade darf einen roten Punkt enthalten. Das geht nicht, denn die anderen Geraden durch den einen Punkt enthalten ja schon einen roten Punkt. Das kann man nicht verhindern.»

«Noch ein Beispiel: Die ersten beiden Geraden wünschen sich mindestens zwei Punkte, alle andern 0 oder 1.»

Diesmal analysiert Luigia: «Dann gibt es auf den beiden ersten Geraden jeweils noch mindestens einen roten Punkt, der verschieden vom Schnittpunkt der beiden Geraden ist. Die Verbindungsgerade dieser beiden Punkte hat dann automatisch zwei rote Punkte und nicht nur 0 oder 1. *Niente da fare.*»

«Und sonst? Das sind ja schon ziemlich viele Beispiele!» Franco fürchtet, unsere Vision eines Satzes könnte eine Fata Morgana sein, die sich in Nichts auflöst, wenn wir uns ihr nähern.

Ich habe aber schon den Beweis vor Augen, daher bin ich ganz sicher, fast euphorisch: «Sagen wir so: Alles, was nicht durch so einfache Überlegungen ausgeschlossen ist, funktioniert. Insbesondere ist alles erlaubt, wenn sich jede Gerade mindestens 2 Punkte wünscht», töne ich großzügig.

Luigia runzelt die Stirn: «Was nicht verboten ist, ist erlaubt?»

«In der Mathematik, *cara Luigia*, ist das so.» Trotzdem ist sie verunsichert.

Franco hat eine verrückte Assoziation: «*Il contrario della legge di Murphy*, das Gegenteil von Murphys Gesetz.»

Jetzt ist das Staunen an mir.

Franco ist nur zu gerne bereit, mir das zu erklären: «Das Gesetz von Murphy sagt ‹*Se qualcosa può andar male, lo farà*›.» Klar: ‹If anything can go wrong, it will›. Wenn etwas schiefgehen kann, dann geht es auch schief.

Das erleben wir täglich. Innerhalb und außerhalb der Mathematik. Wenn es zwei Fälle gibt, von denen einer Probleme bereitet, dann tritt dieser Fall ein. Wenn ein Beweis an einer Stelle nicht funktionieren kann, dann kommt diese Stelle unweigerlich, aber erst am Ende. Wenn eine Gleichung uns nicht weiterhilft, sondern nur auf komplizierte Weise die Nichterkenntnis $0 = 0$ ausdrückt, dann stoßen wir darauf, allerdings erst nach langer Zeit.

Franco weiß das, aber er glaubt nicht daran. Es ist so offensichtlich falsch, es ist keine italienische Lebensweisheit: «*Vale la legge anti-Murphy*, es gilt ein Anti-Murphy-Gesetz: *Se qualcosa può andar bene, lo farà*, wenn etwas gut ausgehen kann, dann geht es auch gut.»

Luigia wundert sich nicht mal mehr über solche Ungereimtheiten.

Aber Franco setzt noch eins drauf: «Im Reich des Unendlichen können wir das sogar beweisen. Falls eine Sache überhaupt existieren kann, dann gibt es auch eine solche Menge. Alle Wünsche, die nicht von vornherein zum Scheitern verurteilt sind, werden erfüllt.»

Luigia resigniert: «Wie ich gesagt habe: ‹*Proprio alla garibaldina!*›»

Ich versuche, wieder zur Mathematik zurückzuführen: «Wie können wir diesen Anti-Murphy-Satz formulieren?»

Das ist Luigias Stärke: «*Siano* $d_1, d_2, d_3, \ldots$ *numeri interi con* $d_i \geq 2$, seien $d_1, d_2, d_3, \ldots$ ganze Zahlen, die jeweils mindestens 2 sind.»

«Warum nennst du diese Zahlen d?» fragt Franco.

«*Poichè la retta numero* i *desidera il numero* d_i, weil sich die i-te Gerade die Zahl d_i wünscht.»

«Wie lautet die Aussage des Satzes?» frage ich.

«Dann gibt es eine Menge von Punkten, die mit der Geraden Nr. i genau d_i Punkte gemeinsam hat.»

«*Bene*», sagt Franco, «wenn alle $d_i = 2$ sind, dann wünscht sich jede Gerade genau 2 Punkte, und wir erhalten unseren alten Satz.» Daß er den Satz, den wir vor drei Tagen mit großer Anstrengung bewiesen haben, ‹alt› nennt, zeigt, daß wir uns jetzt wirklich auf einer anderen Ebene befinden.

«Also ist die neue Vermutung eine sehr weitreichende Verallgemeinerung des alten Satzes.»

Nun erleben wir ein eindrucksvolles Schauspiel, diesmal von Luigia. Sie beginnt zu überlegen, wie man diesen Satz beweisen könnte. Ausgerechnet Luigia, die noch vor wenigen Minuten heftig an der Aussage zweifelte! Zunächst geht sie ganz vorsichtig vor, wird dann aber zusehends sicherer und präsentiert uns einen glänzenden Beweis!

Sie beginnt, indem sie sich und uns die Strategie klarmacht: «Wir konstruieren eine Folge B_1, B_2, B_3, ... von Mengen von Punkten mit den folgenden Eigenschaften:

- $B_1 \subseteq B_2 \subseteq B_3 \subseteq \ldots$; d. h., die erste Menge ist in der zweiten enthalten, die zweite in der dritten usw.
- Für B_n gilt: Jede der ersten n Geraden schneidet B_n jeweils genau in der entsprechenden Wunschzahl, und alle anderen Geraden haben mit B_n höchstens ihre Wunschzahl von Punkten gemeinsam.

  Formal sieht das so aus:

$$|g_i \cap B_n| = d_i \text{ für } i \leq n \text{ und } |g_j \cap B_n| \leq d_j \text{ für } j > n.\text{»}$$

Ich rekapituliere: «B_1 ist die Menge, die im ersten Schritt konstruiert wird. Im zweiten Schritt konstruieren wir B_2; dies machen wir dadurch, daß wir einige Punkte zu B_1 hinzufügen. Deshalb ist B_1 eine Teilmenge von B_2, das heißt, es gilt $B_1 \subseteq B_2$.»

Franco weiß noch nicht, wo's langgeht: «Wie erhältst du dann die gewünschte Menge?»

«Diese ist dann die Vereinigung aller Mengen B_n. Wir können schreiben:

$$B = B_1 \cup B_2 \cup B_3 \cup \ldots$$»

Jetzt beginnt der eigentliche Beweis: «Die Menge B_1 ist einfach: Wir markieren einfach d_1 viele Punkte auf der ersten Geraden; diese Punkte bilden die Menge B_1.»

Franco will eine Zeichnung machen, aber Luigia läßt sich nicht aufhalten: «Sei nun B_n konstruiert. Wir müssen daraus durch Hinzufügen einiger Punkte auf der Geraden g_{n+1} die Menge B_{n+1} konstruieren. Wir können annehmen, daß die Gerade g_{n+1} weniger als d_{n+1} Punkte von B_n enthält (sonst wäre dieser Schritt schon beendet). Wie können wir einen Punkt hinzufügen?

Für diesen Punkt können wir keinen der maximal n Schnittpunkte der ersten n Geraden mit g_{n+1} wählen.

Von den weiteren Geraden können nur endlich viele schon ihre Wunschzahl erreicht haben, denn in B_n liegen nur endlich viele Punkte. Wir betrachten die endlich vielen Geraden, die ihre Wunschzahl von Punkten schon in B_n haben. Diese haben nur endlich viele Schnittpunkte mit g_{n+1}. Auch diese Punkte sind verboten.

Da g_{n+1} aber unendlich viele Punkte hat, gibt es einen, den wir wählen können.»

Luigia hört unvermittelt zu sprechen auf. Für sie ist der Beweis beendet. Sie fügt nur noch hinzu: «In der Tat gibt es für diese Wahl unendlich viele Möglichkeiten.»

Franco und ich müssen erst wieder zu Atem kommen. Nachdem wir unsere Bewunderung zunächst durch Stammeln und Stottern zum Ausdruck gebracht haben, schafft es Franco immerhin zu fragen: «*Come hai fatto*? Wie hast du das bloß geschafft?»

«*È facile*», ist die schlichte Antwort Luigias.

In den vergangenen Wochen hat sich viel geändert.

Wir haben viel dazugelernt. *Codice fiscale* und *codici segreti*. Wir haben unser Wissen über die Unendlichkeit wieder aktiviert. Und wir haben einen neuen Satz bewiesen, den vorher niemand kannte.

Für mich hat sich viel geändert. Ich habe Italienisch gelernt. Na ja, sagen wir: viele Wörter. Ich habe Italien ‹von unten› kennengelernt, nicht als Tourist, sondern arbeitend. Und ich habe zwei Freunde gefunden.

Auch für Franco und Luigia hat sich viel geändert. Ein differenziertes Bild von den Deutschen, ein offenerer Blick auf die Mathematik und auf die Welt. Vieles hat sich geändert.

Natürlich nicht alles. Die Eßgewohnheiten von Luca zum Beispiel nicht. Er stochert nach wie vor in seinen paar Spaghetti herum.

Franco fragt ihn: «Wie viele Spaghetti hast du denn noch?»

Das war die falsche Frage, denn für Luca ist dies eine wunderbare Gelegenheit, seine Spaghetti zu zählen und nicht zu essen. Er legt sie säuberlich nebeneinander, seine Schwester, die natürlich auch nur Unsinn im Kopf hat, unterstützt ihn dabei. Schließlich zählen sie die Spaghetti und kommen auf die Zahl 21.

«Könnt ihr euch 1000 Spaghetti vorstellen?» fragt Franco.

«Deine normale Portion», lästert Diana.

«Und eine Million?»

«*Pasta per i cani* für einen Monat.»

«Eine Milliarde wären dann für alle Hunde Italiens», begeistert sich Diana.

«Und *mille milliardi* für alle italienischen Väter», übertrumpft sie Luca.

«Wir haben uns in den letzten Tagen gewissermaßen unendlich viele Spaghetti vorgestellt», versucht Franco, Spannung aufzubauen.

Aber es gelingt nicht, die Kindern albern einfach weiter: «Für unendlich viele Hunde und unendlich viele Väter?»

«Nein, für das Spaghettiproblem.»

«Ich habe kein Problem mit meinen Spaghetti», weigert sich Luca, auf Franco einzugehen – ohne allerdings Anstalten zu machen, auch nur ein Spaghetto zu essen.

«Erinnert ihr euch an das Problem, das wir mal beim Essen diskutiert haben?»

«*I blocking set con i famosi punti rossi*?»

«Genau. Wir haben uns damals überlegt, daß es nicht geht.»

«Was geht nicht?»

Man muß den Kindern nachsehen, daß sie sich nicht mehr an die Spiele während des Mittagessens vor einigen Wochen erinnern. Sie haben andere Sorgen.

«Das Problem war, ob man das Hackfleisch so verteilen kann, daß jedes Spaghetto genau 2 Fleischstückchen berührt.»

«*E? Come?*» Wenigstens ein bißchen neugierig ist Luca.

Franco holt Luft und verkündet voller Stolz: «Wir haben bewiesen, daß es zwar nicht geht, wenn man nur 21 oder 1000 oder 1000 Milliarden oder im allgemeinen eine endliche Zahl von Spaghetti hat, daß es aber so etwas gibt, wenn man unendlich viele Spaghetti hat!»

Ich fürchte, Franco hat seine schauspielerischen Fähigkeiten überschätzt.

Einer der seltenen Momente, in dem Diana sprachlos ist. Sie sitzt mit offenem Mund da. Endlich faßt sie sich wieder und fragt ungläubig: «Ihr habt das wirklich gemacht? Mit so was verbringt ihr eure Zeit? Das ist ja wohl zu überhaupt nichts nütze!»

Luca kann sich nicht moralisch empören: «*Be, almeno questo lo sappiamo per sicuro*, wenigstens das wissen wir jetzt mit Sicherheit.» Ihm ist aber etwas eingefallen: «*Come la barzeletta con i matematici nel pallone.* Wie der Witz mit den Mathematikern im Ballon. *Racconta, Papà!*»

Franco ist froh, der Auseinandersetzung mit Diana zu entgehen. Daher erzählt er, wie üblich mit perfekter Mimik und Gestik, den von Luca angesprochenen Witz: «Zwei Menschen fliegen in einem Ballon. Sie haben sich total verfranzt und jegliche Orientierung verloren. Da sehen sie auf der Erde einen Menschen und schaffen es tatsächlich, sich diesem auf Hörweite anzunähern. ‹Hallo›, brüllen sie, ‹wo sind wir?›

Der Mensch am Boden steht reglos und macht keine Anstalten zu antworten. Da, kurz bevor ihr Ballon wieder außer Hörweite ist, vernehmen sie die Antwort: ‹Ihr seid in einem Ballon.›

Verdutzt bleiben sie zurück und schauen sich gegenseitig

an. ‹*Questo asino*! So ein Idiot!› schreit der eine wutentbrannt.

‹Nein›, entgegnet der andere, ‹das war ganz bestimmt ein Mathematiker. *Per almeno tre ragioni*: *Primo*, er hat furchtbar lange nachgedacht, *secondo*, seine Antwort ist absolut richtig, *e finalmente* ist sie vollkommen unbrauchbar!›»

17

Grazie infinite!

Mein Aufenthalt in L'Aquila näherte sich unaufhaltsam seinem Ende. In drei Tagen würde ich schon nicht mehr hier sein. Komisches Gefühl.

Die Indizien für das Ende waren nicht zu übersehen. Meine Wäsche ging zur Neige. Ich hatte mir die Hemden, die Socken und die Unterwäsche systematisch, junggesellenhaft sparsam eingeteilt. Ich fand nur noch ein frisches Hemd. Klar: Ich hatte das so vorausberechnet, daß ich für die beiden letzten Tage noch ein Hemd habe. Aber gerade das machte deutlich, daß die beiden letzten Tage angebrochen waren.

Ich bekam Geld. Als wir gestern ins Institut gingen und Franco wie üblich gelangweilt seine Post durchsah, blitzten plötzlich seine Augen auf: «Ich glaube, das ist etwas für Albrecht.» Für mich? Der Brief kam vom *C. N. R.*, dem *Consiglio Nazionale delle Ricerche*. Das ist die Stelle, die die Gastprofessoren bezahlt. Franco öffnete den Umschlag und zauberte mit einer theatralischen Geste einen *assegno* heraus, einen Scheck über zwei Millionen italienische Lire. Viel Geld, auch wenn man es umrechnet. Vor allem, weil ich kaum Kosten gehabt habe; Franco und Luigia ließen sich nämlich nichts bezahlen.

Auf der Rückfahrt gingen wir zur Bank, stellten uns am Schalter an, kamen dran, Franco erklärte die Situation, ich mußte meinen Paß zeigen, den Scheck unterschreiben, dann wurden wir zur Kasse geschickt, unterwegs traf Franco einen Bekannten, ich hatte schon das Gefühl, er hätte das Geld vergessen, hatte er aber nicht, wir stellten uns an der Kasse an, kamen dran, der Kassierer blätterte mir zwanzig 100000-Lire-Noten hin, ich nahm das Häufchen an mich und quetschte diese Menge Papier in meinen Geldbeutel. Ein gutes Gefühl, Millionär zu sein.

Wir zogen Bilanz unserer mathematischen Arbeit. Was

hatten wir erreicht? Welche Probleme blieben ungelöst? Welche könnten wir auch aus räumlicher Distanz bearbeiten? Wir hatten schon in den ersten Wochen eine kleine Arbeit über endliche Geometrie geschrieben, und ich hatte darum gebeten, sie auf Italienisch zu veröffentlichen. Das Manuskript war fertig, und ich las stolz den wohlklingenden Titel: *Sui blocking sets di dato indice con particolare riguardo all'indice tre* (Über blocking sets mit gegebenem Index, unter besonderer Berücksichtigung des Index 3). Wir wollten die Arbeit beim *Bolletino della Unione Matematica Italiana,* kurz B. U. M. I., einreichen.

Unsere Erkenntnisse über blocking sets in unendlichen Geometrien sind allerdings noch nicht aufgeschrieben. Ich finde, es ist höchste Zeit, damit zu beginnen. Das Ende meines Besuchs macht sich unangenehm bemerkbar. Bis vor kurzem hatte ich den Eindruck, unendlich viel Zeit zu haben. Wir konnten über jedes Thema, *i concorsi, la pasta, l'infinito,* beliebig lange reden. Jetzt läuft mir die Zeit weg, und ich bleibe bei keiner Sache lange genug. Das sollte sich gleich zeigen.

Für unsere noch ungeschriebene Arbeit habe ich eine schöne Einleitung im Kopf und will diese den anderen unterbreiten.

Da stellt Luigia (wer sonst?) die peinliche Frage: «Wir können schöne Sätze beweisen, *infatti bellissimi risultati.*» Sie macht eine Pause, die nichts Gutes ahnen läßt, und spricht dann so weiter, daß es keiner überhören kann: «wenn die Punkt- und Geradenmenge abzählbar ist.»

Mist. Sie hat recht. Wir sind erst am Anfang. «*Capisco*», sage ich.

«Ich hab' doch gar keine Frage gestellt.»

Wir verstehen uns trotzdem.

Auch Franco. Er sagt nur: «E. T.»

Unsere normale euklidische Ebene ist nicht abzählbar. Weder die Punktmenge noch die Geradenmenge. Wir alle haben die Szene mit *E. T., l'extraterrestre,* noch in guter Erinnerung. Die reellen Zahlen sind nicht abzählbar. Damit sind auch die Punkte und Geraden der euklidischen Ebene nicht abzählbar.

«Unser Beweis funktioniert in der euklidischen Ebene nicht», stellt Luigia lapidar fest.

Ich kann nur bestätigen: «Weil wir die Geraden nicht anordnen können. Nicht eine nach der andern behandeln. Eine abzählbare Teilmenge der Geradenmenge ist nur ein winziger Bruchteil aller Geraden.»

«Null Prozent», gibt Franco seinen Senf dazu.

Auch unsere Stimmung ist am Nullpunkt.

Ich bin jemand, der Konflikte scheut und es nicht ertragen kann, wenn meine Umgebung miese Gefühle hat. Mir selbst gegenüber drücke ich das so aus: Ich sehe immer das Positive.

Ich habe zwei einfache Strategien, solche schlechten Situationen zu vermeiden. Die eine ist: ignorieren, die Augen zumachen, abhauen. Das geht hier nicht. Eine andere Strategie ist, billigen Trost zu suchen. Ich finde auch immer welchen: Ist doch alles halb so schlimm. Wird schon werden. Wer weiß, wozu das gut ist.

Auch jetzt gelingt es mir, fast ohne nachzudenken, die Situation positiv – wie ich meine – umzuinterpretieren: «Wir können den Satz natürlich einfach nur für abzählbare Geometrien, wie etwa die rationale Ebene, formulieren.»

«Das geht doch nicht. Wir können doch die euklidische Ebene nicht weglassen!» Luigia schüttelt den Kopf, und Franco runzelt die Stirn.

«Doch, auch das ist ein Satz, den vorher niemand kannte und dessen Beweis nicht einfach ist», versuche ich mich zu verteidigen.

«*Sì, ma ...*», ist die ungewöhnlich kurze Antwort Francos.

Manchmal hat Franco Geistesblitze. Obwohl Luigia das für unverdient hält, hat er manchmal den richtigen Riecher. Als ich glaube, daß seine Gedanken längst abgeschweift sind, sagt er schlafwandlerisch: «*Induzione trasfinita*, transfinite Induktion.»

Klar, so etwas gibt es. Man kann auch mit unendlichen

Zahlen rechnen. Man nennt sie Kardinalzahlen oder Ordinalzahlen. Ich erinnere mich vage. Die Rechenregeln sind seltsam, aber im Grunde einfach. Sogar einfacher als die Regeln für endliche Zahlen. Wenn man mit unendlichen Zahlen überhaupt rechnen will, muß man großzügig sein. Auf eins mehr oder weniger darf es einem dabei nicht ankommen.

Auch bei Luigia dämmert es. Vielleicht könnte es damit gehen. «Aber ich hab' keine Ahnung mehr, wie man das macht. Das steht in den Büchern über Mengenlehre. Ich glaube aber nicht, daß wir so ein Buch haben.»

Ich weiß. Diese Bücher gibt's in Italien nicht.

Da wir nichts anderes zu tun haben, versuchen wir, die Grundlagen aus unserem Gedächtnis mit Hilfe unserer mathematischen Erfahrung zu rekonstruieren.

Ich beginne mit einer Worterklärung: «Eine Kardinalzahl ist die Mächtigkeit einer Menge; man spricht auch von ihrer Kardinalität.»

Franco erwähnt die offensichtlichen Beispiele: «Alle natürlichen Zahlen sind Kardinalzahlen. Auch die Mächtigkeit der Menge der natürlichen Zahlen und die der reellen Zahlen ist eine Kardinalzahl.»

Luigia erinnert sich: «Die Kardinalzahlen, die nicht endlich sind, nennt man transfinit.»

Das war das Vorgeplänkel. Die entscheidende Frage ist: «Wie kann man mit beliebigen Kardinalzahlen rechnen?»

Luigia geht systematisch vor: «Stellen wir uns zwei Kardinalzahlen vor, nennen wir sie α und β. *Per la definizione*, nach Definition, gibt es dann zwei Mengen A und B, die die Mächtigkeiten α beziehungsweise β haben.»

«Um die Summe $\alpha + \beta$ zu bestimmen, betrachten wir die Vereinigung der Mengen A und B», sagt Franco.

«Du meinst, daß $\alpha + \beta$ die Mächtigkeit der Vereinigungsmenge ist?» frage ich.

«Ich glaube, das ist richtig», korrigiert Luigia, «falls A und B disjunkt sind, das heißt kein Element gemeinsam haben.»

«Das bedeutet also: Wir wählen disjunkte Mengen A und B mit den Mächtigkeiten α und β. Dann bilden wir die

Vereinigungsmenge $A \cup B$ von A und B, also die Menge aller Elemente, die in A oder B liegen.»

Und Luigia ergänzt: «Dann bestimmen wir die Mächtigkeit von $A \cup B$ und nennen diese Zahl die Summe $\alpha + \beta$.»

Franco hat sofort ein Beispiel: «Für endliche Kardinalzahlen ist diese Addition nichts anderes als die übliche Addition von natürlichen Zahlen. *Infatti*, um $7 + 3$ zu berechnen, suchen wir eine Menge A mit 7 Elementen und eine Menge B mit 3 Elementen, so daß A und B kein Element gemeinsam haben. Dann bilden wir $A \cup B$, und tatsächlich hat diese Menge 10 Elemente. Also gilt auch nach dieser Methode $7 + 3 = 10$.»

Luigia hat ihn geduldig aussprechen lassen: «Interessant wird es aber bei transfiniten Kardinalzahlen. Zum Beispiel gilt für eine transfinite Kardinalzahl α und eine endlich Kardinalzahl n stets $\alpha + n = \alpha$. Das ist die mathematisch präzise Form von ‹Unendlich plus etwas Endliches ist unendlich›», sagt sie befriedigt.

«Zum Beispiel gilt ‹unendlich plus 1 gleich unendlich›», weiß Franco.

«In diesem Bereich gelten sehr merkwürdige Gesetze», sage ich, «ich glaube, daß zum Beispiel für jede transfinite Kardinalzahl α gilt $\alpha + \alpha = \alpha$.»

Beim anschließenden Kaffeetrinken meint Franco: «Noch besser wäre es natürlich, wenn wir eine Veröffentlichung finden würden, in der diese Methode in anderem Zusammenhang angewandt wird. Dann könnten wir einfach abschreiben.»

Sicherlich ein gutes Verfahren, schnell eine eigene Arbeit zu schreiben. Jeder Mathematiker kennt einen, von dem er glaubt, daß dieser auf so ökonomische Weise zu seinen Arbeiten kommt. Aber wir haben keine Veröffentlichung, von der wir abschreiben könnten. Und ich wüßte auch gar nicht, wo ich suchen sollte.

«Also können wir unseren Satz vielleicht auch allgemein beweisen», sage ich wieder etwas optimistischer.

«*Attenzione*, seien wir vorsichtig», Luigia ist noch skeptisch, «es gibt zwar eine Methode, mit der man auch mit überabzählbaren Mengen so etwas wie Induktion machen kann. Also eine Methode, mit der man Sätze wie den unseren prinzipiell beweisen kann. Ob sich aber unser Beweis aus dem Abzählbaren auf transfinite Zahlen übertragen läßt, können wir erst sagen, wenn wir es probiert haben.»

«Und das können wir nicht, weil wir nicht wissen, wie's geht.»

Ich mache einen Vorschlag: «Wenn ich in Deutschland bin, suche ich ein Buch, in dem transfinite Induktion erklärt ist, und schicke euch eine Kopie der entsprechenden Seiten.»

Nach einiger Zeit des Schweigens schlage ich nochmals einen schnellen Kompromiß vor: «Wir schreiben einfach den Satz im allgemeinen auf, weil wir im Prinzip ja wissen, daß der Beweis funktioniert. Außerdem sagen wir, daß wir es aber nur im abzählbaren Fall beweisen. Damit tun wir schließlich auch unseren Lesern etwas Gutes.»

Franco wäre damit einverstanden, aber es gibt eine Person, die sich darauf bestimmt nicht einläßt: «Das mache ich nicht mit. Das kann ich höchstens dann schreiben, wenn ich mich überzeugt habe, daß es im allgemeinen richtig ist. Und auch dann wäre es kein guter Stil», setzt sie hinzu. «Es könnte doch immerhin sein, daß die Aussage nicht wahr ist.»

Natürlich hat sie recht.

Franco kommt mit was ganz Verrücktem. «*Forse un'applicazione del teorema di Godel.*»

Wie bitte? Er meint, unser Problem sei vielleicht eine Anwendung des Satzes von Gödel. Ich muß erst mal Luft holen. Vermutlich meint er ‹Bestätigung› des Satzes von Gödel. Aber trotzdem: «Was meinst du damit?»

«*Non si può provare tutto*, man kann nicht alles beweisen.»

Dies ist allerdings eine atemberaubende Simplifizierung des Satzes von Gödel. Gödel hat im Jahre 1930 bewiesen, daß es in jeder mathematischen Theorie, die auf endlich vielen Axiomen aufbaut, Sätze gibt, die zwar in dieser Theorie formulierbar, aber nicht beweisbar sind. Es handelt sich dabei nicht um den Ausdruck unseres menschlichen

Unvermögens, unserer alltäglichen Erfahrung, daß wir nicht alles beweisen können, sondern es ist ein mathematischer Satz: Garantiert gibt es Erkenntnisse, die man nicht beweisen kann. Es liegt nicht an uns, es ist so.

Ich versuche, das, so gut ich kann, zu erklären. Franco empfindet dies nicht als Kritik und setzt noch eins drauf: «Wenn wir ‹beweisen› mit ‹verstehen› identifizieren», immerhin sagt er ‹wenn›, «dann bedeutet das, daß wir nie alle Geheimnisse der Welt verstehen werden. Nicht einmal die der Mathematik. Natürlich können wir das Axiomensystem so erweitern, daß der bislang unbeweisbare Satz jetzt bewiesen werden kann. Aber es wird dann einen andern geben, der nicht beweisbar ist.»

Ich versuche, den Skandal dieses Satzes konkreter zu machen: «Keine Maschine wird je alle mathematischen Sätze beweisen können. Vielleicht viele, vielleicht alle wichtigen, aber nie alle. Denn eine Maschine ist ein endliches System, und dazu sagt der Satzes von Gödel: Das System kann nicht alles!»

«*Il mondo è proprio infinito*, die Welt ist wirklich unendlich», sagt Franco. Damit meint er, daß man es nie schaffen wird, die Welt durch endlich viele Sätze und ihre Folgerungen vollständig zu beschreiben.

Luigia hat uns machen lassen, findet es aber jetzt an der Zeit, daß wir wieder auf den Boden der konkreten Mathematik zurückkehren: «Ich kann mir nicht vorstellen, daß diese Aussage, nur weil wir sie nicht beweisen können, ein Beispiel für den Satz von Gödel ist. Ich bin überzeugt, daß wir einfach noch nicht hart genug gearbeitet haben.» Und sie ist noch nicht fertig: «*A proposito: Il teorema di Godel* klingt wie eine Katastrophe, wie ein Satz, der uns Mathematiker zutiefst depressiv stimmen müßte. Aber ich merke davon nichts. Wie wirkt sich dieser Satz denn aus?»

Damit wendet sie sich an mich. «Ich glaube, daß sich vor allem die Philosophen dafür interessieren. Soweit ich sehe, haben die Mathematiker diesen Satz kaum beachtet. Und auf die praktische tägliche Arbeit der Mathematiker hat er bestimmt keinen Einfluß. Wir leben so, wie wenn es diesen Satz nicht gäbe.»

«Theoretisch müßte er doch eine Revolution sein, die die Grundfesten unserer Wissenschaft erschüttert. Man könnte sogar meinen, daß wir aufgeben könnten, Mathematik zu machen.» Luigia ist nachdenklich geworden. Sie wird diesen Satz später bestimmt genau studieren.

Aber Franco läßt sich nicht die gute Laune verderben: «*I matematici sono tutti come noi*, alle Mathematiker sind wie wir.» Auf diese an sich schon kühne Behauptung setzt er noch eins drauf: «Die Katastrophen interessieren uns nicht, sondern nur die Schönheit: *Bella Italia, belle donne, e sopratutto bella matematica.*»

Heute war der letzte Tag in L'Aquila. Am Morgen hatte ich schon das Hotelzimmer bezahlt. Franco hatte mehrfach mit dem Portier des Hotels verhandelt. Eigentlich kostete das Zimmer 20000 Lire pro Nacht (damals etwa 32 Mark). Aber Franco war es gelungen, den Preis schrittweise runterzuhandeln: Die Universität hatte einen Rabatt, ich blieb über fünf Wochen – und überhaupt. Das ergab einen Preis von 13000 Lire pro Nacht. Franco erreichte eine weitere Reduktion, und zwar wahrscheinlich mit dem Argument, daß 10000 eine glatte Zahl sei. So bezahlte ich für die 38 Nächte 380000 Lire. Klingt viel, ist aber ein Klacks.

Wir fahren zum letzten Mal ins Institut. Der Schnee auf und neben der Straße ist weitgehend geschmolzen, aber der *Gran Sasso* leuchtet wie vor fünf Wochen in seiner weißen Pracht.

Wir gehen natürlich zu Giorgio in die Bar und trinken einen *caffè*. Nicht den letzten, aber immerhin den vorvorletzten.

Auf dem Weg zum Büro machen wir im zweiten Stock halt, damit ich mich beim *Preside della Facoltà* verabschieden kann. Natürlich können wir wieder seine ungebügelten Hemden und seine Virtuosität am Telefon bewundern. Er spricht gleichzeitig über zwei Telefone mit verschiedenen Personen; dennoch habe ich den Eindruck, daß seine Gesprächspartner kaum zu Wort kommen.

Dann hat er tatsächlich einen Moment Zeit für uns. Franco berichtet ihm, daß mein Aufenthalt erfolgreich gewesen sei, wir hätten zwei Arbeiten geschrieben, und ich hätte sogar eine Vorlesungsstunde gehalten. Er habe die Idee, daß ich im nächsten Jahr wiederkomme, um einen *corso integrato*, das heißt einen Teil einer Vorlesung zu halten. Davon wußte ich noch nichts, vielleicht ist es Franco eben nur so eingefallen, aber der *Preside* ist begeistert. Er ist immer begeistert, wenn jemand Initiative entwickelt. Er verabschiedet sich herzlich von mir, wobei ich sein Zögern merke: Soll er mich umarmen oder nicht? Im letzten Moment beherrscht er sich.

Am Nachmittag sitze ich im Wohnzimmer von Franco und Luigia. Ich versuche, meine Notizen zu ordnen. Im Lauf der fünf Wochen habe ich zwei ganze Blöcke Papier und ungezählte Einzelblätter vollgekritzelt. Manches kann selbst ich nicht mehr lesen. Das wird sofort durchgestrichen. Manche Notizen sind noch lesbar, aber schon überholt. Interessant, woran wir alles gedacht haben. Auch dies wird durchgestrichen. Manches ist noch nicht verarbeitet. Das schreibe ich sauber heraus, so daß es dauerhaft lesbar bleibt. Manchmal nur eine Frage oder eine Idee für ein Forschungsprojekt. So schnurren die gesamten Notizen auf wenige Seiten zusammen. Jedes Blatt, das abgearbeitet ist, knülle ich zusammen und werfe es mit Schwung in den Kamin. Wir machen Pläne für die Zukunft. Wir vereinbaren, daß ich einen ersten Entwurf der Arbeit aufschreibe und diesen dann Franco und Luigia zur Korrektur zusende.

Rechtzeitig zum Abendessen bin ich mit dem Aufräumen fertig. Luigia will mir ein besonders eindrucksvolles Abschiedsessen präsentieren und zaubert *Spaghetti alla chitarra*. Ich habe schon am Nachmittag die zeitaufwendigen Vorbereitungen mitbekommen: Zunächst hat Luigia den Teig gemacht, dann solange ausgewellt, bis er gleichmäßig dünn war. Danach legte sie ihn auf die *chitarra*, einen Holzkasten, über den in Spaghettiabstand dünne Drähte gezogen waren. Der Teig wurde durchgedrückt; ein Teil davon gab die Spaghetti, die einen quadratischen Querschnitt haben. Der

Rest wurde wieder gewellt, auf die *chitarra* gelegt, durchgedrückt usw. Danach wurden die Spaghetti auf ein Tuch gelegt und getrocknet. Ich war voller Bewunderung, weil ich so etwas noch nie gesehen hatte.

Unmittelbar vor dem Essen werden die Spaghettti dann wie üblich gekocht, und der *sugo* wird dazugegeben. Ein Festessen. Luigia braucht gar nicht «*ti piace*?» zu fragen, sondern sieht mir an, daß ich das hingebungsvoll genieße.

Sie hat noch etwas in der Hinterhand: «Ich weiß, daß deine Frau eine gute Köchin ist.» Keine Ahnung, woher sie das weiß, so viel habe ich doch gar nicht erzählt. Luigia fährt fort: «Deshalb dachte ich, als Geschenk von mir für Monika – eine *chitarra*!»

Ich bin sprachlos.

Nach dem Essen kommt kein richtiges Gespräch mehr auf. Wir erzählen zusammenhanglos dies und das.

Die Kinder gehen zu Bett: «*Buona notte*», sage ich. «*Buon viaggio*», wünschen sie mir.

Dann verabschiede ich mich von Luigia. Es fällt uns schwer. Fünf Wochen gemeinsame Arbeit mit *caffè* und *pasta*, Ernst und Spaß, mit Endlichem und Unendlichem, Gesprächen und Geplänkel haben uns einander nahegebracht und auch jeden von uns ein Stück weitergebracht. Wir werden diese Zeit nicht vergessen.

Franco fährt mich noch nach L'Aquila und wird mich morgen zum Bus begleiten.

Franco setzt mich vor dem Hotel Italia ab. Zum letzten Mal «*a domani*». Zum letzten Mal gehe ich die dunklen Treppen nach oben. Geradeaus, dann eine 180°-Drehung, noch eine Treppe nach oben. Dann den Gang geradeaus, und dann, halb rechts, mein Zimmer.

Schöner ist es in den letzten Wochen nicht geworden. Aber menschlicher. Jedenfalls in gewisser Weise: Mein Zeug ist gleichmäßig im ganzen Zimmer verteilt. Ich habe die Tendenz, jedes Zimmer, das ich bewohne, gleichmäßig mit Material zu bedecken. Auf dem Boden, auf dem Bett, sogar im Schrank, überall liegt Wäsche herum.

Ich muß noch heute abend versuchen, den Koffer zu packen. Vermutlich wird dies nicht einfach werden. Jetzt ist die Wäsche nicht mehr säuberlich zusammengelegt, sondern eine ungeordnete Menge von unübersehbar vielen Stücken. Ich versuche, so systematisch wie möglich zu pakken. Aber auch mit Drücken und Stopfen bleibt es viel Zeug.

Vom mathematischen Blickwickel aus ist alles einfach. Einer meiner Kollegen stellte mal den Satz auf, in jeden Koffer würden unendlich viele Taschentücher passen. Beweis: Eins mehr paßt immer noch rein.

Das mag theoretisch richtig sein, aber in der Praxis ist der Satz wenig hilfreich. Im Gegenteil. Schließlich habe ich dann doch alle Taschentücher in den Koffer gestopft und diesen im richtigen Moment zugemacht. Ich blicke zufrieden auf mein Werk.

Noch einmal stehe ich vor dem wackligen, schräg in die Wand eingelassenen Waschbecken. Vorsicht! Nicht, daß es noch am letzten Tag aus der Wand bricht.

Und während ich müde und konzentriert meine Zähne putze, schweifen meine Gedanken ab, wandern unkontrolliert zu unseren Überlegungen von heute vormittag, und plötzlich wird mir das Problem klar. Ich habe keine Lösung, aber ich verstehe das Problem. Das Problem der transfiniten Induktion.

Im Unendlichen gibt es zwei Sorten von Zahlen. Solche, die einen Vorgänger haben, die also von der Form $\alpha + 1$ sind. Dies sind die einfachen Zahlen. Bei denen läuft alles so, wie wir gewohnt sind. Man kann von α auf $\alpha + 1$ schließen.

Aber dann gibt es noch eine andere Sorte. Die Zahlen ohne direkten Vorgänger. Zum Beispiel die Mächtigkeit der Menge der natürlichen Zahlen. Das ist eine transfinite Kardinalzahl, aber sie hat bestimmt keinen Vorgänger. Unendlich minus Eins ist immer noch unendlich.

Aber auch diese Zahlen kann man beschreiben; sie sind durch alle Zahlen kleiner als sie eindeutig festgelegt: Zum Beispiel ist die Mächtigkeit der Menge der natürlichen Zahlen die kleinste Zahl, die größer als alle endlichen Zahlen ist. Also wird man diese Zahlen auch mit beherrschen können, mit transfiniter Induktion eben.

Und mit diesen beruhigenden und beglückenden Gedanken schlafe ich nach diesem bewegten Tag ruhig ein.

Am letzten Morgen gehe ich zum letzten Mal in die Bar und bestelle *cornetto e cappuccino*. Wie immer herrscht dichtes Gedränge, und ich muß mich darauf konzentrieren, den einen Moment, in dem der Kellner mir einen Blick schenkt, zu erwischen, um meine Bestellung aufgeben zu können. So kommt jedenfalls keine wehleidige Stimmung auf.

Zurück ins Hotel. Die letzten Stücke in den Koffer. Mit ein bißchen Gewalt geht es. Ich schleppe den Koffer und die Tasche in den Hausflur. Franco ist schon da und hilft mir, den Koffer bis zum Auto zu tragen.

Der Bus nach Rom startet an der *Fontana Luminosa*. Er hat reservierte Plätze. Ich hatte darauf bestanden, daß wir schon am Tag vorher ein Ticket kaufen. Denn ich wollte sicher sein, daß ich auch wirklich mit diesem Bus nach Rom komme.

Wir machen es kurz. Offenbar sind auch Francos Gefühle so stark, daß er auf seine übliche Emotionalität verzichtet. Eine kurze, aber intensive Umarmung. Franco sagt: «Albreckt!» Ich sage: «*Grazie infinite, anche a Luigia.*»

Ein letzter Blick auf das *castello*. Der Bus, ein moderner Reisebus mit Heizung und bequemen Sitzen, ruckelt durch die engen Pflasterstraßen von L'Aquila. Es dauert ewig, bis er an der zweiten Haltestelle ist. Dann geht's rasch auf die *autostrada*. Als der Fahrer das Ticket für die Autobahn gelöst hat, geht es in gleichmäßiger Fahrt nach Rom.

Merkwürdig: Schon bin ich weit weg. Beziehungsweise mit meinen Gedanken voraus. Ich würde durch die Tunnels fahren. Jedesmal hatte ich bisher angefangen, sie zu zählen, hatte es aber nie geschafft. Wir würden an den abgewrackten Häusern und den neuen Fabriken vorbeifahren, wahrscheinlich würde ich ein bißchen dösen, bei der Einfahrt nach Rom wieder aufwachen. Vermutlich wird der

Bus an der *Piramide* vorbeifahren, das *Colosseo* halb umrunden, und dann würde plötzlich die schmutzigweiße Fassade der *Stazione Termini* vor uns stehen.

Endstation.

Das Chaos dort kenne ich ja schon. Ich würde wieder meinen Koffer schleppen müssen. Da ist es gut, jeden Meter zu planen. Ab da gibt es wieder ein Stückchen Unsicherheit. Tickets? «*Biglietti per l'aeroporto?*» Ein bißchen Italienisch hatte ich ja gelernt.

Der Busfahrer zeigt zu einer Tür, die in ein dunkles Loch führt, das ich nie freiwillig betreten würde. Aber tatsächlich gibt es im Hintergrund drei Schalter, hinter denen Kassierer sitzen. Natürlich uniformiert und ebenso natürlich extrem unfreundlich, fast abweisend. Da sie nur ein einziges Produkt verkaufen, nämlich die Tickets für den Bus zum Flughafen, ist die Verständigung prinzipiell einfach. Als ich mich aber noch zu fragen wage, wo denn der Bus abfährt, erhalte ich nur ein sehr unhöfliches «*fuori*, draußen» zur Antwort.

Der Bus zum Flughafen fährt in einer anderen Spielklasse als der Bus von und nach L'Aquila. Enge, harte Sitze, keine Klimaanlage, klapprig und laut. Er fährt erst ab, als alle Plätze besetzt sind. Plötzlich bin ich in einer anderen Welt. Es ist zwar noch Italien, der Verkehr ist definitiv italienisch, aber kaum einer spricht mehr Italienisch. Englisch, Französisch, Japanisch. Aber kein Italienisch.

Nachdem der Bus mühsam die unmittelbare Umgebung der *Stazione Termini* verlassen hat, komme ich nochmals in den Genuß meiner Lieblinge *Colosseo* und *Piramide*. Dann geht's auf die Autobahn. Und dann biegen wir Richtung Flughafen ab. Obwohl der Bus alt und auch für meine inzwischen an italienische Verhältnisse geübten Augen und Ohren klapprig ist, nimmt er es auf der Autobahn mit jedem Pkw auf. Er fährt grundsätzlich mit der Höchstgeschwindigkeit und überholt schwungvoll.

Als ich mich gerade fragen will, ob der Bus wirklich zum Flughafen fährt oder ob ich völlig falsch bin, taucht ein Alitalia-Schild auf. Nach einigen Kurven, die ohne Reduzierung der Geschwindigkeit genommen werden, hält der Bus. Der Fahrer ruft «*nazionali*, Inlandsflüge», was keiner versteht, und scheucht einige Amerikaner, denen er offenbar weder Sprachkenntnisse noch einen Inlandsflug zutraut, wieder auf ihre Sitze zurück. Noch ein paar Kurven, und wir sind bei der Abfertigungshalle der *voli internazionali.*

Ich gehe hinter den anderen her an mit MP bewaffneten Polizisten vorbei in die Halle. Diese schauen so gelangweilt drein, daß klar ist: Die sind nicht aus einem speziellen Anlaß da, sondern die stehen immer so rum. Ich suche den Lufthansa-Schalter. Es hatte sich so ergeben, daß ich auf dem Hinflug mit Alitalia geflogen war, während ich für den Rückflug Lufthansa gebucht habe. Ich habe zu Franco und Luigia gesagt: «*Faccio come il Papa*, ich mach das wie der Papst: auf dem Hinflug die Luftlinie des Ziellandes, auf dem Rückflug diejenige des Heimatlandes.»

Ein Problem habe ich noch. Überall sind Schilder zu lesen, auf denen unter Androhung von Strafen verboten ist, mehr als eine Million Lire auszuführen. Natürlich habe ich viel mehr bei mir. Ich hatte ja kaum etwas ausgegeben. Als Deutscher stehe ich innerlich vor solchen Schildern stramm. Aber ich kann das Geld ja auch nicht wegwerfen. Also teile ich es so auf, daß an jeder Stelle weniger als eine Million Lire zusammenliegen. Ein Teil in mein Jackett, ein Teil in mein Hemd, der Rest einfach in den Koffer.

Einchecken. *Non fumatori.* Koffer aufgeben. Als ich mich vor dem Zoll anstelle, bin ich aber schon ein bißchen aufgeregt. Ich beobachte die Leute vor mir. Alles normal. Keiner wird mehr als notwendig gefilzt. Jetzt bin ich dran. Ich zeige meinen Ausweis und ein Flugticket. Der italienische Zöllner nimmt meinen Ausweis, vergleicht ihn mit irgendwelchen Einträgen, die unter dem Tresen liegen, schaut nur müde auf und winkt mich weiter. Ich werde vom nächsten Kollegen in Empfang genommen. Dieser piepst mich mit dem Detektor ab, findet auch nichts und entläßt mich.

Ich gehe zum Abflugsteig. Ich setze mich auf einen der ach so praktischen, aber zum Sitzen nicht ganz so bequemen Drahtsessel, möchte anfangen, etwas zu lesen, da höre ich es.

Schock! Was ist das?

Die reden ja Deutsch! Furchtbar! Ich habe fast sechs Wochen lang kaum Deutsch gehört und auch das nur von einer mir sehr sympathischen Person. Aber hier reden normale Leute deutsch, ja sogar hessisch und schwäbisch: *Ei, isch maan, bei uns sinn die Stiehl bequemer. Gibsch mer mol mei Jäckle rieber?*

Sitzen breitbeinig und von sich überzeugt da. Leute, mit denen ich nie in Urlaub fahren würde. Es klingt vieles so platt, so banal, so nichtssagend. Ich höre weg und tue so, wie wenn ich nicht dazugehören würde. Aber es nützt nichts: Ich bin wieder angekommen. Bevor das Flugzeug gestartet ist.

18

Ey, un wie?

Gestern abend bin ich pünktlich auf dem Frankfurter Flughafen angekommen. Monika konnte mich nicht abholen, da sie die Kinder ins Bett bringen mußte. Kurz nach acht war ich dann zu Hause. Glücklich, nach so langer Zeit Monika wieder leibhaftig zu sehen und zu umarmen. Noch glücklicher war ich, als wir die schlafenden Kinder anschauten! Welche Lebenszuversicht in diesen ruhigen Kindergesichtern!

Heute bin ich gegen zehn im Institut angekommen. Etwas später als sonst. Alles ruhig, es sind ja Semesterferien. Auf meinem Schreibtisch türmt sich die Post auf zwei Stapeln.

Ich bin froh, wieder da zu sein. Meine Post lasse ich erst mal liegen und gehe zum Büro meines Freundes Peter. Er müßte schon da sein. Was wird er sagen? Ich habe so viel erlebt. Und was hat sich hier geändert?

Wie üblich klopfe ich kurz und gehe gleich rein. Ich sehe Peter so, wie ich ihn vor sechs Wochen verlassen habe: Er sitzt mit dem Rücken zur Tür links an seinem Schreibtisch und schreibt.

Er dreht sich nur ein bißchen um, als ich ihn begrüße, und sagt lässig, wie wenn nichts gewesen wäre: «Ey, und wie?» Aber ich merke, wie er sich freut. Seine Mundwinkel zucken verräterisch, und da er einem Schnurrbart trägt, kann er das auch nicht verstecken. Offensichtlich freut er sich wahnsinnig, mich wiederzusehen, versucht aber, das nicht zu zeigen.

Auch ich bin in dieser Hinsicht nicht viel besser: «Nichts Besonderes. Und hier?»

«Was soll hier schon passieren?» In der Tat sieht das Institut genauso aus, wie ich es vor sechs Wochen verlassen habe.

«Komm, wir trinken einen Kaffee!» Wir machen uns auf

den Weg zur Cafeteria im Erdgeschoß und holen uns eine Tasse Kaffee und ein klebriges Stückchen Kuchen. Jetzt in den Semesterferien finden wir sogar Platz an einem Tischchen.

Wo soll ich anfangen? Peter weiß nicht, wie kalt es war, wieviel ich gegessen habe und wie wohl ich mich gefühlt habe. Er wird nicht glauben, daß ich an den berühmtesten Altertümern einfach vorbeigefahren bin und kein Bedürfnis hatte, diese zu besichtigen, daß es keine mathematische Bibliothek gibt und wir auch so zurechtgekommen sind, daß die Studenten rausfliegen, wenn sie ihren Professor mit *ciao* grüßen.

Er ahnt nichts davon, daß ich mich auf italienisch verständigen mußte (und das gutging), daß ich jeden Tag in der Familie von Franco und Luigia verbrachte (und wir Freunde wurden), daß wir gemeinsam die Unendlichkeit erforschten (und dabei eine neue Insel entdeckten).

Und dann beginne ich zu erzählen, von großen und kleinen Dingen, von wichtigen und alltäglichen Begebenheiten, von zufälligen und von atemberaubenden Erkenntnissen; von unzähligen *caffè*, von Bergen *pasta*, von den Schuluniformen, von den ungebügelten Hemden des *Preside*, von den Faschisten, vom Schnee und vom Sonnenlicht, von der Perspektive und dem tropfenden Wasserhahn, den Fibonacci-Zahlen und dem Kefir, vom *codice fiscale* und den *concorsi*, von den roten Ampeln, von Cantor, Peano und E. T., von der Mafia, von der Zahl und Schönheit der Mathematikerinnen, von den blocking sets an den Spaghetti, vom Frühlingsanfang, von Giorgio, von Franco und Luigia und Diana und Luca und Kim, vom Konzert, von pi und den transzendenten Zahlen …

Ich erzähle und erzähle und erzähle. Vom chaotischen Italien und den liebenswerten Italienern. Peter sitzt nur da und sagt gar nichts. Ab und zu holt er Luft. Wie lange ich erzählt habe, weiß ich nicht.

Als wir nach langer Zeit nebeneinander die Treppe zu unseren Büros zurückgehen, sagt er: «Weißt du», hier macht er eine Pause, und ich weiß nicht, ob er außer Atem ist oder ob er nicht weiterreden will, aber dann setzt er nochmal an: «Weißt du, eigentlich beneide ich dich.»

Das ist der stärkste Gefühlsausbruch, den ich je bei ihm erlebt habe.

Glossar

abzählbar

Eine unendliche Menge heißt abzählbar, wenn man ihre Elemente in einer Liste anordnen kann: erstes Element, zweites Element usw. Etwas technischer ausgedrückt: Eine Menge ist abzählbar, wenn es eine bijektive (‹eineindeutige›) Abbildung der Menge in die Menge der natürlichen Zahlen gibt.
Beispiele für abzählbare Mengen sind: die natürlichen Zahlen, die ganzen Zahlen, die rationalen Zahlen, die algebraischen Zahlen. Jede unendliche Teilmenge einer abzählbaren Menge ist wieder abzählbar.

affine Ebene

Eine Geometrie aus Punkten und Geraden heißt affine Ebene, wenn die folgenden Axiome gelten:
(1) Je zwei Punkte sind durch genau eine Gerade verbunden.
(2) Durch jeden Punkt außerhalb einer Geraden g gibt es genau eine Gerade, die keinen Punkt mit g gemeinsam hat («Parallele»).
(3) Es gibt drei Punkte, die nicht auf einer gemeinsamen Geraden liegen.
Ein Beispiel ist die euklidische Ebene, mit anderen Worten: die zweidimensionale Geometrie, die wir in der Schule untersuchen.

algebraisch

Eine reelle Zahl a heißt algebraisch, falls es ein Polynom f(x) (das nicht das ‹Nullpolynom› ist) mit rationalen (nicht nur reellen) Koeffizienten gibt mit f(a) = 0. Das bedeutet: Eine Zahl ist algebraisch, wenn es eine Gleichung mit rationalen Koeffizienten gibt, die a als Nullstelle hat.
Beispiele algebraischer Zahlen sind alle Wurzeln ($\sqrt{2}$, $\sqrt[17]{333}$) usw. Entsprechende Gleichungen lauten $x^2 - 2 = 0$ bezie-

hungsweise $x^{17} - 333 = 0$. Eine reelle Zahl, die nicht algebraisch ist, heißt →transzendent.

Axiom

In der Mathematik führt man jede Theorie auf Grundaussagen zurück, aus denen alle andern Aussagen der Theorie durch logische Schlüsse folgen. Diese Grundaussagen nennt man Axiome.
Axiome sind also diejenigen Aussagen einer mathematischen Theorie, deren Gültigkeit nicht mit mathematischen Methoden nachgewiesen werden kann. Ob diese ‹unmittelbar einleuchten› (was man früher für ein Kennzeichen der Axiome gehalten hat) oder ob sie nur Spielregeln für den Umgang mit den Grundbegriffen darstellen, ist für die Mathematik nicht von Bedeutung.
Der erste Versuch eines axiomatischen Aufbaus einer Theorie bildet Euklids ‹Elemente›; dort wird (mit den damaligen Mitteln) ein logischer Aufbau der Geometrie aus Axiomen unternommen.
Die Axiome sind nicht eindeutig bestimmt; in der Regel gibt es für eine Theorie verschiedene mögliche Axiomensysteme.

blocking set

Eine Menge B von Punkten einer Geometrie heißt blocking set (blockierende Menge), falls (1) jede Gerade mindestens einen Punkt von B enthält und (2) keine Gerade vollständig in B enthalten ist.

Cantor

Georg Cantor (1845–1918) Professor für Mathematik in Halle. Er entwickelte fast im Alleingang die Mengenlehre, das heißt eine Theorie, in der man (vor allem) unendliche Mengen studiert.

DES

Data Encryption Standard. Ein Verschlüsselungsalgorithmus, der 1977 veröffentlicht wurde und zwanzig Jahre lang vor allem im Bankenbereich flächendeckend eingesetzt wurde. Dieses Verfahren wurde 1998 durch systematische Schlüsselsuche gebrochen.

Faktorisierung

Jede natürliche Zahl ist eine Primzahl oder ein Produkt von Primzahlen, wobei eine Primzahl mehrfach vorkommen kann. Unter dem Problem der Faktorisierung versteht man folgendes: Gegeben eine natürliche Zahl n; finde die Primzahlen, die Teiler von n sind, oder finde jedenfalls einen Teiler von n (verschieden von 1 und n).

Das Problem der Faktorisierung scheint sehr schwierig zu sein. Bei gegebener Größenordung von n sind die Zahlen am schwierigsten zu faktorisieren, die Produkt von zwei verschiedenen Primzahlen gleicher Größenordnung sind. Der Weltrekord für die Faktorisierung solcher Zahlen liegt bei 155 Dezimalstellen.

Fermat, der letzte Satz von

Pierre de Fermat (1601 -1665) vermutete, daß es für $n > 2$ keine natürlichen Zahlen x, y, $z \geq 1$ gibt, welche die Gleichung $x^n + y^n = z^n$ erfüllen. Dies wird als «letzter Satz von Fermat» bzw., genauer, als Fermatsche Vermutung bezeichnet. Dieses Problem galt jahrhundertelang als die Herausforderung für Mathematiker.

Andrew Wiles, ein englischer Mathematiker, der in Princeton (New Jersey) lehrt, bewies 1994 endgültig die Gültigkeit der Fermatschen Vermutung. Dieser Beweis gilt als eine der herausragendsten Leistungen der Mathematik des 20. Jahrhunderts.

Fibonacci-Zahlen

Die berühmteste Zahlenfolge, die bei Fibonacci (um 1170–1240) als Anzahl der Kaninchenpaare beschrieben wird, wobei sich die Kaninchen nach gewissen Regeln vermehren. Die Folge der Fibonacci-Zahlen beginnt so:

1, 1, 2, 3, 5, 8, 13, 21, 34, 55, 89, ...

Man kann diese Folge auch rekursiv so beschreiben, daß jedes Folgenglied die Summe seiner beiden Vorgänger ist, in einer Formel heißt dies:

$f_n = f_{n-2} + f_{n-1}$ (für $n \geq 2$).

Garibaldi

Giuseppe Garibaldi (1807–1882), italienischer Nationalheld, der eine wichtige Rolle beim Kampf um die Einheit Italiens spielte.

Gödel

Kurt Gödel (1906–1978), Logiker und Mathematiker in Wien und Princeton, New Jersey. Er bewies 1930 seinen ‹Unvollständigkeitssatz›, der besagt, daß man in jedem axiomatischen System eine Aussage formulieren kann, die man innerhalb des Systems weder beweisen noch widerlegen kann. Mit anderen Worten: Es wird nie einen Computer geben, der alle mathematischen Sätze, geschweige denn alle Wahrheiten der Welt kennt.

Goldener Schnitt

Eine Strecke wird im Goldenen Schnitt geteilt, wenn das Verhältnis der Gesamtstrecke zum größeren Teil gleich dem Verhältnis des größeren zum kleineren Teil ist. Dieses Verhältnis bezeichnet man mit φ («phi»). Man kann diese Zahl exakt bestimmen als

$$\varphi = \frac{1 + \sqrt{5}}{2}.$$

Näherungsweise gilt $\varphi \approx 1{,}618$.

inkommensurabel

Wörtlich bedeutet ‹inkommensurabel› ‹nicht kommensurabel›, also ‹kein gemeinsames Maß habend›. Mathematisch präziser ausgedrückt heißt dies: Zwei Zahlen sind inkommensurabel, falls es keine Zahl z gibt, so daß sowohl a als auch b ein ganzzahliges Vielfaches von z sind.

Anders ausgedrückt: Zwei reelle Zahlen sind inkommensurabel, wenn ihr Quotient, also ihr Verhältnis, eine irrationale Zahl ist.

Zum Beispiel sind die Seitenlänge und die Länge einer Diagonale eines regulären Fünfecks inkommensurabel, da ihr Quotient der →Goldene Schnitt ist. Ebenso sind Seite und Diagonale eines Quadrats inkommensurabel, da ihr Verhältnis $\sqrt{2}$ ist.

invers

Zwei Funktionen sind invers zueinander, wenn die eine die Wirkung der anderen rückgängig macht. Zum Beispiel sind Ver- und Entschlüsselung zueinander inverse Funktionen.

irrational

Eine reelle Zahl heißt irrational, wenn sie nicht rational ist, d. h., wenn es keine ganzen Zahlen a, b gibt, so daß man die Zahl als a/b schreiben kann.
Beispiele irrationaler Zahlen sind $\sqrt{2}$, π und φ (der →Goldene Schnitt). Eine irrationale Zahl wird durch einen unendlichen, nichtperiodischen Dezimalbruch dargestellt.

natürliche Zahlen

Die Zahlen 0, 1, 2, 3, ... (Manchmal wird die 0 nicht zu den natürlichen Zahlen gezählt.) Die natürlichen Zahlen werden durch die → Peano-Axiome beschrieben.

Peano-Axiome

Eine Axiomatisierung der natürlichen Zahlen, die von Giuseppe Peano (1858–1932) entdeckt wurde. Man geht dabei von einer Menge **N** aus; ferner ist jedem Element a von **N** eindeutig ein anderes Element a' (genannt «Nachfolger von a») zugeordnet. Man fordert folgende Axiome:
1. Es gibt ein Element von **N**, das 0 genannt wird.
2. Jedes Element von **N** ist entweder 0 oder Nachfolger genau eines Elements aus **N**.
3. Jede Menge von natürlichen Zahlen, die 0 enthält und mit jeder natürlichen Zahl auch ihren Nachfolgern enthält, ist schon ganz **N** *(Induktionsaxiom).*

projektive Ebene

Eine Geometrie aus Punkten und Geraden heißt projektive Ebene, wenn die folgenden Axiome gelten:
(1) Je zwei Punkte sind durch genau eine Gerade verbunden.
(2) Je zwei verschiedene Geraden schneiden sich in genau einem Punkt. (Es gibt also keine «Parallelen»).
(3) Es gibt vier Punkte, von denen keine drei auf einer gemeinsamen Geraden liegen.

Ein Beispiel ist die euklidische Ebene, die durch die «uneigentlichen Punkte» ergänzt wurde.

projektive Ebene der Ordnung 10

Eine (hypothetische) projektive Ebene der Ordnung 10 ist eine geometrische Struktur aus 111 Punkten, so daß auf jeder Geraden genau 11 Punkte liegen und je zwei Punkte durch genau eine Gerade verbunden sind.
Obwohl man auf den ersten Blick keinen Grund erkennt, warum es ein solches Arrangement von Punkten und Geraden nicht geben sollte, wurde im Jahre 1991 von C. W. H. Lam gezeigt, daß eine solche Struktur nicht existiert. Das bedeutet: Es gibt keine Möglichkeit, aus 111 Punkten gewisse Teilmengen (die ‹Geraden›) so auszuwählen, daß man eine projektive Ebene erhält.

rational

Eine reelle Zahl heißt rational, wenn sie als Quotient zweier ganzer Zahlen geschrieben werden kann.
Beispiele sind $1/2$, 5/7, –168/17 usw.
Man kann eine rationale Zahl auch an ihrer Dezimalbruchdarstellung erkennen: Sie ist entweder durch einen endlichen Dezimalbruch (4,167) oder einen periodischen Dezimalbruch (7,6532727272727...) dargestellt.
Die Menge aller rationalen Zahlen wird mit dem Symbol **Q** bezeichnet.

reell

Man kann sich eine reelle Zahl als endlichen oder unendlichen Dezimalbruch vorstellen. (Aus technischen Gründen muß man dabei Identifizierungen nach dem Muster 0,999... = 1 vornehmen: jede reelle Zahl, die ab irgendeiner Stelle die Periode 9 hat, wird entsprechend identifiziert. Zum Beispiel gilt: 1,234999... = 1,235000...)

transzendent

Eine reelle Zahl heißt transzendent, wenn es kein Polynom vom Grad ≥ 1 gibt, das diese Zahl als Nullstelle hat.
Beispiele transzendenter Zahlen sind π und e.

Diejenigen reellen Zahlen, die nicht transzendent sind, heißen → algebraisch.

Tripel

Eine Folge von drei Elementen. Beispielsweise ist (S, P, D) ein Tripel von Buchstaben, (Stollen, Stollen, Abgesang) ein Tripel von Wörtern und (Schwarz, Rot, Gold) ein Tripel von Farben.

überabzählbar

Eine Menge M heißt überabzählbar, wenn man ihre Elemente nicht in einer endlichen oder unendlichen Liste anordnen kann, technisch gesprochen, wenn es keine Abbildung der Menge der natürlichen Zahlen in M gibt, so daß jedes Element von M als Bild vorkommt. Beispiele überabzählbarer Mengen sind die Menge aller reellen Zahlen, die Menge der reellen Zahlen zwischen 0 und 1, die Menge der Punkte einer Geraden in der euklidischen Geometrie und die Menge aller Teilmengen der natürlichen Zahlen.